徹底攻略

データ サイエンティスト 検定 DATA SCIENTIST ［リテラシーレベル］対応 問題集

スキルアップAI株式会社 小縣 信也／斉藤 翔汰／山田 弦太朗［著］
一般社団法人 データサイエンティスト協会［監修］
株式会社ソキウス・ジャパン［編］

インプレス

本書は、「データサイエンティスト検定 リテラシーレベル」試験の受験対策用の教材です。株式会社インプレスおよび著者は、本書の使用による「データサイエンティスト検定 リテラシーレベル」試験への合格を一切保証しません。

本書の内容については正確な記述につとめましたが、著者、株式会社インプレスは本書の内容に基づく試験の結果にも一切責任を負いません。

本文中の製品名およびサービス名は、一般に各開発メーカーおよびサービス提供元の商標および登録商標です。なお、本文中には™、®、©は明記していません。

インプレスの書籍ホームページ

書籍の新刊や正誤表など最新情報を随時更新しております。

https://book.impress.co.jp/

はじめに

「データサイエンティスト検定 リテラシーレベル（以下、DS検定★）」は、一般社団法人データサイエンティスト協会（以下、DS協会）によって実施されている試験です。DS検定★に合格することで、数理・データサイエンス・AI等に関する基礎的な知識と実務能力を有していることが証明されます。

DS協会は、データサイエンティストに必要なスキルや知識を定義し（詳細な定義についてはDS協会のスキルチェックリストおよびタスクリストをご参照ください）、高度IT人材の育成と業界の健全な発展を目指して様々な啓発活動を行っています。DS検定★は、その活動の一環として実施されています。

本書は、DS検定★合格を目指す方のための試験対策用問題集です。データサイエンス初学者の方でも安心して学習に取り組んでいただけるよう、試験範囲全体を網羅するように問題を作成し、それぞれの問題に対して詳細な解説を記載しました。

DS検定★では、データサイエンティストに必要な「データサイエンス力」「データエンジニアリング力」「ビジネス力」の3つの「力」に関する知識が問われます。

「データサイエンス力」のセクションでは、おもに基礎数学や統計学、機械学習、データ可視化に関する知識が問われます。
「データエンジニアリング力」のセクションでは、おもにデータ処理やプログラミング言語、ITセキュリティに関する知識が問われます。
「ビジネス力」のセクションでは、AIとデータを扱う人材としての行動規範や論理的思考、AIとデータを取り巻く法律・倫理に関する知識が問われます。
これら3つの「力」は、いずれもデータサイエンティストが社会で活躍するために備えておくべき「力」です。
出題範囲だけを見ると、DS検定★は、実務でデータサイエンスに携わっていなければ合格することが難しい試験に思えるかもしれません。しかし、実際には多くの方がDS検定★の受験をきっかけとして、データサイエンティストに必要な知識を身につけるために勉強を始め、試験に合格しています。DS検定★を取得し、データサイエンティストとしての第一歩を踏み出すきっかけとして、本書をご活用いただけますと幸いです。

最後に、本書の執筆にあたりお世話になった皆様方に心より感謝申し上げます。

一般社団法人データサイエンティスト協会の佐伯様には、問題と解説の内容について丁寧にご監修いただきました。

ソキウス・ジャパンとインプレスの皆様には、企画から出版まで手厚くご支援いただきました。

原口 尚樹さん、森田 大樹さん、小宮 寛季さんには、執筆作業において多大なるご協力をいただきました。

本書の執筆に携わった皆様の熱心なご支援がなければ、本書の刊行は成しえなかったことと存じます。

改めて皆様に深く御礼申し上げます。

2022年3月

小縣 信也

斉藤 翔汰

山田 弦太朗

データサイエンティスト協会が主催する試験の概要

一般社団法人データサイエンティスト協会は、近年のビッグデータ活用の重要化に伴い注目されているデータサイエンティストの育成のために、その技能（スキル）要件の定義・標準化を推進し、社会に対する普及啓蒙活動を行っています。

データサイエンティスト協会が主催するデータサイエンティスト検定は、データサイエンティストに必要とされるデータ分析技術や知識、経験を評価し、認定する制度です。

データサイエンティスト協会では、データサイエンティストに求められるスキルレベルをスキルチェックリストとしてまとめ、スキルレベルと対応できる課題を以下のように定めています。

スキルレベル		目安	対応できる課題
Senior Data Scientist シニアデータサイエンティスト	★★★★	業界を代表するレベル	・産業領域全体 ・複合的な事業全体
Full Data Scientist フルデータサイエンティスト	★★★	棟梁レベル	・対象組織全体
Associate Data Scientist アソシエートデータサイエンティスト	★★	独り立ちレベル	・担当プロジェクト全体 ・担当サービス全体
Assistant Data Scientist アシスタントデータサイエンティスト	★	見習いレベル	・プロジェクトの担当テーマ

また、IPA（情報処理推進機構）と協業し、タスクリストを策定しています。

・スキルチェックリスト（ver4.0）
https://www.datascientist.or.jp/news/release20211119/
・タスクリスト
https://www.ipa.go.jp/jinzai/itss/itssplus.html#section1-5

データサイエンティスト検定 リテラシーレベルの概要

データサイエンティスト検定リテラシーレベル（略称：DS検定★）とは、一般社団法人データサイエンティスト協会が公開している「データサイエンティスト スキルチェックリスト」の中で、アシスタント・データサイエンティスト（見習いレベル：★）を対象としたスキル項目と、数理・データサイエンス教育強化拠点コンソーシアムが公開している数理・データサイエンス・AI（リテラシーレベル）におけるモデルカリキュラムの内容を総合した出題範囲からなる、データサイエンティストとしての基礎的な知識と実務能力を有することを証明する試験です。

●検定の対象

リテラシーレベルの受験対象者は以下のような方を想定しています。

・データサイエンティスト初学者
・これからデータサイエンティストを目指すビジネスパーソン
・データサイエンティストに興味を持つ大学生や専門学校生など

試験は春と秋の年2回行われます。それぞれ試験期間が設けられ、期間中に1回のみ受験できます。2022年度春の試験期間は、6月10日（金）～6月30日（木）となります。

■ 試験要項

受験資格：なし
試験名称：データサイエンティスト検定 リテラシーレベル
試験時間：90分
受験形式：各地の指定試験会場にて受験（CBT）
出題形式：多肢選択式
出題数　：90問程度
受験料　：一般10,000円／学生5,000円

■ 出題範囲

●スキルチェックリストの３カテゴリの★１

データサイエンス力、データエンジニアリング力、ビジネス力の3カテゴリから出題（詳細は9〜21ページのスキルチェックリスト参照）。

●数理・データサイエンス・AI（リテラシーレベル）モデルカリキュラム

以下の3分野から出題（詳細は22、23ページのモデルカリキュラムリスト参照）。

1. 社会におけるデータ・AI利活用
2. データリテラシー
3. データ・AI利活用における留意事項

■ 受験申し込みおよび受験方法

受験の申し込みは、CBT-Solutionsのサイトから行います。

1. CBT-Solutionsのサイトで利用者登録を行う
2. 登録したアカウントでログインし、案内された手順に従い、受験を申し込む
3. 試験当日、会場に行き、受験する

・CBT-Solutionsの「DS検定★」のページ
https://cbt-s.com/examinee/examination/datascientist.html

受験に際しては以下のURLを参照し、最新の情報を確認してください。

・データサイエンティスト協会　DS検定のホームページ
https://www.datascientist.or.jp/dskentei/

本書の活用方法

本書は、データサイエンティスト検定 リテラシーレベルの合格を目指す方を対象とした問題集です。本文は、問題と解答で構成されています。第1章から第7章までは、データサイエンティスト検定の出題範囲をベースに構成された章立てになっています。第8章には総仕上げ問題を掲載しました。第7章までの問題と解答を用いて学習したのちに、受験対策の総仕上げをしましょう。

① 問題を解きながら合格レベルの実力が身に付く

本試験の問題を解くために必要な知識を身に付けるための問題が掲載されています。第1章〜第7章の問題は、解き進めていくとそのカテゴリに関する理解度が深まるように構成されています。

② 丁寧な解説と重要項目がわかる試験対策

データサイエンティスト検定リテラシーレベルでは、アシスタント・データサイエンティストに必要なスキルと知識が求められます。効率よくそれらの理解を深められるよう、ポイントに的を絞りながら丁寧に解説しています。

本文中の「試験対策」欄には、試験の重要項目を挙げていますので、試験対策を効率的に行うことができます。

③ 本試験と同レベルの模擬問題を掲載

第8章には、本試験と同レベルの問題を掲載しています。受験対策の総仕上げとして、本試験と同じ時間（目安は90分）で解いてみましょう。

試験範囲と本書の問題構成

次ページより、リテラシーレベルの出題範囲と、出題範囲の各項目に対応する本書の問題番号のリストを示します。試験の直前対策として、また、学習時間が取れない場合に取り組む問題の目安として活用してください。

「データサイエンティスト検定 リテラシーレベルの概要」に記載のとおり、リテラシーレベルでは、スキルチェックリスト★1の範囲と、モデルカリキュラム内の3分野から問題が出題されます。スキルチェックリストとモデルカリキュラムの内容には、部分的に重複している箇所があります。本書の第1章〜第6章および第8章はスキルチェックリストの項目を網羅する内容となっており、第7章の「モデルカリキュラム」には、モデルカリキュラムの項目のうちスキルチェックリストと重複しない項目に対応する問題が収録されています。

【スキルチェックリスト ver4.0】

●データサイエンス力

No	Sub No	スキルカテゴリ	サブカテゴリ	チェック項目	対応問題（章－問題番号）
1	1	基礎数学	統計数理基礎	順列や組合せの式 nPr, nCr を理解し、適切に使い分けることができる	1－15
2	2	基礎数学	統計数理基礎	確率に関する基本的な概念の意味を説明できる（確率、条件付き確率、期待値、独立など）	1－17
3	3	基礎数学	統計数理基礎	平均、中央値、最頻値の算出方法の違いを説明できる	2－19
4	4	基礎数学	統計数理基礎	与えられたデータにおける分散、標準偏差、四分位、パーセンタイルを理解し、目的に応じて適切に使い分けることができる	1－18 1－22
5	5	基礎数学	統計数理基礎	母（集団）平均と標本平均、不偏分散と標本分散がそれぞれ異なることを説明できる	2－21
6	6	基礎数学	統計数理基礎	標準正規分布の平均と分散の値を知っている	1－20
7	7	基礎数学	統計数理基礎	相関関係と因果関係の違いを説明できる	2－23 8－47
8	8	基礎数学	統計数理基礎	名義尺度、順序尺度、間隔尺度、比例尺度の違いを説明できる	2－3 8－8 8－9
9	9	基礎数学	統計数理基礎	ピアソンの相関係数の分母と分子を説明できる	1－21
10	10	基礎数学	統計数理基礎	5つ以上の代表的な確率分布を説明できる	1－20 8－1
11	11	基礎数学	統計数理基礎	二項分布は試行回数が増えていくとどのような分布に近似されるかを知っている	1－19
12	12	基礎数学	統計数理基礎	変数が量的、質的どちらの場合でも関係の強さを算出できる	1－21
13	13	基礎数学	統計数理基礎	指数関数とlog関数の関係を理解し、片対数グラフ、両対数グラフ、対数化されていないグラフを適切に使いわけることができる	1－25
14	14	基礎数学	統計数理基礎	ベイズの定理を説明できる	1－17
19	19	基礎数学	線形代数基礎	ベクトルの内積に関する計算方法を理解し、線形式をベクトルの内積で表現できる	1－9
20	20	基礎数学	線形代数基礎	行列同士、および行列とベクトルの計算方法を正しく理解し、複数の線形式を行列の積で表現できる	1－5 1－10
21	21	基礎数学	線形代数基礎	逆行列の定義、および逆行列を求めることにより行列表記された連立方程式が解けることを理解している	1－11 1－12

●データサイエンス力（続き）

No	Sub No	スキルカテゴリ	サブカテゴリ	チェック項目	対応問題（章－問題番号）
22	22	基礎数学	線形代数基礎	固有ベクトルおよび固有値の意味を理解している	1－14 8－45
23	23	基礎数学	微分・積分基礎	微分により計算する導関数が傾きを求めるための式であることを理解している	1－1
24	24	基礎数学	微分・積分基礎	2変数以上の関数における偏微分の計算方法を理解している	1－4
25	25	基礎数学	微分・積分基礎	積分と面積の関係を理解し、確率密度関数を定積分することで確率が得られることを説明できる	1－20
26	26	基礎数学	集合論基礎	和集合、積集合、差集合、対称差集合、補集合についてベン図を用いて説明できる	1－26
27	27	基礎数学	集合論基礎	論理演算と集合演算の対応を理解している（ANDが積集合に対応するなど）	1－26
28	1	データの理解・検証	統計情報への正しい理解	単なるローデータとしての実数だけを見ても判断出来ない事象が大多数であり、母集団に占める割合などの比率的な指標でなければ数字の比較に意味がないことがわかっている	2－21
29	2	データの理解・検証	統計情報への正しい理解	ニュース記事などで統計情報に接したときに、数字やグラフの持つメッセージを理解できる	1－21
32	5	データの理解・検証	データ確認	単独のグラフに対して、集計ミスや記載ミスなどがないかチェックできる	8－39
33	6	データの理解・検証	データ確認	データ項目やデータの量・質について、指示のもと正しく検証し、結果を説明できる	5－6
38	11	データの理解・検証	俯瞰・メタ思考	データが生み出された背景を考え、鵜呑みにはしないことの重要性を理解している	2－23
41	14	データの理解・検証	データ理解	どのような知見を得たいのか、目的に即して集計し、データから事実を把握できる	1－21
42	15	データの理解・検証	データ理解	データから事実を正しく浮き彫りにするために、集計の切り口や比較対象の設定が重要であることを理解している	2－22
43	16	データの理解・検証	データ理解	普段業務で扱っているデータの発生トリガー・タイミング・頻度などを説明でき、また基本統計量や分布の形状を把握している	2－19
44	17	データの理解・検証	データ理解	時系列データとは何か、その基礎的な扱いについて説明できる（時系列グラフによる周期性やトレンドの確認、移動平均の計算など）	2－8
53	1	意味合いの抽出、洞察	洞察	分析、図表から直接的な意味合いを抽出できる（バラツキ、有意性、分布傾向、特異性、関連性、変曲点、関連度の高低など）	2－15

54	2	意味合いの抽出、洞察	洞察	想定に影響されず、分析結果の数値を客観的に解釈できる	5−6 8−72 8−80
56	1	予測	回帰・分類	単回帰分析において最小二乗法、回帰係数、標準誤差、決定係数を理解し、モデルを構築できる	2−1
57	2	予測	回帰・分類	重回帰分析において偏回帰係数と標準偏回帰係数、重相関係数について説明できる	2−4
60	5	予測	回帰・分類	線形回帰分析は量的な変数を予測し、ロジスティック回帰分析は二値の質的な変数を予測する手法であることを説明できる	2−6 2−25 8−32
70	15	予測	評価	ROC曲線、AUC（Area under the curve）を用いてモデルの精度を評価できる	2−6
71	16	予測	評価	混同行列（正誤分布のクロス表）、Accuracy、Precision、Recall、F値、macro平均、micro平均、重み付き平均といった評価尺度を理解し、精度を評価できる	2−5
72	17	予測	評価	RMSE（Root Mean Square Error）、MAE（Mean Absolute Error）、MAPE（Mean Absolute Percentage Error）、決定係数といった評価尺度を理解し、精度を評価できる	2−6 8−21
76	1	推定・検定	推定・検定	点推定と区間推定の違いを説明できる	1−20
77	2	推定・検定	推定・検定	統計的仮説検定において帰無仮説と対立仮説の違いを説明できる	1−23 8−36
78	3	推定・検定	推定・検定	第1種の過誤、第2種の過誤、p値、有意水準の意味を説明できる	1−24
79	4	推定・検定	推定・検定	片側検定と両側検定の違いを説明できる	1−23
80	5	推定・検定	推定・検定	検定する対象となるデータの対応の有無を考慮した上で適切な検定手法（t検定、z検定など）を選択し、適用できる	1−23
83	1	グルーピング	グルーピング	教師なし学習のグループ化（クラスター分析）と教師あり学習の分類（判別）モデルの違いを説明できる	2−9 2−10 8−20
84	2	グルーピング	グルーピング	階層クラスター分析と非階層クラスター分析の違いを説明できる	2−10 8−35
85	3	グルーピング	グルーピング	階層クラスター分析において、デンドログラムの見方を理解し、適切に解釈できる	2−10
95	1	性質・関係性の把握	性質・関係性の把握	適切なデータ区間設定でヒストグラムを作成し、データのバラつき方を把握できる	2−12
96	2	性質・関係性の把握	性質・関係性の把握	適切な軸設定でクロス集計表を作成し、属性間のデータの偏りを把握できる	2−16 8−37 8−46

●データサイエンス力（続き）

No	Sub No	スキルカテゴリ	サブカテゴリ	チェック項目	対応問題（章−問題番号）
97	3	性質･関係性の把握	性質・関係性の把握	量的変数の散布図を描き、2変数の関係性を把握できる	8−9
112	18	性質･関係性の把握	因果推論	ある変数が他の変数に与える影響（因果効果）を推定したい場合、その双方に影響を与える共変量（交絡因子）の考慮が重要であると理解している（喫煙の有無と疾病発症の双方に年齢が影響している場合など）	8−85
113	19	性質･関係性の把握	因果推論	分析の対象を定める段階で選択バイアスが生じる可能性があることを理解している（途中離脱者の除外時、欠損データの除外時など）	2−22 5−2
117	1	サンプリング	サンプリング	標本誤差およびサンプリングバイアス、およびそれぞれの違いについて説明できる	2−21 8−38
118	2	サンプリング	サンプリング	実験計画法の基本的な3原則（局所管理化、反復、無作為化）について説明できる	8−38
122	1	データ加工	データクレンジング	外れ値・異常値・欠損値とは何かを理解し、指示のもと適切に検出と除去・変換などの対応ができる	2−11 8−41 8−53
124	3	データ加工	データ加工	標準化とは何かを理解し、適切に標準化が行える	2−2
125	4	データ加工	データ加工	名義尺度の変数をダミー変数に変換できる	2−3
128	7	データ加工	特徴量エンジニアリング	数値データの特徴量化（二値化／離散化、対数変換、スケーリング／正規化、交互作用特徴量の作成など）を行うことができる	2−2 8−24
136	1	データ可視化	方向性定義	データの性質を理解するために、データを可視化し眺めて考えることの重要性を理解している	2−12 2−15 2−17 2−18 8−44 8−46
137	2	データ可視化	方向性定義	可視化における目的の広がりについて概略を説明できる（単に現場の作業支援する場合から、ビッグデータ中の要素間の関連性をダイナミックに表示する場合など）	8−42
140	5	データ可視化	軸出し	散布図などの軸出しにおいて、目的やデータに応じて縦軸・横軸の候補を適切に洗い出せる	8−43
141	6	データ可視化	軸出し	積み上げ縦棒グラフでの属性の選択など、目的やデータに応じて適切な層化（比較軸）の候補を出せる	2−16
145	10	データ可視化	データ加工	サンプリングやアンサンブル平均によって適量にデータ量を減らすことができる	2−13

146	11	データ可視化	データ加工	読み取りたい特徴を効果的に可視化するために、統計量を使ってデータを加工できる	2−15
153	18	データ可視化	表現・実装技法	データ解析部門以外の方に、データの意味を伝えるサインとしての可視化ができる	2−14
154	19	データ可視化	表現・実装技法	適切な情報濃度を判断できる（データインク比など）	2−14
155	20	データ可視化	表現・実装技法	不必要な誇張をしないための軸表現の基礎を理解できている（コラムチャートのY軸の基準点は「0」からを原則とし軸を切らないなど）	2−14
156	21	データ可視化	表現・実装技法	強調表現がもたらす効果と、明らかに不適切な強調表現を理解している（計量データに対しては位置やサイズ表現が色表現よりも効果的など）	2−14
157	22	データ可視化	表現・実装技法	1〜3次元の比較において目的（比較、構成、分布、変化など）に応じ、BIツール、スプレッドシートなどを用いて図表化できる	8−17
158	23	データ可視化	表現・実装技法	端的に図表の変化をアニメーションで可視化できる（人口動態のヒストグラムが経年変化する様子を表現するなど）	2−12
159	24	データ可視化	表現・実装技法	1〜3次元の図表を拡張した多変量の比較を適切に可視化できる（平行座標、散布図行列、テーブルレンズ、ヒートマップなど）	2−17 2−18
168	33	データ可視化	意味抽出	外れ値を見出すための適切な表現手法を選択できる	1−22 2−6 2−11
169	34	データ可視化	意味抽出	データの可視化における基本的な視点を挙げることができる（特異点、相違性、傾向性、関連性を見出すなど）	2−18
174	1	時系列分析	時系列分析	時系列分析を行う際にもつべき視点を理解している（長期トレンド、季節成分、周期性、ノイズ、定常性など）	2−8 8−26
182	1	学習	機械学習	機械学習にあたる解析手法の名称を3つ以上知っており、手法の概要を説明できる	2−24
183	2	学習	機械学習	機械学習のモデルを使用したことがあり、どのような問題を解決できるか理解している（回帰・分類、クラスター分析の用途など）	8−32
184	3	学習	機械学習	「教師あり学習」「教師なし学習」の違いを理解している	2−9
185	4	学習	機械学習	過学習とは何か、それがもたらす問題について説明できる	2−25
186	5	学習	機械学習	次元の呪いとは何か、その問題について説明できる	2−25
187	6	学習	機械学習	教師あり学習におけるアノテーションの必要性を説明できる	2−9

●データサイエンス力（続き）

No	Sub No	スキルカテゴリ	サブカテゴリ	チェック項目	対応問題（章－問題番号）
188	7	学習	機械学習	観測されたデータにバイアスが含まれる場合や、学習した予測モデルが少数派のデータをノイズと認識してしまった場合などに、モデルの出力が差別的な振る舞いをしてしまうリスクを理解している	2－22
189	8	学習	機械学習	機械学習における大域的（global）な説明（モデル単位の各変数の寄与度など）と局所的（local）な説明（予測するレコード単位の各変数の寄与度など）の違いを理解している	2－26
190	9	学習	機械学習	ホールドアウト法、交差検証（クロスバリデーション）法の仕組みを理解し、学習データ、パラメータチューニング用の検証データ、テストデータを作成できる	2－7 8－23 8－25
191	10	学習	機械学習	時系列データの場合は、時間軸で学習データとテストデータに分割する理由を理解している	2－8
192	11	学習	機械学習	機械学習モデルは、データ構成の変化（データドリフト）により学習完了後から精度が劣化していくため、運用時は精度をモニタリングする必要があることを理解している	2－9
201	20	学習	機械学習	ニューラルネットワークの基本的な考え方を理解し、出力される「ダイアグラム」の入力層、隠れ層、出力層の概要と、活性化関数の重要性を理解している	2－34 8－33
202	21	学習	機械学習	ライブラリを使ってサポートベクターマシンによる分析を実行・評価できる	2－35
203	22	学習	機械学習	決定木をベースとしたアンサンブル学習（Random Forest、勾配ブースティング［Gradient Boosting Decision Tree：GBDT］、その派生形であるXGBoost、LightGBMなど）による分析を、ライブラリを使って実行でき、その結果を正しく解釈できる	2－36 8－33
216	35	学習	深層学習	深層学習（ディープラーニング）モデルの活用による主なメリットを理解している（特徴量抽出が可能になるなど）	2－34
231	1	自然言語処理	自然言語処理	テキストデータに対する代表的なクリーニング処理（小文字化、数値置換、半角変換、記号除去、ステミングなど）を目的に応じて適切に実施できる	2－28
232	2	自然言語処理	自然言語処理	形態素解析や係り受け解析のライブラリを適切に使い、基本的な文書構造解析を行うことができる	2－27 2－28 8－27
233	3	自然言語処理	自然言語処理	自然言語処理を用いて解けるタスクを理解し、各タスクの入出力を説明できる（GLUEタスクや固有表現抽出、機械翻訳など）	2－29

247	1	画像・映像認識	画像認識	画像のデジタル表現の仕組みと代表的な画像フォーマットを知っている	2−30 8−30
248	2	画像・映像認識	画像認識	画像に対して、目的に応じた適切な色変換や簡単なフィルタ処理などを行うことができる	2−30 8−29
249	3	画像・映像認識	画像認識	画像データに対する代表的なクリーニング処理（リサイズ、パディング、正規化など）を目的に応じて適切に実施できる	8−29
256	10	画像・映像認識	映像認識	動画のデジタル表現の仕組みと代表的な動画フォーマットを理解しており、動画から画像を抽出する既存方法を使うことができる	2−31
259	1	音声認識	音声認識	wavやmp3などの代表的な音声フォーマットの特徴や用途、基本的な変換処理について説明できる（サンプリングレート、符号化、量子化など）	2−31
260	2	音声認識	音声認識	目的に応じ音声認識関連のAPIを選択し、適用できる（Speech to Text など）	8-28
265	1	パターン発見	パターン発見	条件Xと事象Yの関係性を信頼度、支持度、リフト値を用いて評価できる	2−32

●データエンジニアリング力

No	Sub No	スキルカテゴリ	サブカテゴリ	チェック項目	対応問題（章−問題番号）
1	1	環境構築	システム企画	オープンデータを収集して活用する分析システムの要件を整理できる	7−3
8	8	環境構築	システム設計	サーバー1～10台規模のシステム構築、システム運用を設計書を元に実行できる	8−15 8−16
9	9	環境構築	システム設計	数十万レコードを持つデータベースのバックアップ・アーカイブ作成など定常運用ができる	4−1
18	18	環境構築	アーキテクチャ設計	ノーコード・ローコードツールを組み合わせ、要件に応じたアプリやツールを設計できる	8−17
19	19	環境構築	アーキテクチャ設計	コンテナ技術の概要を理解しており、既存のDockerイメージを活用して効率的に分析環境を構築できる	3−13 8−60
20	20	環境構築	アーキテクチャ設計	分析環境を提供するクラウド上のマネージドサービス(Amazon SageMaker、Azure Machine Learning、Google Cloud AI Platform、IBM Watson Studioなど)を利用し、機械学習モデルの開発機能を利用することができる	8−60
31	1	データ収集	クライアント技術	対象プラットフォームが提供する機能（SDKやAPIなど）の概要を説明できる	3−1 3−6

●データエンジニアリング力（続き）

No	Sub No	スキルカテゴリ	サブカテゴリ	チェック項目	対応問題（章－問題番号）
32	2	データ収集	クライアント技術	Webクローラー・スクレイピングツールを用いてWebサイト上の静的コンテンツを分析用データとして収集できる	3－1
37	7	データ収集	通信技術	対象プラットフォームに用意された通信サービス（HTTP、FTPなど）を用い、データを収集先に格納するための機能を実装できる	3－5 8－13
42	12	データ収集	データ抽出	データベースから何らかのデータ抽出方法を活用し、小規模なExcelのデータセットを作成できる	4－2
43	13	データ収集	データ収集	既存のサービスやアプリケーションに対して、分析をするためのログ出力の仕様を整理することができる	8－60
50	1	データ構造	基礎知識	扱うデータが、構造化データ（顧客データ、商品データ、在庫データなど）か非構造化データ（雑多なテキスト、音声、画像、動画など）なのかを判断できる	7－2
51	2	データ構造	基礎知識	ER図を読んでテーブル間のリレーションシップを理解できる	3－3
54	5	データ構造	テーブル定義	正規化手法（第一正規化～第三正規化）を用いてテーブルを正規化できる	3－4
61	1	データ蓄積	DWH	DWHアプライアンス（Oracle Exadata、IBM Integrated Analytics System、Teradataなど）に接続し、複数テーブルを結合したデータを抽出できる	4－1 8－50
63	3	データ蓄積	分散技術	HadoopやSparkの分散技術の基本的な仕組みと構成を理解している	3－7 8－15
64	4	データ蓄積	分散技術	NoSQLデータストア（HBase、Cassandra、MongoDB、CouchDB、Redis、Amazon DynamoDB、Cloudant、Azure Cosmos DBなど）にAPIを介してアクセスし、新規データを登録できる	8－63
69	9	データ蓄積	クラウド	クラウド上のストレージサービス（Amazon S3、Google Cloud Storage、IBM Cloud Object Storageなど）に接続しデータを格納できる	3－2
78	1	データ加工	フィルタリング処理	数十万レコードのデータに対して、条件を指定してフィルタリングできる（特定値に合致する・もしくは合致しないデータの抽出、特定範囲のデータの抽出、部分文字列の抽出など）	8－55
79	2	データ加工	フィルタリング処理	正規表現を活用して条件に合致するデータを抽出できる（メールアドレスの書式を満たしているか判定をするなど）	8－51
80	3	データ加工	ソート処理	数十万レコードのデータに対して、目的の並び替えになるように複数キーのソート条件を設定ができる	8－51

81	4	データ加工	結合処理	数十万レコードのデータに対して、単一条件による内部結合、外部結合、自己結合ができ、UNION処理ができる	4−6 4−10 8−52 8−57
82	5	データ加工	前処理	数十万レコードのデータに対して、NULL値や想定外・範囲外のデータを持つレコードを取り除く、または既定値に変換できる	4−6
85	8	データ加工	マッピング処理	数十万レコードのデータに対して、規定されたリストと照合して変換する、都道府県名からジオコードに変換するなど、ある値を規定の別の値で表現できる	8−54
87	10	データ加工	サンプリング処理	数十万レコードのデータに対して、ランダムまたは一定間隔にデータを抽出できる	1−16 4−8 4−14 8−55
88	11	データ加工	集計処理	数十万レコードのデータを集計して、合計や最大値、最小値、レコード数を算出できる	4−2 4−16
89	12	データ加工	変換・演算処理	数十万レコードのデータに対する四則演算ができ、数値データを日時データに変換するなど別のデータ型に変換できる	4−7 4−11
90	13	データ加工	変換・演算処理	変換元データと変換先データの文字コードが異なる場合でも変換処理ができる	4−13
93	1	データ共有	データ出力	加工・分析処理結果をCSV、XML、JSON、Excelなどの指定フォーマット形式に変換してエクスポートできる	4−2 7−2 8−58 8−61
94	2	データ共有	データ出力	加工・分析処理結果を、接続先DBのテーブル仕様に合わせてレコード挿入できる	4−11
95	3	データ共有	データ展開	データ取得用のWeb API（REST）やWebサービス（SOAP）などを用いて、必要なデータを取得できる	8−11
102	10	データ共有	データ連携	FTPサーバー、ファイル共有サーバーなどから必要なデータファイルをダウンロードして、Excelなどの表計算ソフトに取り込み活用できる	3−5
103	11	データ共有	データ連携	BIツールのレポート編集機能を用いて新規レポートを公開できる	8−17
104	12	データ共有	データ連携	BIツールの自由検索機能を活用し、必要なデータを抽出して、グラフを作成できる	8−17
108	1	プログラミング	基礎プログラミング	小規模な構造化データ（CSV、RDBなど）を扱うデータ処理（抽出・加工・分析など）を、設計書に基づき、プログラム実装できる	3−2
109	2	プログラミング	基礎プログラミング	プログラム言語や環境によって、変数のデータ型ごとに確保するメモリサイズや自動型変換の仕様が異なることを理解し、プログラムの設計・実装ができる	8−15

●データエンジニアリング力（続き）

No	Sub No	スキルカテゴリ	サブカテゴリ	チェック項目	対応問題（章-問題番号）
110	3	プログラミング	基礎プログラミング	データ処理プログラミングのため分岐や繰り返しを含んだフローチャートを作成できる	3－15
111	4	プログラミング	基礎プログラミング	オブジェクト指向言語の基本概念を理解し、スーパークラス（親クラス）を継承して、スーパークラスのプロパティやメソッドを適切に活用できる	8－60
112	5	プログラミング	基礎プログラミング	ホワイトボックステストとブラックボックステストの違いを理解し、テストケースの作成とテストを実施できる	3－15
113	6	プログラミング	拡張プログラミング	JSON、XMLなど標準的なフォーマットのデータを受け渡すために、APIを使用したプログラムを設計・実装できる	8－61
114	7	プログラミング	拡張プログラミング	外部ライブラリが提供する関数の引数や戻り値の型や仕様を調べて、適切に呼び出すことができる	8－60
121	14	プログラミング	アルゴリズム	入れ子の繰り返し処理（二重ループ）など計算負荷の高いロジックを特定しアルゴリズムの改善策を検討できる	8－60
124	17	プログラミング	分析プログラム	Jupyter Notebook（Pythonなど）やRStudio（R）などの対話型の開発環境を用いて、データの分析やレポートの作成ができる	3－6 8－60
127	20	プログラミング	SQL	SQLの構文を一通り知っていて、記述·実行できる（DML·DDLの理解、各種JOINの使い分け、集計関数とGROUP BY、CASE文を使用した縦横変換、副問合せやEXISTSの活用など）	4－2 4－3 4－6 4－9 4－12 8－62
131	1	ITセキュリティ	基礎知識	セキュリティの3要素（機密性、完全性、可用性）について具体的な事例を用いて説明できる	3－8 8－89
133	3	ITセキュリティ	攻撃と防御手法	マルウェアなどによる深刻なリスクの種類（消失·漏洩·サービスの停止など）を理解している	8－18
134	4	ITセキュリティ	攻撃と防御手法	OS、ネットワーク、アプリケーション、データなどの各レイヤーに対して、ユーザーごとのアクセスレベルを設定する必要性を理解している	3－9
140	10	ITセキュリティ	暗号化技術	暗号化されていないデータは、不正取得された際に容易に不正利用される恐れがあることを理解し、データの機密度合いに応じてソフトウェアを使用した暗号化と復号ができる	3－10
141	11	ITセキュリティ	暗号化技術	なりすましや改ざんされた文書でないことを証明するために、電子署名が用いられることを理解している	3－12 8－65
142	12	ITセキュリティ	暗号化技術	公開鍵暗号化方式において、受信者の公開鍵で暗号化されたデータを復号化するためには受信者の秘密鍵が必要であることを知っている	3－11

143	13	ITセキュリティ	暗号化技術	ハッシュ関数を用いて、データの改ざんを検出できる	3－12
145	15	ITセキュリティ	認証	OAuth認証が求められるデータ提供サービスに対して、認証処理で取得したトークンを付与してデータ取得用のREST APIを呼び出すことができる	3－1
150	1	AIシステム運用	ソース管理	GitやSubversionなどのバージョン管理ソフトウェアを活用して、開発した分析プログラムのソースをリポジトリに登録しチームメンバーと共有できる	3－6
151	2	AIシステム運用	AutoML	AutoMLを用いて予測対象を判定するために最適な入力データの組み合わせと予測モデルを抽出できる	3－15
152	3	AIシステム運用	MLOps	MLOpsの概要を理解し、AIモデル性能の維持管理作業の基本的な流れを説明できる	3－14
153	4	AIシステム運用	MLOps	AIシステムのモニタリング項目を理解し、AIモデルの劣化状況や予測対象データの不備、AIシステムの異常を検知できる	3－14
158	9	AIシステム運用	AIOps	ITシステムの運用におけるAIOpsの概要とメリットを説明できる	8－78

●ビジネス力

No	Sub No	スキルカテゴリ	サブカテゴリ	チェック項目	対応問題 (章－問題番号)
1	1	行動規範	ビジネスマインド	ビジネスにおける「論理とデータの重要性」を認識し、分析的でデータドリブンな考え方に基づき行動できる	5－6 8－82
2	2	行動規範	ビジネスマインド	「目的やゴールの設定がないままデータを分析しても、意味合いが出ない」ことを理解している	8－82
3	3	行動規範	ビジネスマインド	課題や仮説を言語化することの重要性を理解している	5－1
4	4	行動規範	ビジネスマインド	現場に出向いてヒアリングするなど、一次情報に接することの重要性を理解している	8－75
10	10	行動規範	データ・AI倫理	データを取り扱う人間として相応しい倫理を身に着けている（データのねつ造、改ざん、盗用を行わないなど）	8－77
11	11	行動規範	データ・AI倫理	データ、AI、機械学習の意図的な悪用（フェイクニュース、Botの悪用など）があり得ることを勘案し、技術に関する適切な知識と倫理を身につけている	2－14

●ビジネス力（続き）

No	Sub No	スキルカテゴリ	サブカテゴリ	チェック項目	対応問題（章－問題番号）
14	14	行動規範	コンプライアンス	直近の個人情報に関する法令（個人情報保護法、EU一般データ保護規則：GDPRなど）や、匿名加工情報の概要を理解し、守るべきポイントを説明できる	5－2 6－1 6－2 6－3 6－4 6－6 6－7 6－8 8－67 8－69 8－70 8－74
17	1	契約・権利保護	契約	二者間で交わされる一般的な契約の概念を理解している（請負契約と準委任契約の役務や成果物の違いなど）	5－7
25	1	論理的思考	MECE	データや事象の重複に気づくことができる	5－4
28	4	論理的思考	構造化能力	与えられた分析課題に対し、初動として様々な情報を収集し、大まかな構造を把握することの重要性を理解している	5－6
30	6	論理的思考	言語化能力	対象となる事象が通常見受けられる場合において、分析結果の意味合いを正しく言語化できる	5－6
33	9	論理的思考	ストーリーライン	一般的な論文構成について理解している（序論⇒アプローチ⇒検討結果⇒考察や、序論⇒本論⇒結論 など）	8－79
36	12	論理的思考	ドキュメンテーション	データの出自や情報の引用元に対する信頼性を適切に判断し、レポートに記載できる	5－6
37	13	論理的思考	ドキュメンテーション	1つの図表～数枚程度のドキュメントを論理立ててまとめることができる（課題背景、アプローチ、検討結果、意味合い、ネクストステップ）	8－80 8－81
40	16	論理的思考	説明能力	報告に対する論拠不足や論理破綻を指摘された際に、相手の主張をすみやかに理解できる	8－82
47	5	着想・デザイン	AI活用検討	弱いAI・強いAI、特化型AI・汎用型AIの違いを説明できる	8－19
53	1	課題の定義	KPI	担当する分析プロジェクトにおいて、当該事業の収益モデルと主要な変数（KPI）を理解している	5－5
56	4	課題の定義	スコーピング	担当する事業領域について、市場規模、主要なプレーヤー、支配的なビジネスモデル、課題と機会について説明できる	5－2 5－3 8－78
57	5	課題の定義	スコーピング	主に担当する事業領域であれば、取り扱う課題領域に対して基本的な課題の枠組みが理解できる（調達活動の5フォースでの整理、CRM課題のRFMでの整理など）	5－3

58	6	課題の定義	スコーピング	既知の事業領域の分析プロジェクトにおいて、分析のスコープが理解できる	8−84
64	1	アプローチ設計	データ入手	仮説や既知の問題が与えられた中で、必要なデータにあたりをつけ、アクセスを確保できる	8−90
75	12	アプローチ設計	分析アプローチ設計	スコープ、検討範囲・内容が明確に設定されていれば、必要な分析プロセスが理解できる（データ、分析手法、可視化の方法など）	8−84
80	1	データ理解	データ理解	ビジネス観点で仮説を持ってデータをみることの重要性と、仮に仮説と異なる結果となった場合にも、それが重大な知見である可能性を理解している	8−72
83	4	データ理解	意味合いの抽出、洞察	分析結果を元に、起きている事象の背景や意味合い（真実）を見抜くことができる	2−23
94	5	事業への実装	評価・改善の仕組み	結果、改善の度合いをモニタリングする重要性を理解している	8−86
97	1	PJマネジメント	プロジェクト発足	プロジェクトにおけるステークホルダーや役割分担、プロジェクト管理・進行に関するツール・方法論が理解できる	5−1
109	13	PJマネジメント	リソースマネジメント	指示に従ってスケジュールを守り、チームリーダーに頼まれた自分の仕事を完遂できる	8−87
117	21	PJマネジメント	リスクマネジメント	担当するタスクの遅延や障害などを発見した場合、迅速かつ適切に報告ができる	5−1

＜参照URL＞

・データサイエンティスト協会「スキルチェックリスト ver4.0」
https://www.datascientist.or.jp/news/release20211119/

【モデルカリキュラム】

大分類タイトル	小分類タイトル	小分類_学習内容	キーワード（知識・スキル）	対応問題(章ー問題番号)
1. 社会におけるデータ・AI利活用	1-1. 社会で起きている変化	社会で起きている変化を知り、数理・データサイエンス・AIを学ぶことの意義を理解する AIを活用した新しいビジネス/サービスを知る	・ビッグデータ、IoT、AI、ロボット	7−8
			・データ量の増加、計算機の処理性能の向上、AIの非連続的進化	7−8
			・第4次産業革命、Society 5.0、データ駆動型社会	7−1、7−4
	1-2. 社会で活用されているデータ	どんなデータが集められ、どう活用されているかを知る	・調査データ、実験データ、人の行動ログデータ、機械の稼働ログデータなど	7−6
			・1次データ、2次データ、データのメタ化	7−5、7−6 8−73
			・構造化データ、非構造化データ（文章、画像/動画、音声/音楽など）	7−2
			・データ作成（ビッグデータとアノテーション）	2−9、7−8
			・データのオープン化（オープンデータ）	7−3 8−10
	1-3. データ・AIの活用領域	さまざまな領域でデータ・AIが活用されていることを知る	・データ・AI活用領域の広がり（生産、消費、文化活動など）	7−7
			・研究開発、調達、製造、物流、販売、マーケティング、サービスなど	7−7
			・仮説検証、知識発見、原因究明、計画策定、判断支援、活動代替、新規生成など	7−7
	1-4. データ・AI利活用のための技術	データ・AIを活用するために使われている技術の概要を知る	・データ解析：予測、グルーピング	2−1、2−4 2−9、2−10 8−32 8−35
			・データ可視化：関係性の可視化、地図上の可視化、挙動・軌跡の可視化、リアルタイム可視化など	2−12 2−14 2−18 7−3 8−17
			・非構造化データ処理：言語処理	2−27 2−12
	1-5. データ・AI利活用の現場	データ・AIを活用することによって、どのような価値が生まれているかを知る	・流通、製造、金融、サービス、インフラ、公共、ヘルスケア等におけるデータ・AI利活用事例紹介	7−7
	1-6. データ・AI利活用の最新動向	データ・AI利活用における最新動向（ビジネスモデル、テクノロジー）を知る	・AI等を活用した新しいビジネスモデル（シェアリングエコノミー、商品のレコメンデーションなど）	7−7
			・AI最新技術の活用例（深層生成モデル、敵対的生成ネットワーク、強化学習、転移学習など）	7−9

2. データリテラシー	2-1. データを読む	データを適切に読み解く力を養う	・データの分布（ヒストグラム）と代表値（平均値、中央値、最頻値）	2－12 2－19
			・観測データに含まれる誤差の扱い	2－21
			・相関と因果（相関係数、擬似相関、交絡）	2－4 2－23 8－47 8－85
			・母集団と標本抽出（国勢調査、アンケート調査、全数調査、単純無作為抽出、層別抽出、多段抽出）	1－16 8－55
			・統計情報の正しい理解（誇張表現に惑わされない）	2－14
	2-2. データを説明する	データを適切に説明する力を養う	・データの図表表現（チャート化）	2－14
			・データの比較（条件をそろえた比較、処理の前後での比較、A/Bテスト）	2－2 8－90
			・不適切なグラフ表現（チャートジャンク、不必要な視覚的要素）	8－42
			・優れた可視化事例の紹介（可視化することによって新たな気づきがあった事例など）	2－12
	2-3. データを扱う	データを扱うための力を養う	・データの集計（和、平均）	2－16 2－19
3. データ・AI利活用における留意事項	3-1. データ・AIを扱う上での留意事項	データ・AIを利活用する上で知っておくべきこと	・個人情報保護、EU一般データ保護規則（GDPR）、忘れられる権利、オプトアウト	7－11 6－1～8 8－74

＜参照URL＞

・数理・データサイエンス教育強化拠点コンソーシアム
http://www.mi.u-tokyo.ac.jp/consortium/pdf/model_literacy.pdf

なお、以下の5問はリストに含まれておらず、試験範囲に直結しておりませんが、★レベルのアシスタントデータサイエンティストとして理解しておくことが望ましい問題です。

・第1章 問13（転置行列）
・第8章 問16（クラウドとオンプレミス）
・第8章 問28（一般物体認識）
・第8章 問68（ELSI、ヒトゲノム計画）
・第8章 問88（ウォーターフォール開発、アジャイル開発）

本書の構成

■ 問題

本書の問題は、「データサイエンティスト検定 リテラシーレベル」試験への合格に必要な知識を効率的に学習することを目的に作成したものです。解答していくだけで、合格レベルの実力が身に付きます。

●多岐選択問題

選択肢の中から、1つまたは指定された数の正解を選択する問題を想定したものです。

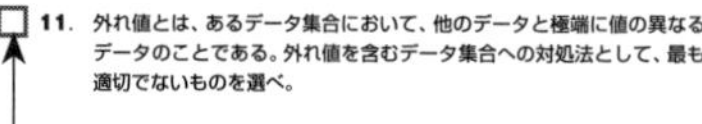

□ **11.** 外れ値とは、あるデータ集合において、他のデータと極端に値の異なるデータのことである。外れ値を含むデータ集合への対処法として、最も適切でないものを選べ。

A. データ集合に対して0-1正規化を行う
B. ヒストグラムを用いて外れ値を特定し、そのデータを除去する
C. データ集合に対して標準化を行い、しきい値を超えた値を除去する
D. データ集合から、値の大きさが上位5%および下位5%のデータを除去する

➡ P96

チェックボックス

確実に理解している問題のチェックボックスを塗り潰しながら問題を進めれば、2回目からは、不確かな問題だけを効率的に解くことができます。すべてのチェックボックスが塗り潰されれば、合格は目前です。

解答ページ

問題の右下に、解答ページが表示されています。ランダムに問題を解くときも、解答ページ探しに手間取ることがありません。

●穴埋め問題

（ ア ）、（ イ ）などで示された空欄に当てはまる事項を選択する穴埋め問題を想定したものです。

それぞれの空欄に当てはまる用語の組み合わせとして正しい選択肢を選びます。

□ **4.** 以下の記述を読み、空欄ア、イに入る語句の組み合わせとして、最も適切なものを選べ。

1つの目的変数を複数の説明変数を用いて予測することを重回帰分析という。
重回帰分析においては、各変数における係数の推定値を偏回帰係数といい、（ ア ）を標準偏回帰係数という。また、目的変数の実測値と目的変数の推定値との間の相関係数を（ イ ）という。

A. （ア）データを標準化したうえで求めた偏回帰係数
（イ）重回帰係数
B. （ア）データを標準化したうえで求めた偏回帰係数
（イ）重相関係数
C. （ア）偏回帰係数の平均
（イ）重回帰係数
D. （ア）偏回帰係数の平均
（イ）重相関係数

➡ P88

■ 解答

解説には、問題の正解および不正解の理由だけでなく、用語や重要事項などが説明されています。

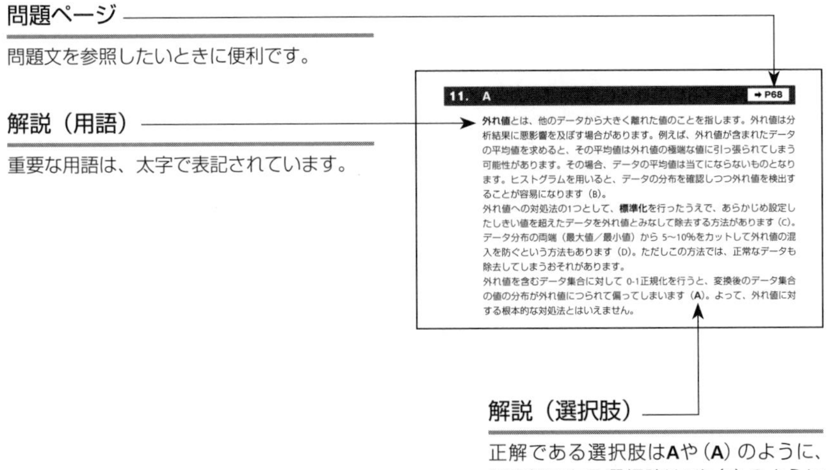

11. A ➡ P68

外れ値とは、他のデータから大きく離れた値のことを指します。外れ値は分析結果に悪影響を及ぼす場合があります。例えば、外れ値が含まれたデータの平均値を求めると、その平均値は外れ値の極端な値に引っ張られてしまう可能性があります。その場合、データの平均値は当てにならないものとなります。ヒストグラムを用いると、データの分布を確認しつつ外れ値を検出することが容易になります（B）。
外れ値への対処法の1つとして、**標準化**を行ったうえで、あらかじめ設定したしきい値を超えたデータを外れ値とみなして除去する方法があります（C）。データ分布の両端（最大値／最小値）から 5～10%をカットして外れ値の混入を防ぐという方法もあります（D）。ただしこの方法では、正常なデータも除去してしまうおそれがあります。
外れ値を含むデータ集合に対して 0-1正規化を行うと、変換後のデータ集合の値の分布が外れ値につられて偏ってしまいます（**A**）。よって、外れ値に対する根本的な対処法とはいえません。

本文中で使用するマーク

解答ページには、以下のマークで重要事項や参考情報を示しています。

	試験対策のために理解しておかなければいけないことや、覚えておかなければいけない重要事項を示しています。		試験対策とは直接関係はありませんが、知っておくと有益な情報や補足情報を示しています。

※ 本書に記載されている情報は2022年3月時点のものです。
　試験内容やURLは変更になる可能性があります。

目次

第1章

データサイエンス力
—数理統計—

- 微分
- 線形代数
- 記述統計学
- 推測統計学
- 確率
- データの可視化

□ **1**. 関数$y=f(x)$の$x=a$における微分係数を表す式として、最も適切なものを選べ。

A. $\lim_{h \to 0} \frac{f(a+h)-f(a)}{h}$

B. $\lim_{h \to 0} \frac{f(a+h)-f(h)}{h}$

C. $\lim_{h \to 0} \frac{f(a+h)-f(h)}{a}$

D. $\lim_{h \to 0} \frac{f(a+h)-f(a)}{a}$

➡ P39

□ **2**. 関数 $y=x^3+log_e x+e^x+3$ をxで微分した式として、最も適切なものを選べ。(ただし、eはネイピア数であるとする。)

A. $3x^2+\frac{1}{x}+e^x$

B. $3x^2+\frac{1}{x}+e^{x-1}$

C. $3x^2+log_e x+e^x$

D. $x^2+\frac{1}{x}$

➡ P40

□ **3**. 関数 $y=(x^2+2x+7)^9$ をxで微分した式として、最も適切なものを選べ。

A. $9(x^2+2x+7)^8$

B. $9x^2$

C. $9(x^2+2x+7)^8(2x+2)$

D. $18(x^2+2x+7)$

➡ P40

□ **4.** 関数 $z = 3xy + 2y^2$ をxで偏微分した式として、最も適切なものを選べ。

A. 5
B. $3x+2$
C. xy
D. $3y$

➡ P41

□ **5.** ベクトル $a = (1,2)$、$b = (0,2)$とする。このとき、ベクトルの和 $a+b$ の値として、最も適切なものを選べ。

A. $(1,2)$
B. $(1,4)$
C. $(3,2)$
D. $(0,4)$

➡ P41

□ **6.** $x = \begin{pmatrix} 1 \\ 3 \\ 4 \end{pmatrix}$ とする。

このとき、ベクトルのスカラー倍$3x$の値として、最も適切なものを選べ。

A. $\begin{pmatrix} 3 \\ 9 \\ 12 \end{pmatrix}$

B. $\begin{pmatrix} 3 \\ 3 \\ 12 \end{pmatrix}$

C. 24
D. 3

➡ P42

□ **7.** $\boldsymbol{x} = \begin{pmatrix} 4 \\ 2 \\ 4 \end{pmatrix}$ とする。

このとき、$\boldsymbol{x}$ のユークリッドノルムの値として、最も適切なものを選べ。

A. $\begin{pmatrix} 16 \\ 4 \\ 16 \end{pmatrix}$

B. 36

C. 8

D. 6

➡ P42

□ **8.** $\|\boldsymbol{x}\| = \sqrt{x_1^2 + x_2^2}$ のとき、$\|\boldsymbol{x}\| = 4$ を満たす$(x_1,\, x_2)$の集合が描く図形として、最も適切なものを選べ。

A. $y = 2x$ の直線

B. $y = 4x$ の直線

C. 半径 2 の円

D. 半径 4 の円

➡ P43

9. $\boldsymbol{x} = \begin{pmatrix} 1 \\ 2 \\ 3 \end{pmatrix}$、 $\boldsymbol{y} = \begin{pmatrix} 4 \\ 5 \\ 6 \end{pmatrix}$とする。

このとき、ベクトルの内積 $x \cdot y$ の値として最も適切なものを選べ。

A. $\begin{pmatrix} 4 \\ 10 \\ 18 \end{pmatrix}$

B. $\begin{pmatrix} 5 \\ 7 \\ 9 \end{pmatrix}$

C. 32

D. 21

➡ P43

10. $A = \begin{pmatrix} 1 & 2 & 1 \\ 3 & 4 & 3 \end{pmatrix}$、$B = \begin{pmatrix} 5 & 2 \\ 0 & 1 \\ 1 & 0 \end{pmatrix}$とする。

このとき、AB の計算結果として最も適切なものを選べ。

A. $\begin{pmatrix} 5 & 0 & 1 \\ 6 & 4 & 0 \end{pmatrix}$

B. $\begin{pmatrix} 5 & 6 \\ 7 & 8 \end{pmatrix}$

C. $\begin{pmatrix} 6 & 4 \\ 18 & 10 \end{pmatrix}$

D. $\begin{pmatrix} 5 & 4 \\ 45 & 24 \end{pmatrix}$

➡ P44

□ **11**. $A = \begin{pmatrix} a & b \\ c & d \end{pmatrix}$ とする。

このとき、行列式 $|A|$ の値として、最も適切なものを選べ。

A. $ab + bc$
B. $ab - bc$
C. $ad + bc$
D. $ad - bc$

➡ P44

□ **12**. $A = \begin{pmatrix} 4 & 3 \\ 1 & 1 \end{pmatrix}$ とする。

このとき、逆行列 A^{-1} の計算結果として、最も適切なものを選べ。

A. $\begin{pmatrix} 5 & 0 \\ 6 & 4 \end{pmatrix}$

B. $\begin{pmatrix} 1 & -3 \\ -1 & -4 \end{pmatrix}$

C. $\begin{pmatrix} -1 & 3 \\ 1 & -4 \end{pmatrix}$

D. $\begin{pmatrix} 1 & -3 \\ -1 & 4 \end{pmatrix}$

➡ P45

☐ **13.** $A = \begin{pmatrix} 1 & 2 & 3 \\ 4 & 5 & 6 \end{pmatrix}$とする。

このとき、転置行列 $A^\top$ の値として、最も適切なものを選べ。

A. $\begin{pmatrix} 4 & 5 & 6 \\ 1 & 2 & 3 \end{pmatrix}$

B. $\begin{pmatrix} 1 & 4 \\ 2 & 5 \\ 3 & 6 \end{pmatrix}$

C. $\begin{pmatrix} 4 & 1 \\ 5 & 2 \\ 6 & 3 \end{pmatrix}$

D. $\begin{pmatrix} 1 & 2 \\ 3 & 4 \\ 5 & 6 \end{pmatrix}$

➡ P46

☐ **14.** $A = \begin{pmatrix} 1 & 1 \\ 0 & 2 \end{pmatrix}$とする。

このとき、行列 A の固有値の組み合わせとして最も適切なものを選べ。

A. 1と2
B. 0と4
C. −1と−2
D. −1と2

➡ P47

□ **15.** A、B、C、D、Eの5人の中から3人を選ぶとき、組み合わせの総数として、最も適切なものを選べ。

A. 5通り
B. 10通り
C. 15通り
D. 60通り

➡ P48

□ **16.** 標本を抽出する際に用いる方法のうち、「母集団をあらかじめいくつかの層(グループ)に分けておき、各層の中から必要な数の調査対象を無作為に抽出する方法」として、最も適切なものを選べ。

A. 系統抽出法
B. 多段抽出法
C. 集落抽出法
D. 層別抽出法

➡ P49

□ **17.** 袋に赤玉が4つ、白玉が4つ入っている。赤玉のうち3つには目印がついており、白玉には1つだけ目印がついているものとする。この袋から玉を1つ取り出したところ赤玉だった。このとき、その取り出した赤玉に目印が付いている確率として、最も適切なものを選べ。

A. $\frac{1}{5}$

B. $\frac{3}{4}$

C. $\frac{3}{8}$

D. $\frac{1}{4}$

➡ P50

□ **18.** 4つのデータ -4, -3, 2, 9 の分散の値として、最も適切なものを選べ。

A. -12
B. 2.5
C. 269
D. 26.5

➡ P51

□ **19.** 1回の観察で、ある事象が起こる確率を p とする。この p は反復される試行において一定であるとする。このとき、n 回の観察のうち、x 回その事象が起こる確率を $P(x)$とする。n 回の観察のうち、事象 A が発生する回数を確率変数 X で表したとき、$X = x$ となる確率 $P(X = x)$を表現する式として、最も適切なものを選べ。

A. ${}_n\mathrm{C}_x p^x (1-p)^{n-x}$

B. ${}_n\mathrm{P}_x p^x (1-p)^{n-x}$

C. $\dfrac{e^{-\lambda}\lambda^x}{x!}$

D. $\dfrac{e^{-\lambda}\lambda^x}{n!}$

➡ P51

□ **20.** 平均を μ 、分散を σ^2 としたとき、正規分布に従う確率変数 X の確率密度関数 $f(x)$とその定義域の組み合わせとして、最も適切なものを選べ。

A. $\dfrac{1}{\sqrt{2\pi\sigma^2}}\exp\left(-\dfrac{(x-\mu)^2}{2\sigma^2}\right) \quad (-\infty < x < \infty)$

B. $\dfrac{1}{\sqrt{2\pi\sigma^2}}\exp\left(-\dfrac{(x-\mu)^2}{2\sigma^2}\right) \quad (-1 < x < 1)$

C. $\dfrac{1}{\sqrt{2\pi\sigma^2}}\exp\left(-\dfrac{(x-\sigma)^2}{2\mu^2}\right) \quad (-\infty < x < \infty)$

D. $\dfrac{1}{\sqrt{2\pi\sigma^2}}\exp\left(-\dfrac{(x-\sigma)^2}{2\mu^2}\right) \quad (-1 < x < 1)$

➡ P52

□ **21**. 二変数または三変数のデータの分布を把握するために利用する可視化表現として、最も適切なものを選べ。

A.　折れ線グラフ
B.　円グラフ
C.　散布図
D.　棒グラフ

➡ P53

□ **22**. あるデータに対して、以下のような箱ひげ図を作成した。このとき、以下の箱ひげ図における第一四分位数、中央値、第三四分位数のおおよその値の組み合わせとして、最も適切なものを選べ。

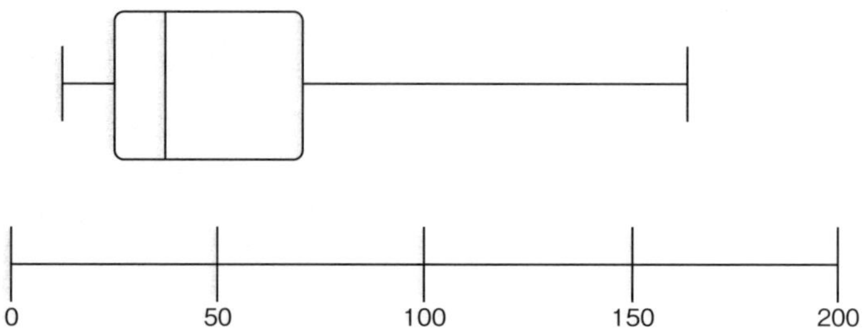

A.　第一四分位数：15　中央値：75　第三四分位数：160
B.　第一四分位数：35　中央値：75　第三四分位数：160
C.　第一四分位数：25　中央値：40　第三四分位数：75
D.　第一四分位数：25　中央値：40　第三四分位数：160

➡ P54

□ **23.** ある通信販売会社では、1カ月に1万件のダイレクトメールを送付している。過去の実績から、このダイレクトメールに対する顧客の反応率はおよそ15%であることがわかっている。顧客の反応率を高めるために、ダイレクトメールの内容を変えたものを試験的に送付し、その方法が従来の方法と比較して優れているかどうか、統計的仮説検定を用いて判断する。このとき、設定すべき帰無仮説(ア)と対立仮説(イ)の組み合わせとして、最も適切なものを選べ。

A. （ア）新たな方法の効果は従来のものと異なる
（イ）従来の方法の効果は新たな方法よりも高い

B. （ア）新たな方法の効果は従来のものと異なる
（イ）従来の方法の効果は新たな方法よりも低い

C. （ア）新たな方法の効果は従来のものと同じである
（イ）新たな方法の効果は従来のものと異なる

D. （ア）新たな方法の効果は従来のものと同じである
（イ）新たな方法に効果はない

➡ P55

□ **24.** 統計的仮説検定における2種類の誤りのうち、「第一種の過誤」についての説明として、最も適切なものを選べ。

A. 帰無仮説が正しいのに、帰無仮説を棄却してしまうこと
B. 帰無仮説を棄却してしまうこと
C. 対立仮説が正しいのに、帰無仮説を採択してしまうこと
D. 帰無仮説を採択してしまうこと

➡ P56

□ **25**. シグモイド関数 $\sigma(x)$ の定義式を以下に示す。

$$\sigma(x) = \frac{1}{1+e^{-x}}$$

この式がもつ特徴として、最も適切でないものを選べ。

A. x の定義域が $0 < x < 1$ のとき、ロジット関数の逆関数となる
B. 点 $(0, \frac{1}{2})$ に対して点対称である
C. $\sigma(x)$ の値域は $0 < \sigma(x) < 1$ である
D. $x \rightarrow \infty$ に対する極限値は 0 である

➡ P57

□ **26**. U を全体集合、A、B を U の部分集合とする。以下のベン図のグレーで示される領域を表したものとして、適切なものを選べ。

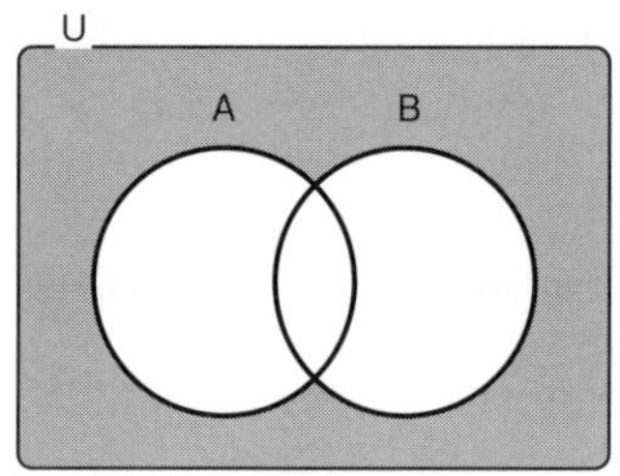

A. $A \cup B$
B. $A \cap B$
C. $A - B$
D. $(A \cup B)^C$

➡ P58

第1章　データサイエンス力—数理統計—
解　答

1.　A

➡ P28

微分係数の定義に関する問題です。
関数 $y=f(x)$ において、x の値が a から b まで変化するときの x の変化量は $b-a$、y の変化量は $f(b)-f(a)$ となります。このときの y の変化量を x の変化量で割ったものを平均変化率といいます。

ここで、$b-a=h$ とすると y の変化量は $f(a+h)-f(a)$ となり、x の変化量は $(a+h)-a=h$ となるため、平均変化率は

$$\frac{f(a+h)-f(a)}{h}$$

となります。これは関数 $y=f(x)$ 上の2点（$(a, f(a))$、$(b, f(b))$）を通る直線の傾きに等しくなります。平均変化率を表す式における h を限りなく 0 に近づけることで、2点（$(a, f(a))$、$(b, f(b))$）からなる直線の傾きは、$x=a$ における接線の傾きに近づいていきます。これを数式で記述すると以下のようになります。

$$\lim_{h\to 0}\frac{f(a+h)-f(a)}{h}$$

この極限は関数 $y=f(x)$ の $x=a$ における**微分係数**と呼ばれ、$x=a$ における接線の傾きを表します。
以上より、選択肢**A**が正解です。

2. A

➡ P28

導関数を求める問題です。
関数 $f(x)$ と関数 $g(x)$ の和をとった関数 $h(x)=f(x)+g(x)$ があるとします。関数 $h(x)$ の導関数は $h'(x)=f'(x)+g'(x)$ となります。したがって、設問で登場した関数の導関数は、各項の導関数を求めて和をとることで得られます。
設問の式の各項の導関数を求めると、以下のようになります。

$$(x^3)' = 3x^2$$

$$(log_e x)' = \frac{1}{x}$$

$$(e^x)' = e^x$$

$$(3)' = 0$$

よって、求めたい導関数の式は

$$y' = 3x^2 + \frac{1}{x} + e^x$$

となります。
以上より、選択肢**A**が正解です。

3. C

➡ P28

合成関数の微分に関する問題です。

$$y = (x^2 + 2x + 7)^9$$

において、

$$t = (x^2 + 2x + 7)$$

とおきます。このとき、$y = t^9$ となります。
合成関数の微分の公式より、

$$y' = \frac{dy}{dx} = \frac{dy}{dt}\frac{dt}{dx}$$

となります。

$$\frac{dy}{dt} = \frac{d}{dt}(t^9) = 9t^8 = 9(x^2 + 2x + 7)^8$$

$$\frac{dt}{dx} = \frac{d}{dx}(x^2 + 2x + 7) = 2x + 2$$

となるので、

$$y' = 9(x^2 + 2x + 7)^8(2x + 2)$$

となります。

以上より、選択肢**C**が正解です。

機械学習モデルの1つにニューラルネットワークがあります。ニューラルネットワークの学習には合成関数の微分が必要となります（第2章参照）。

4. D

➡ P29

偏微分に関する問題です。

偏微分は、微分する変数以外を定数として微分を行います。

この問題ではxについて偏微分を行うので、変数yは定数として扱います。

よって、設問の式をxで偏微分した結果は以下のようになります。

$$\frac{\partial z}{\partial x} = \frac{\partial}{\partial x}(3xy + 2y^2) = 3y + 0 = 3y$$

以上より、選択肢**D**が正解です。

5. B

➡ P29

ベクトルの和に関する問題です。

ベクトルの和は各成分をそれぞれ足し合わせることで計算できます。

$$a + b = (1, 2) + (0, 2) = (1 + 0, 2 + 2) = (1, 4)$$

以上より、選択肢**B**が正解です。

6. A

➡ P29

ベクトルのスカラー倍に関する問題です。
c を定数とし、

$$\boldsymbol{x} = \begin{pmatrix} x_1 \\ x_2 \\ \vdots \\ x_n \end{pmatrix} \text{とすると、} c\boldsymbol{x} = \begin{pmatrix} cx_1 \\ cx_2 \\ \vdots \\ cx_n \end{pmatrix} \text{となります。}$$

$$\text{よって、} 3\boldsymbol{x} = 3\begin{pmatrix} 1 \\ 3 \\ 4 \end{pmatrix} = \begin{pmatrix} 3 \times 1 \\ 3 \times 3 \\ 3 \times 4 \end{pmatrix} = \begin{pmatrix} 3 \\ 9 \\ 12 \end{pmatrix} \text{となります。}$$

以上より、選択肢**A**が正解です。

7. D

➡ P30

ベクトルのノルムに関する問題です。

$$\boldsymbol{x} = \begin{pmatrix} x_1 \\ x_2 \\ \vdots \\ x_n \end{pmatrix} \text{のとき、} x \text{のユークリッドノルム} \|\boldsymbol{x}\| \text{は以下のように定義されます。}$$

$$\|\boldsymbol{x}\| = \sqrt{x_1^2 + x_2^2 + \cdots + x_n^2}$$

よって、$\boldsymbol{x} = (4, 2, 4)^T$ のとき

$$\|\boldsymbol{x}\| = \sqrt{4^2 + 2^2 + 4^2} = \sqrt{16 + 4 + 16} = \sqrt{36} = 6$$

以上より、選択肢**D**が正解です。

ユークリッドノルムはベクトルの大きさに対応するので、$\|\boldsymbol{x}\| \geq 0$ となります。また、ユークリッドノルムは L^2 ノルムとも呼ばれます。

8.　D

➡ P30

円の方程式に関する問題です。

$$\|\boldsymbol{x}\| = \sqrt{x_1^2 + x_2^2} = 4$$

より、

$$x_1^2 + x_2^2 = 4^2$$

となります。これは「半径が 4 の円」を表す式です。
以上より、選択肢**D**が正解です。
なお、‖・‖はノルムを表す記号です。

$\|\boldsymbol{x}\| = r$を満たす点が半径rの円を描くことは、機械学習におけるテクニックの1つである正則化を理解する際に重要となります。

9.　C

➡ P31

ベクトルの内積はベクトルの成分同士の積の和をとることで計算できます。

$\boldsymbol{x} = \begin{pmatrix} x_1 \\ x_2 \\ \vdots \\ x_n \end{pmatrix}$、$\boldsymbol{y} = \begin{pmatrix} y_1 \\ y_2 \\ \vdots \\ y_n \end{pmatrix}$としたとき、$\boldsymbol{x}$と$\boldsymbol{y}$の内積$\boldsymbol{x} \cdot \boldsymbol{y}$を以下のように定義します。

$$\boldsymbol{x} \cdot \boldsymbol{y} = x_1 y_1 + x_2 y_2 + \cdots + x_n y_n$$

よって、$\boldsymbol{x} = \begin{pmatrix} 1 \\ 2 \\ 3 \end{pmatrix}$、$\boldsymbol{y} = \begin{pmatrix} 4 \\ 5 \\ 6 \end{pmatrix}$のとき、

$$\boldsymbol{x} \cdot \boldsymbol{y} = (1 \times 4) + (2 \times 5) + (3 \times 6) = 32$$

となります。
以上より、選択肢**C**が正解です。

機械学習モデルの1つである線形回帰(第2章参照)は、内積を使うことで簡素な数式で記述することができます。

10. C

➡ P31

$A=\begin{pmatrix}1 & 2 & 1\\3 & 4 & 3\end{pmatrix}$、$B=\begin{pmatrix}5 & 2\\0 & 1\\1 & 0\end{pmatrix}$ としたときの行列の積 AB は、以下のようにして求められます。

$$AB=\begin{pmatrix}1\times5+2\times0+1\times1 & 1\times2+2\times1+1\times0\\3\times5+4\times0+3\times1 & 3\times2+4\times1+3\times0\end{pmatrix}=\begin{pmatrix}6 & 4\\18 & 10\end{pmatrix}$$

掛け合わせる行列の行と列をそれぞれベクトルとみなし、行と列ごとに内積を計算します。

以上より、選択肢**C**が正解です。

行列 A と行列 B の積 AB を計算する場合には、行列 A の列の数と行列 B の行の数が一致しなければなりません。例えば、3行2列の行列と2行2列の行列であれば行列の積を計算することが可能ですが、2行2列の行列と3行2列の行列の積を計算することはできません。

行列 A,B,C に対し、$AB=C$ が成り立つとします。このとき、A が l 行 m 列の行列、B が m 行 n 列であれば、行列 C は l 行 n 列となります。

11. D

➡ P32

2行2列の行列 $A=\begin{pmatrix}a & b\\c & d\end{pmatrix}$ の行列式 $|A|$ は以下のように定義されています。

$$|A|=ad-bc$$

以上より、選択肢**D**が正解です。

行列式を$det(A)$と表現する場合もあります。行列式の$det(A)$の「det」は「determinant(決定力のある)」という単語に由来しています。行列式は次問で登場する「逆行列」の理解において重要です。

逆行列を求めることにより、行列表記された連立方程式を解くことが可能です。

12. D

➡ P32

以下のような、対角成分がすべて1でそれ以外の成分がすべて0である行列Eを単位行列と呼びます。

$$E = \begin{pmatrix} 1 & 0 & 0 & \cdots & 0 \\ 0 & 1 & 0 & \cdots & 0 \\ 0 & 0 & 1 & \cdots & 0 \\ \vdots & \vdots & \vdots & \ddots & \vdots \\ 0 & 0 & 0 & \cdots & 1 \end{pmatrix}$$

単位行列は、実数の「1」に近い性質をもちます。
例えば、実数xに1を掛けると、

$$x \times 1 = 1 \times x = x$$

となります。
単位行列も同様の性質をもっており、行列Aに単位行列Eを掛けると、

$$EA = AE = A$$

となります。
行列Aに対する逆行列A^{-1}とは、以下の式を満たす行列です。

$$A^{-1}A = AA^{-1} = E$$

2行2列の行列Aに対する成分を以下のように定義します。

$$A = \begin{pmatrix} a & b \\ c & d \end{pmatrix}$$

このとき、逆行列A^{-1}は行列式$|A|$を用いて以下のようになります。

$$A^{-1} = \frac{1}{|A|}\begin{pmatrix} d & -b \\ -c & a \end{pmatrix}$$

よって、$A = \begin{pmatrix} 4 & 3 \\ 1 & 1 \end{pmatrix}$のとき

$$A^{-1} = \frac{1}{1}\begin{pmatrix} 1 & -3 \\ -1 & 4 \end{pmatrix} = \begin{pmatrix} 1 & -3 \\ -1 & 4 \end{pmatrix}$$

となります。
以上より、選択肢**D**が正解です。

13. B ➡ P33

m 行 n 列の行列 A の (i, j) 要素を (j, i) 要素としてもつ n 行 m 列の行列を、A の **転置行列**といいます。
例えば、

$$A = \begin{pmatrix} a & b \\ c & d \\ e & f \end{pmatrix}$$

の場合、

$$A^\top = \begin{pmatrix} a & c & e \\ b & d & f \end{pmatrix}$$

となります。
なお、行列 A と B の積である AB の転置行列 $(AB)^\top$ は $B^\top A^\top$ となります。
式で表すと以下のとおりです。

$$(AB)^\top = B^\top A^\top$$

以上より、選択肢**B**が正解です。

転置行列はニューラルネットワークを数式で記述する際に多用されます。

14. A

➡ P33

正方行列 A に対して、

$$A\boldsymbol{x} = \lambda\boldsymbol{x} \quad (\boldsymbol{x} \neq \boldsymbol{0})$$

を満たすスカラー λ とベクトル $\boldsymbol{x}$ をそれぞれ**固有値**、**固有ベクトル**といいます。
上式を変形すると、

$$A\boldsymbol{x} - \lambda\boldsymbol{x} = \boldsymbol{0}$$

$$(A - \lambda E)\boldsymbol{x} = \boldsymbol{0}$$

となります。この方程式を固有方程式と呼びます。固有方程式が自明な解 $\boldsymbol{x} = \boldsymbol{0}$ 以外の解をもつための条件は、左辺の行列 $(A - \lambda E)$ が逆行列をもたないことです。これは、

$$|A - \lambda E| = \boldsymbol{0}$$

と同値です。この方程式を解くことで、固有値 λ と固有ベクトル $\boldsymbol{x}$ を求めることができます。

例えば、$A = \begin{pmatrix} 1 & 1 \\ 0 & 2 \end{pmatrix}$ とすると、

$$|A - \lambda E| = \left| \begin{pmatrix} 1 & 1 \\ 0 & 2 \end{pmatrix} - \begin{pmatrix} \lambda & 0 \\ 0 & \lambda \end{pmatrix} \right| = \begin{vmatrix} 1-\lambda & 1 \\ 0 & 2-\lambda \end{vmatrix} = (1-\lambda)(2-\lambda)$$

であり、条件

$$|A - \lambda E| = \boldsymbol{0}$$

に上式を当てはめると、

$$(1-\lambda)(2-\lambda) = 0$$

$$\lambda = 1, 2$$

が得られます。これらの値が正方行列 A の固有値となります。なお固有ベクトルは、各固有値における固有方程式の非自明な解になります。
いま、行列 A の固有値 $\lambda = 1, 2$ に対応するベクトルをそれぞれ

$$\boldsymbol{v_1} = \begin{pmatrix} v_{11} \\ v_{12} \end{pmatrix}, \ \boldsymbol{v_2} = \begin{pmatrix} v_{21} \\ v_{22} \end{pmatrix}$$

とおきます。$\lambda = 1$ のとき、固有方程式は $(A - 1 * E)\boldsymbol{v_1} = 0$ となります。

$$\begin{pmatrix}1 & 1\\0 & 2\end{pmatrix} - \begin{pmatrix}1 & 0\\0 & 1\end{pmatrix} = \begin{pmatrix}0 & 1\\0 & 1\end{pmatrix}$$

より、固有方程式を解くと

$$\begin{pmatrix}0 & 1\\0 & 1\end{pmatrix}\begin{pmatrix}v_{11}\\v_{12}\end{pmatrix} = \begin{pmatrix}v_{12}\\v_{12}\end{pmatrix} = v_{12}\begin{pmatrix}1\\1\end{pmatrix}$$

となります。v_{12} は任意定数なので、$v_{12} = c_1 (c_1 \in \mathbb{R})$ とおけば、

$$\boldsymbol{v_1} = c_1\begin{pmatrix}1\\1\end{pmatrix}$$

となります。
同様にして、$\lambda = 2$ のとき、固有方程式は $(A - 2 * E)\boldsymbol{v_2} = 0$ となり、

$$\boldsymbol{v_2} = c_2\begin{pmatrix}1\\0\end{pmatrix}$$

となります。$(c_2 \in \mathbb{R})$
以上より、選択肢**A**が正解です。

15. B ➡ P34

異なる n 個の中から k 個を、順番をつけずに選ぶ場合の組み合わせの総数は、以下の式で定義されます。

$${}_nC_k = \frac{n!}{k!(n-k)!}$$

上記の「！」という記号は「階乗」を意味します。
「n の階乗」とは、1 から n までの整数の積のことで、以下の式で定義されます。

$$n! = n(n-1)(n-2)\cdots 1$$

よって、

$${}_5C_3 = \frac{5!}{3!(5-3)!} = \frac{5\cdot4\cdot3\cdot2\cdot1}{3\cdot2\cdot1\cdot2\cdot1} = 10\ (\text{通り})$$

となります。
以上より、選択肢**B**が正解です。

異なる n 個の中から k 個を取り出して並べる順列の総数は、以下の式で表現できます。

$$_nP_k = n \cdot (n-1) \cdots (n-k+1)$$

16. D

➡ P34

標本抽出における無作為抽出法は数種類あります。以下にその代表的なものを示します。

● **系統抽出法**

通し番号をつけた名簿を作成し、1 番目の調査対象を無作為に選び、2 番目以降の調査対象を一定の間隔で抽出する方法です（A)。

【例】5,000人から500人の調査対象を選ぶときに、はじめに5,000人に通し番号をつけ、ランダムに選ばれた人から10人おきに調査対象を抽出していく

● **多段抽出法**

母集団をいくつかのグループに分け、そこから無作為抽出でいくつかのグループを選ぶ、という操作を繰り返して、最終的に選ばれたグループの中から調査対象を無作為に抽出する方法です（B)。

【例】全国から30市区町村を無作為に抽出した後、抽出された市区町村のそれぞれからいくつかの地区を無作為に抽出し、抽出されたそれぞれの地区からさらに何人かを無作為に選ぶ

● **集落抽出法(クラスタ抽出法)**

母集団を、小集団である「クラスタ（集落)」に分け、分けられたクラスタの中からいくつかのクラスタを無作為に抽出し、それぞれのクラスタ内のすべての個体を調査する方法です（C)。

【例】中学校を1つの集落（クラスタ）と考え、全国の中学校（母集団）の中からランダムに何校かを選び、その中学校に通う中学生全員の体重を測定する

● **層別抽出法**

母集団をあらかじめいくつかの層（グループ）に分けておき、各層の中から必要な数の調査対象を無作為に抽出する方法です（**D**)。

【例】男女比が6：4の大学で、10人の学生を対象に意識調査を行う場合、男子の中から6人、女子の中から4人を無作為に抽出する。

17. B

➡ P34

条件付き確率に関する問題です。「Bという条件下においてAが起こる確率」を$P(A|B)$と表現します。$P(A|B)$は以下のような数式で求めることができます。

$$P(A|B) = \frac{P(A \cap B)}{P(B)}$$

設問では、袋から赤玉を1つ取り出したという条件下において、その赤玉に目印がついている確率を求める必要があります。よって、条件となる事象Bは「袋から玉を1つ取り出して、その玉が赤色である」となり、事象Aは「袋から玉を1つ取り出して、その玉には目印がついている」となります。

以上より、$A \cap B$は「袋から玉を1つ取り出して、その玉が赤色であり、かつ印が付いている」という事象になります。

したがって、$P(A|B)$を求めると、

$$P(A|B) = \frac{P(A \cap B)}{P(B)} = \frac{\frac{3}{8}}{\frac{4}{8}} = \frac{3}{4}$$

となります。

また、条件付き確率の公式を積の形に変形したものは**乗法の定理**とも呼ばれ、以下の式で表現されます。

$$P(B)P(A|B) = P(A \cap B)$$

以上より、選択肢**B**が正解です。

乗法の定理を応用したものとして、**ベイズの定理**が存在します。以下にその定義式を示します。

$$P(A|B) = \frac{P(B|A)P(A)}{P(B)}$$

（A、Bは事象、$P(B) \neq 0$）

ベイズの定理についても、その式の意味や導出方法を把握しておくようにしましょう。

18. D

➡ P35

n 個のデータ、$x_1, x_2, \cdots, x_n$ があるとします。このうち、i 番目のデータを x_i とします $(1 \leq i \leq n)$。データの平均を $\bar{x}$ とすると、分散 σ^2 は以下の式で定義されます。

$$\sigma^2 = \frac{1}{n}\sum_{i=1}^{n}(x_i - \bar{x})^2$$

したがって、設問のデータに対して分散の値を計算すると以下のようになります。

$$\sigma^2 = \frac{1}{4}\{(-4-1)^2 + (-3-1)^2 + (2-1)^2 + (9-1)^2\}$$

$$= \frac{1}{4}\{(-5)^2 + (-4)^2 + 1^2 + 8^2\}$$

$$= \frac{1}{4}(25 + 16 + 1 + 64) = 26.5$$

以上より、選択肢**D**が正解です。

19. A

➡ P35

コイントスのように、「表が出る」もしくは「裏が出る」といった2つの結果しか生じないような試行を**ベルヌーイ試行**といいます。ベルヌーイ試行では、2つの結果のうち一方がとる確率変数 X の値を「1」、もう一方の結果がとる値を「0」とします。$X=1$ となる確率を $p(0 \leq p \leq 1)$ とすると、$X=0$ となる確率は $1-p$ となります。このベルヌーイ試行を独立して行ったとき、1 が出た総数が従う確率分布を**二項分布**といいます。確率変数 X が n 回のベルヌーイ試行のうち 1 が出た総数を表すとき、二項分布は以下の式で表現されます。

$$P(X = x) = {}_n\mathrm{C}_x p^x (1-p)^{n-x} \quad (x = 0, 1, 2, \cdots, n)$$

以上より、選択肢**A**が正解です。

20. A

➡ P35

平均を μ、分散を σ^2 としたとき、正規分布に従う確率変数 X の確率密度関数 $f(x)$ は以下のように示されます。

$$f(x) = \frac{1}{\sqrt{2\pi\sigma^2}} \exp\left(-\frac{(x-\mu)^2}{2\sigma^2}\right) \quad (-\infty < x < \infty)$$

正規分布は、連続変数に関する確率分布の1つです。最も一般的な(連続型)確率分布で、統計学における検定や推定、モデルの作成などさまざまな場面で活用されています。また、多くの統計的手法において、データが正規分布に従うと仮定されます。

正規分布の主な特徴として、「確率密度関数のグラフを描くと $x = \mu$ で最大値を取る左右対称な形となる」、「平均値周りの値が頻繁に生じるようなデータの分布を上手く表現できる」などが挙げられます。

正規分布に従う確率変数 X は平均0 標準偏差1の正規分布に従う確率変数 Z に変換することが可能です。その変換を標準化と呼びます。標準化では確率変数 X に対して以下のような変換を施します。

$$Z = \frac{X-\mu}{\sigma}$$

変換によって得られた確率変数 Z が平均0 標準偏差1の正規分布に従います。なお、平均0 標準偏差1の正規分布は標準正規分布と呼ばれ、その確率密度関数は以下の式で表されます。

$$f(z) = \frac{1}{\sqrt{2\pi}} e^{-\frac{z^2}{2}}$$

以上より、選択肢**A**が正解です。

確率密度関数は、連続変数(長さや重さといった連続する値)の確率分布を表現する関数です。確率密度関数を定積分することで、ある事象が発生する確率を求めることができます。

例えば、x軸が身長を、y軸がその確率密度を表す確率密度関数があるとします。この確率密度関数を身長160cm～170cmの区間について定積分すると、母集団から無作為に選び取ったある人物の身長が160cm～170cmの間の値である確率を算出することができます。

正規分布の確率密度関数のグラフは、ベルを伏せたような釣鐘型となるので、**ベルカーブ**と呼ばれることが多いです。また、その他の代表的な確率分布として、連続一様分布、指数分布、t 分布、F 分布、カイ二乗分布などが存在します。

二項分布において、試行回数 n が十分に大きいと、その二項分布は正規分布に近づいていきます。

21. C

➡ P36

データにはさまざまな可視化表現があり、目的に応じて使い分ける必要があります。

- ・折れ線グラフ…… 量の変化を把握することができる（A）
- ・円グラフ………… データ内に含まれる各要素の構成割合を把握することができる（B）
- ・散布図…………… 二変数もしくは三変数のデータの分布を把握することができる（**C**）
- ・棒グラフ………… 量の大小を把握することができる（D）

単に現場の作業を支援する場合から、ビッグデータ中の要素間の関連性をダイナミックに表示する場合まで、現代における可視化表現の目的は多岐にわたります。そのため、グラフには作成者の意思や思い込みが反映されてしまう可能性があります。グラフを見る際には、グラフを作る元となった統計データや情報の出典を確認する習慣を身につけておきましょう。

変数間の相関を見る際は、散布図を作成するだけでなく、実際に相関の度合いを定量的に計算することも重要です。変数間の相関を計算する際には、量的変数同士を比較する場合は相関係数を算出し、量的変数と質的変数の場合は相関比、質的変数同士の場合は連関係数を算出するということを覚えておきましょう。また、ある変数が他の変数に与える影響（因果効果）を推定したい場合、その双方に影響を与える共変量（交絡因子）の考慮が重要です。

上記で触れた相関係数の正式名称は「ピアソンの積率相関係数」であり、以下の式で導出できます。

$$r_{xy} = \frac{\sum_{i=1}^{n}(x_i - \overline{x})(y_i - \overline{y})}{\sqrt{\sum_{i=1}^{n}(x_i - \overline{x})^2}\sqrt{\sum_{i=1}^{n}(y_i - \overline{y})^2}} = \frac{s_{xy}}{s_x s_y}$$

$\bar{x}$: x における算術平均
$\bar{y}$: y における算術平均
s_x : x における標準偏差
s_y : y における標準偏差
s_{xy} : x と y の共分散

※ ただし、データの組 $(x_1, y_1), (x_2, y_2), \cdots (x_n, y_n)$ において、$x = (x_1, x_2, \cdots, x_n), y = (y_1, y_2, \cdots, y_n)$とする。

22. C

➡ P36

データにはさまざまな可視化表現があり、目的に応じて使い分ける必要があります。箱ひげ図も可視化表現の1つであり、最大値、最小値、四分位数、四分位範囲などの値が一目でわかる点に特徴があります。

【箱ひげ図の一例】

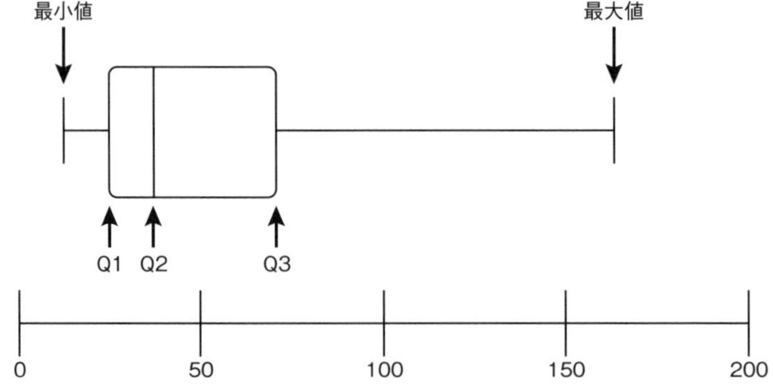

図に示したように、グラフ左端の縦線は最小値の位置を表し、右端は最大値の位置を表しています。また、箱の部分からは次のような情報を読み取ることができます。

1. 第一四分位数(Q1)の値

2. 第二四分位数（Q2）の値
3. 第三四分位数（Q3）の値

四分位数とは、データを昇順に並べ替え、データの個数が同じになるように4等分したときの区切りとなるデータの値のことを指します。区切りの値の小さいほうから順に、**第一四分位数**、**第二四分位数**、**第三四分位数**と呼びます。特に、第二四分位数のことを**中央値**と呼びます。また、Q3－Q1 を**四分位範囲**（**IQR**：interquartile range）といいます。
以上より、選択肢**C**が正解です。

箱ひげ図における上下限を、そのデータにおける最大値と最小値とせずに、Q3+1.5×IQR、Q1-1.5×IQR 内の最大値・最小値を上下限とする場合があります。この範囲外となったデータは外れ値（第2章参照）と見なされます。箱ひげ図の上に外れ値をプロットすることで、四分位範囲を大きく外れたデータを視覚的に捉えることができます。

23. C

➡ P37

統計的仮説検定は、主に以下の手順に沿って行います。

1. 仮説の設定
2. 検定統計量の設定
3. 有意水準の決定
4. 仮説の検証

手順1の仮説の設定では、帰無仮説と対立仮説の2つの仮説を立てます。**対立仮説**には導き出したい結論を設定し、**帰無仮説**には対立仮説の反対の結論を設定します。
手順2の検定統計量の設定では、「ある事象」が発生する確率を求めるために、さまざまなデータを確率密度分布に変換することで、検定を行うための準備をします。
手順3の有意水準の決定では、仮説を採択するか棄却するかのしきい値をどこに置くかを決定します。
手順4の仮説の検証では、統計検定量を有意水準と比較し、仮説の検証を行います。
また、統計的仮説検定では帰無仮説が棄却され、対立仮説が採用されることを期待します。
設問の状況において導き出したい結論は、「新たなダイレクトメールに効果がある」ことであるので、こちらを対立仮説に設定します。帰無仮説には対立仮説の反対である「新たなダイレクトメールに効果がない」を設定します。

以上より、選択肢**C**が正解です。

統計的仮説検定を行う際には、ある分布に対する棄却域を分布の片側だけに設けた片側検定と、分布の両端に設ける両側検定とが存在します。基本的には両側検定を行う場合が多く、また、両側検定を行ってから有意差が出なかったため片側も行うなどは避けなければなりません。これらは、仮説検定の目的に応じて臨機応変に変える必要があります。
比較したい対象や目的によって、統計的仮説検定にはさまざまな種類があります。2つの母集団間での母平均の差を検定する際には、t検定を行います。標本の平均と母集団の平均の差を検定する際には、z検定を行います。
その検定の目的をしっかりと把握して、適切な使い分けができるようになりましょう。

24. A

➜ P37

帰無仮説が真であるのに、偽であるとして棄却してしまうことを**第一種の過誤**といいます。また、帰無仮説が偽であるのに、真であるとして棄却しないことを**第二種の過誤**といいます。統計的仮説検定では、棄却域に検定統計量が入れば、帰無仮説は棄却されます。例えば、有意水準を5%に設定した場合には、5%の確率で第一種の過誤が起きる可能性があるということです。

・第一種の過誤 …… 帰無仮説が真であるのに、偽であるとして棄却してしまう誤りのこと
・第二種の過誤…… 帰無仮説が偽であるのに、真であるとして棄却しない誤りのこと

また、対立仮説が真であるときに帰無仮説を棄却する確率、すなわち、1から第二種の過誤の確率を引いたものを**検出力**といいます。検出力の値を設定すると、その検出力を得るために必要なサンプルサイズを求めることができます。サンプル取得と仮説検定を繰り返して、80%の確率で正しく帰無仮説が棄却される状態が望ましいとされているため、検出力が0.8以上となるようなサンプルサイズを確保する必要があります。

以上より、選択肢**A**が正解です。

統計的仮説検定において、帰無仮説の下で検定統計量が実際に観測された値となる確率を**P値**といいます。

25. D

➡ P38

教師あり学習の1つである**ロジスティック回帰**においては、教師データをもとにその事象が生じる確率を計算します。
ある事象が起こる確率と起こらない確率との比を**オッズ**といいます。例えば、ある事象が起こる確率を $p(0 \leq p \leq 1)$ とした場合、以下のように定義されます。

$$\frac{p}{1-p}$$

オッズは、ある事象がどれだけの頻度で発生するのかを理解するのに役立ちます。このオッズに対し、対数をとったものを**対数オッズ**といいます。式で表すと以下のようになります(ここでは対数の底をネイピア数eとしています)。

$$log(\frac{p}{1-p})$$

p を x に置き換え、対数オッズを x の関数と見なしたものはロジット関数と呼ばれており、以下の式で表現されます。

$$f(x) = log(\frac{x}{1-x}) \quad (0 < x < 1)$$

ロジット関数の逆関数を求めると、以下のような式が得られます。

$$\sigma(x) = \frac{1}{1+e^{-x}} \quad (-\infty < x < \infty)$$

この関数は(**標準**)**シグモイド関数**と呼ばれており、機械学習の分野ではロジスティック回帰やニューラルネットワークで活用されています。上式から、シグモイド関数はロジット関数の逆関数であることがわかります(A)。シグモイド関数は、点 $(0, \frac{1}{2})$ に対して点対称であり(B)、値域は$0 < \sigma(x) < 1$です(C)。
以上より、選択肢**D**が正解です。

(標準)シグモイド関数は、(標準)ロジスティック関数とも呼ばれます。

本問の対数オッズのように、ある値を対数に変換するという方法は多くの分野で利用されています。対数を取ることのメリットとしては、広い範囲で散らばるサンプルであっても、人間が把握しやすい値の範囲に落とし込めることなどが挙げられます。二次元グラフを描く場合にも、片方の軸だけを対数目盛りとした片対数グラフや、両方の軸を対数軸とした両対数グラフを適切に用いることで、人間が把握しやすい可視化が実現できます。

26. D

➡ P38

次の図のように、全体集合とそれに含まれる部分集合の関係を視覚的に表したものを**ベン図**といいます。

【ベン図の例】

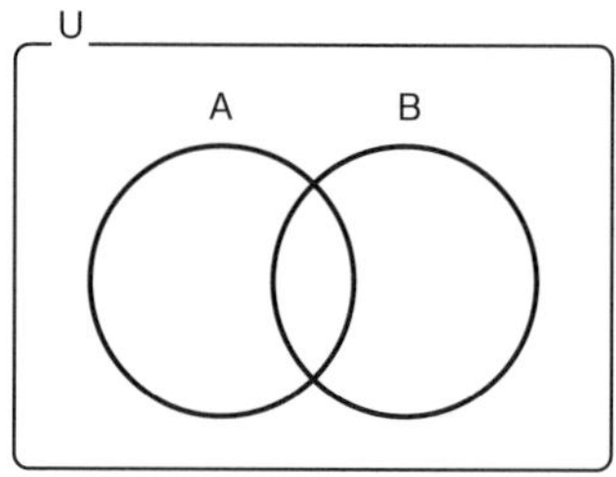

2つの集合 A と B の元をすべて集めてできる集合を**和集合**といい、

$$A \cup B = \{x \mid x \in A \text{または} x \in B\}$$

と定義されます。
ベン図で表現すると以下の部分です(A)。

【和集合】

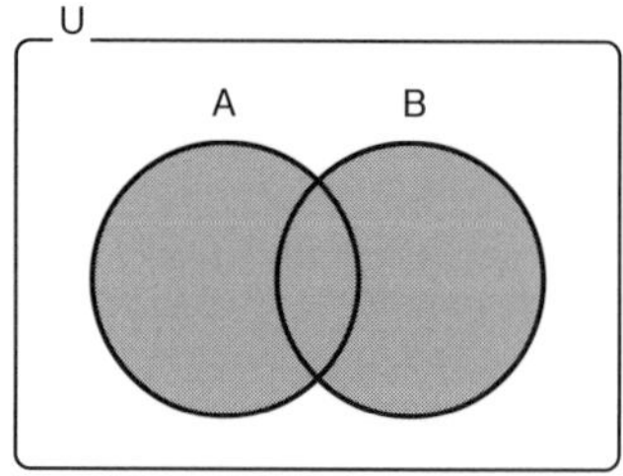

また、AとBに共通して含まれる元をすべて集めてできる集合を**積集合**あるいは**共通部分**といい、

$$A \cap B = \{x \mid x \in A かつ x \in B\}$$

と定義されます。
ベン図で表現すると以下の部分です(B)。

【共通部分】

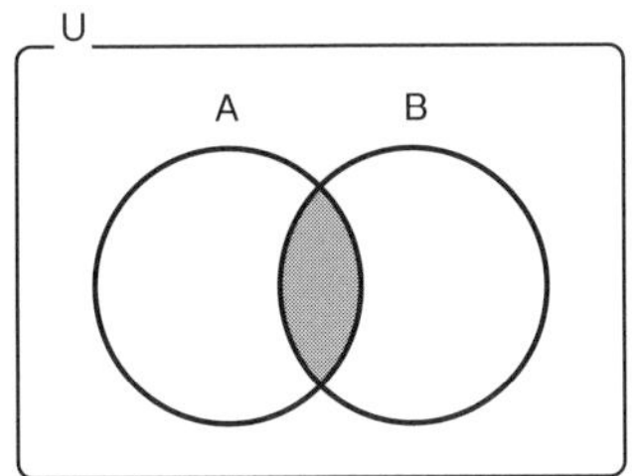

集合Aに属するがBには属さない元をすべて集めてできる集合をAとBの**差集合**といい、

$$A - B = \{x \mid x \in A かつ x \notin B\}$$

と定義されます。
ベン図で表現すると以下の部分です(C)。

【差集合】

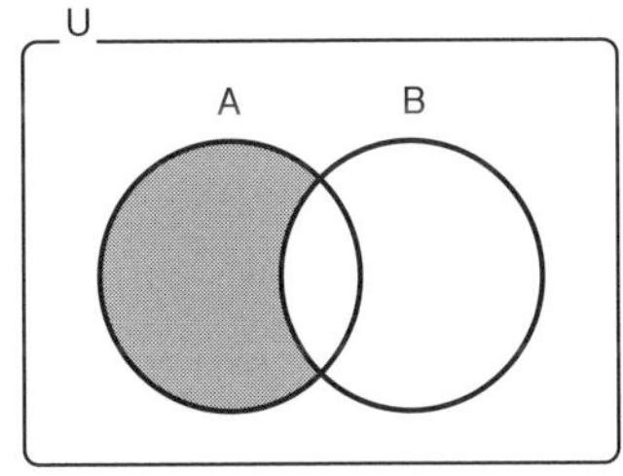

さらに、全体集合Uのうち集合Aを取り除いた残りの部分をAの補集合といい、A^cで表します。
定義式は以下のとおりです。

$$A^c = U - A$$

よって、以下のベン図で表現される部分は、$A \cup B$の補集合に当たる部分が示されているので、$(A \cup B)^C$と表現できます。

【補集合】

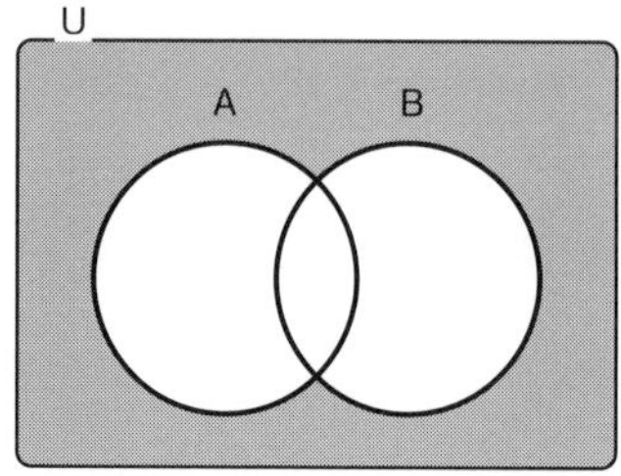

以上より、選択肢**D**が正解です。

和集合や積集合によって行われる集合演算の考え方は、ある推論や判断の真偽などを記号によって表現することで演算の対象とする論理演算(ブーリアン演算/ブール演算)においても用いられます。
多くのプログラミング言語やSQLのようなデータベース操作言語において、論理演算を実行することができます。論理演算では、和集合はOR(2つの集合のいずれか一方に含まれる関係であるため)、積集合はAND(2つの集合の両方に含まれる関係であるため)に、それぞれ対応します。
このように、集合演算と論理演算の間には対応関係があることを覚えておきましょう。

第2章

データサイエンス力
―機械学習―

- 機械学習基礎
- 時系列分析
- 自然言語処理
- 画像／動画処理
- 音声／音楽処理

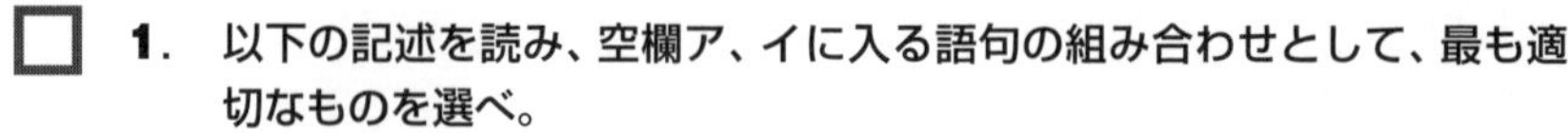

1. 以下の記述を読み、空欄ア、イに入る語句の組み合わせとして、最も適切なものを選べ。

回帰分析とは、ある変数を1つ以上の別の変数を用いて予測する手法である。例として、「身長」と「体重」から「肥満度」を予測する問題を考える。このとき「身長」と「体重」は説明変数、「肥満度」は目的変数となる。また、回帰分析のうち、1つの説明変数で予測するものを単回帰分析という。
目的変数 y と説明変数 x の関係性を一次関数 $y = ax+b$ としたとき、パラメータ a, b の値を求める方法の1つが（　ア　）である。単回帰分析における（　ア　）では、データ y と推定値 $ax+b$ の差（残差）を最小化するようにパラメータ a, b の値を求める。
単回帰分析において、直線 $y=ax+b$ の（　イ　）を回帰係数という。

A.　（ア）最小二乗法　（イ）a
B.　（ア）最尤法　（イ）a
C.　（ア）最小二乗法　（イ）y
D.　（ア）最尤法　（イ）y

➡ P85

2. データ集合のスケールを調整する方法の1つに、標準化という手法がある。観測値 $x_i(i = 1, 2,...,n)$ が与えられた際、x_i に対する標準化の計算式として、最も適切なものを選べ。
（ここでは x_i の平均を μ、x_i の標準偏差を σ とし、x_i の最大値を x_{max}、x_i の最小値を x_{min} とする。）

A.　$\sqrt{x_i^2}$

B.　$\dfrac{x_i - x_{min}}{x_{max}}$

C.　$\dfrac{x_i - \mu}{\sigma}$

D.　$\dfrac{x_i - x_{max}}{x_{min}}$

➡ P86

□ **3.** あなたは、中古車の買取価格を予測する機械学習のプロジェクトに携わっている。クライアントから、以下の表に示すようなデータを預かった。このデータのうち、説明変数として用いる際に、ダミー変数に変換する必要のある項目として、最も適切なものを選べ。

【中古車の買取価格データ】

製造年	買取価格	自動車の規格	走行距離	排気量
2015	200,000	軽自動車	30,405	655
2003	100,000	コンパクトカー	122,340	1,498
2001	80,000	軽自動車	150,252	639
2016	400,000	ミニバン	23,500	2,000

A.　走行距離
B.　排気量
C.　自動車の規格
D.　A～Cのすべてが変換の対象となる

➡ P87

□ **4.** 以下の記述を読み、空欄ア、イに入る語句の組み合わせとして、最も適切なものを選べ。

1つの目的変数を複数の説明変数を用いて予測することを重回帰分析という。
重回帰分析においては、各変数における係数の推定値を偏回帰係数といい、（　ア　）を標準偏回帰係数という。また、目的変数の実測値と目的変数の推定値との間の相関係数を（　イ　）という。

A.　（ア）データを標準化したうえで求めた偏回帰係数
　　（イ）重回帰係数
B.　（ア）データを標準化したうえで求めた偏回帰係数
　　（イ）重相関係数
C.　（ア）偏回帰係数の平均
　　（イ）重回帰係数
D.　（ア）偏回帰係数の平均
　　（イ）重相関係数

➡ P88

☐ **5.** 以下の記述を読み、空欄ア、イに入る語句の組み合わせとして、最も適切なものを選べ。

分類問題においてモデルの性能を評価する際に混同行列という表が用いられる。2値分類の場合の混同行列は、下図のように表される。混同行列の各象限は、それぞれ TP（True Positive）・TN（True Negative）・FP（False Positive）・FN（False Negative）の値を表す。

【混同行列の例】

		予測	
		陽性	陰性
実際	陽性	TP （True Positive）	FN （False Negative）
	陰性	FP （False Positive）	TN （True Negative）

混同行列の値を元に再現率（Recall）を算出する式は（　ア　）であり、適合率（Precision）を算出する式は（　イ　）である。

A.　（ア）TP/（TP＋FN）　（イ）TP/（TP＋FP）
B.　（ア）TP/（TP＋FP）　（イ）TP/（TP＋FN）
C.　（ア）TP/（TP＋TN）　（イ）TP/（TP＋FN）
D.　（ア）TP/（TP＋FN）　（イ）TP/（TP＋TN）

➡ P89

☐ **6.** 以下の記述を読み、空欄ア、イに入る語句の組み合わせとして、最も適切なものを選べ。

回帰問題における性能評価指標として（　ア　）がある。（　ア　）はモデルの予測値と実際のデータの値の差（残差）の絶対値の平均として求める。また、分類問題における性能評価指標として（　イ　）がある。（　イ　）は ROC 曲線の下部の面積として求める。

A.　（ア）MAE　（イ）AUC
B.　（ア）MAE　（イ）Accuracy
C.　（ア）MSE　（イ）AUC
D.　（ア）MSE　（イ）Accuracy

➡ P89

☐ **7**. 以下の記述を読み、空欄ア、イに入る語句の組み合わせとして、最も適切なものを選べ。

汎化誤差の小さいモデルを構築するために用いられる手法として、（　ア　）と（　イ　）がある。
データを事前に学習用と検証用に分割し、検証用データで学習済みモデルの汎化誤差を評価する手法を（　ア　）という。
また、データを複数のグループに分け、学習用と検証用を交代させながら汎化誤差を評価する手法を（　イ　）という。

A.　（ア）交差検証法　　　　（イ）ローテーション法
B.　（ア）ホールドアウト法　（イ）ローテーション法
C.　（ア）ホールドアウト法　（イ）交差検証法
D.　（ア）ローテーション法　（イ）交差検証法

➡ P92

☐ **8**. 時間方向に対して連続的に観測されたデータを時系列データと呼ぶ。時系列データの扱い方に関する記述として、最も適切でないものを選べ。なお、ここでは観測されたデータを原系列という。

A.　時系列データを用いて将来予測を行うための回帰モデルを作る場合、学習データより過去のデータを検証データやテストデータとして用いてはならない

B.　移動平均をとり、原系列を移動平均系列に変換することで、長期的な傾向を確認できる

C.　原系列の差分をとると、長期的な傾向を確認できる

D.　原系列に対して高速フーリエ変換を実行すると、原系列を異なる周波数成分に分解できる

➡ P93

□ **9**. 以下の記述を読み、空欄ア～ウに入る語句の組み合わせとして、最も適切なものを選べ。

機械学習において、（　ア　）学習を行う手法を教師あり学習という。また、（　イ　）学習を行う手法を教師なし学習という。このうち、クラスタリングは（　ウ　）に該当する。

A.　（ア）教師ラベルが付与されたデータを用いて
　　（イ）教師ラベルを与えずに
　　（ウ）教師なし学習

B.　（ア）教師ラベルが付与されたデータを用いて
　　（イ）学習データを与えずに
　　（ウ）教師なし学習

C.　（ア）シミュレーション環境を与えて
　　（イ）学習データを与えずに
　　（ウ）教師あり学習

D.　（ア）シミュレーション環境を与えて
　　（イ）教師ラベルを与えずに
　　（ウ）教師あり学習

➡ P94

☐ **10**. 以下の記述を読み、空欄ア、イに入る語句の組み合わせとして、最も適切なものを選べ。

データ集合を、類似したデータからなる部分集合（クラスタ）に分割する問題をクラスタリングという。クラスタリングのうち、（　ア　）するものを階層型クラスタリングという。階層型クラスタリングの結果は、下に示すようなデンドログラム（樹形図）という図で表される。この図において、点線と縦線の交点の数 k は（　イ　）である。

【デンドログラムの例】

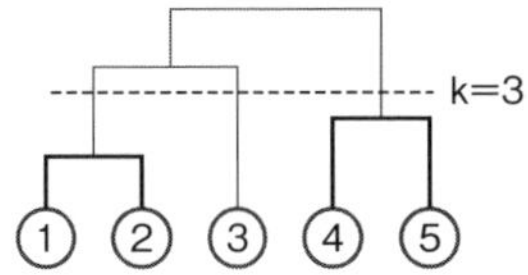

A.　（ア）クラスタの中心点をランダムに k 個配置し、中心点と各データとの距離の総和が最小になるように中心点を更新
（イ）クラスタ数

B.　（ア）クラスタの中心点をランダムに k 個配置し、中心点と各データとの距離の総和が最小になるように中心点を更新
（イ）クラスタ間の距離

C.　（ア）データの各要素を1つのクラスタととらえ、最も距離の近いクラスタ同士を結合し、データを階層的に分割
（イ）クラスタ数

D.　（ア）データの各要素を1つのクラスタととらえ、最も距離の近いクラスタ同士を結合し、データを階層的に分割
（イ）クラスタ間の距離

➡ P95

□ **11.** 外れ値とは、あるデータ集合において、他のデータと極端に値の異なるデータのことである。外れ値を含むデータ集合への対処法として、最も適切でないものを選べ。

A. データ集合に対して0-1正規化を行う
B. ヒストグラムを用いて外れ値を特定し、そのデータを除去する
C. データ集合に対して標準化を行い、しきい値を超えた値を除去する
D. データ集合から、値の大きさが上位5%および下位5%のデータを除去する

➡ P96

□ **12.** データの可視化手法の名称とその用途の組み合わせとして、最も適切なものを選べ。

A. 名称：棒グラフ
用途：データの散らばり具合を見る

B. 名称：ヒストグラム
用途：数値の大小を比較する

C. 名称：散布図
用途：データの相関関係を調べる

D. 名称：円グラフ
用途：データの推移を確認する

➡ P96

□ **13.** 以下の記述を読み、空欄ア、イに入る語句の組み合わせとして、最も適切なものを選べ。

一般に数や量で測れないデータを質的変数といい、数値演算の行えるデータを量的変数という。量的変数を、カテゴリを表す質的変数に変換することを（　ア　）と呼ぶ。また量的変数を、等間隔の区間で分割することを（　イ　）と呼ぶ。

A.　（ア）カテゴライズ　（イ）ビン化
B.　（ア）サンプリング　（イ）ビン化
C.　（ア）カテゴライズ　（イ）アンサンブル平均
D.　（ア）サンプリング　（イ）アンサンブル平均

➡ P99

□ **14.** データの集計・可視化をする際の注意点として、最も適切でないものを選べ。

A.　データの打ち切りや脱落を避ける
B.　グラフに用いる色の数を少なくする
C.　グラフの軸の基準点は原則として 0 にする
D.　なるべく棒グラフより円グラフを用いる

➡ P100

☐ **15.** あなたはとある証券会社の依頼で、顧客が融資を返済できるか否かを判断する機械学習モデルの開発を担っている。証券会社から受け取った20,000件の債務者データには、6つの変数[所得・年齢・職種・融資金額・利率・返済したかどうか]が含まれている。このとき、まず初めに行うべき分析方法として、最も適切でないものを選べ。

A. データの構造や性質を理解するために、生データを20件眺める
B. 生データを20件眺め、不要そうな説明変数を削除する
C. データの分布を確認するため、各変数に対してヒストグラムを作成する
D. データを「返済できたもの」と「返済できなかったもの」に分割し、それぞれの変数の平均と分散を比較する

➡ P102

☐ **16.** 以下に示す図表(クロス集計表、散布図、ヒストグラム)に関する記述のうち、最も適切でないものを選べ。

【例1：クロス集計表】
社員100人へのアンケート結果

	電車通勤である	電車通勤ではない
本社勤務である	20	10
本社勤務ではない	30	40

【例2：散布図】

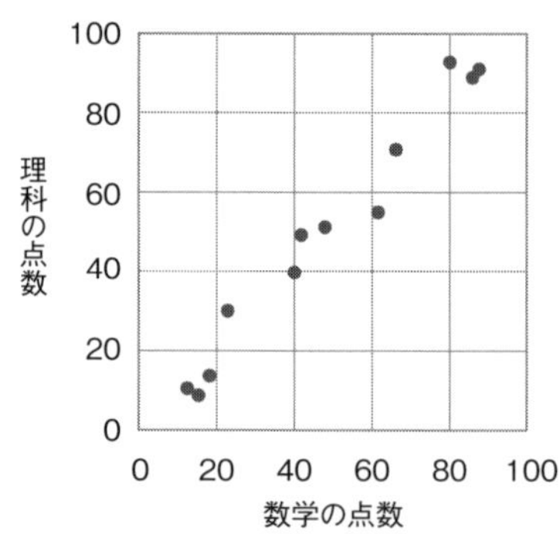

【例3：ヒストグラム】

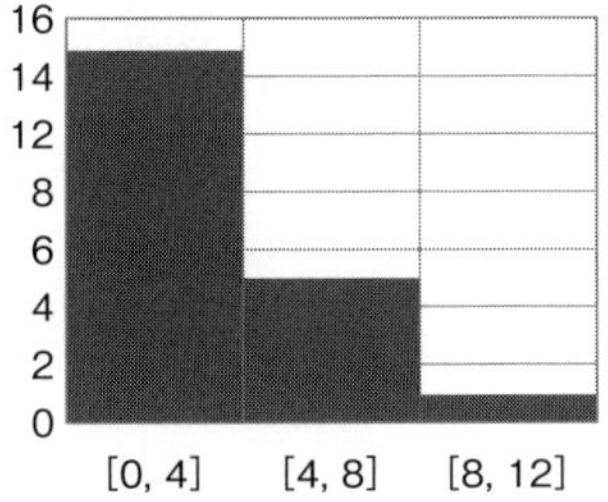

A.　例1：クロス集計表を見ると、電車通勤をしている本社勤務の社員の割合は、全体の20%である

B.　例1：クロス集計表を見ると、電車通勤の社員の割合は、全体の30%である

C.　例2：散布図を見ると、数学の点数と理科の点数の間には正の相関がある

D.　例3のデータに関しては、データの範囲（レンジ）が狭く、ヒストグラムとして表す必要性があまりない

➡ P102

☐ **17.** 以下の記述を読み、空欄ア、イに入る語句の組み合わせとして、最も適切なものを選べ。

図1のような図をボロノイ図という。ボロノイ図とは（　ア　）である。また図2のような図をヒートマップという。ヒートマップとは（　イ　）である。

【図1：ボロノイ図の例】

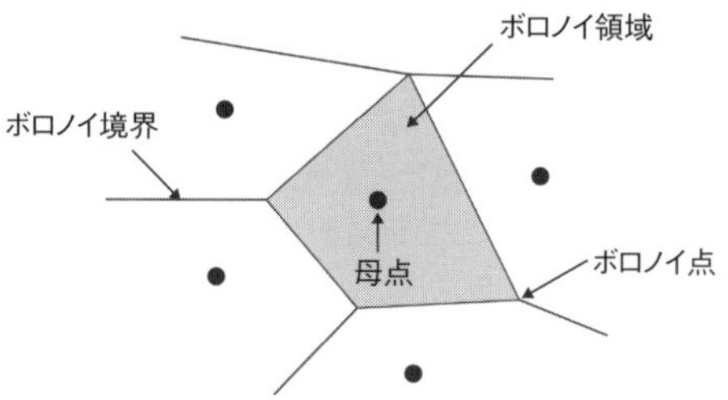

【図2：ヒートマップの例】

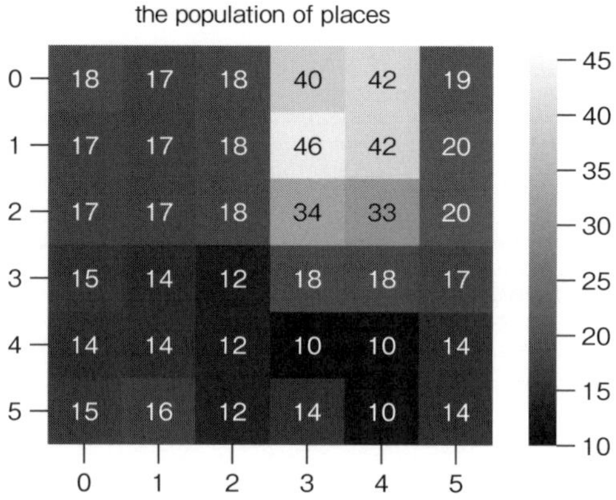

the population of places

	0	1	2	3	4	5
0	18	17	18	40	42	19
1	17	17	18	46	42	20
2	17	17	18	34	33	20
3	15	14	12	18	18	17
4	14	14	12	10	10	14
5	15	16	12	14	10	14

45 / 40 / 35 / 30 / 25 / 20 / 15 / 10

A.　（ア）個々のデータをボロノイ点として空間上に配置し、ボロノイ点同士をつないで領域分けを実施した図形
（イ）2次元データの個々の値を色の種類や色の濃淡で表現した図

B.　（ア）個々のデータをボロノイ点として空間上に配置し、ボロノイ点同士をつないで領域分けを実施した図形
（イ）ヒストグラムを 2 次元に拡張した図

C.　（ア）個々のデータを母点として空間上に配置し、母点以外の場所がどの母点に近いかによって領域分けを実施した図形
（イ）ヒストグラムを2次元に拡張した図

D.　（ア）個々のデータを母点として空間上に配置し、母点以外の場所がどの母点に近いかによって領域分けを実施した図形
（イ）2次元データの個々の値を色の種類や色の濃淡で表現した図

➡ P104

18. 以下に示す図(散布図行列・平行座標プロット)に関する記述のうち、最も適切でないものを選べ。

【散布図行列の例】

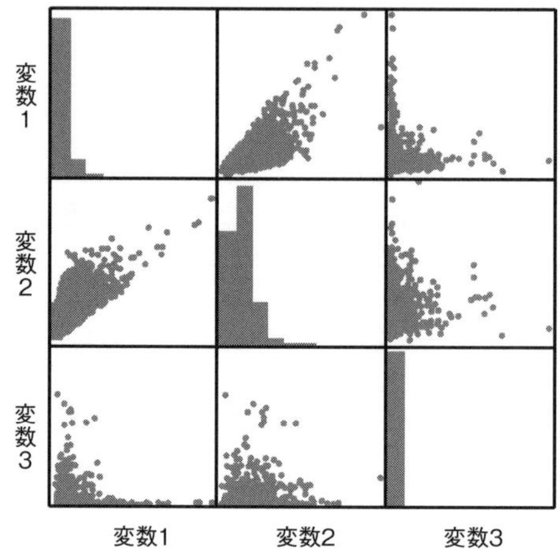

【猫の品種と体格の平行座標プロット】

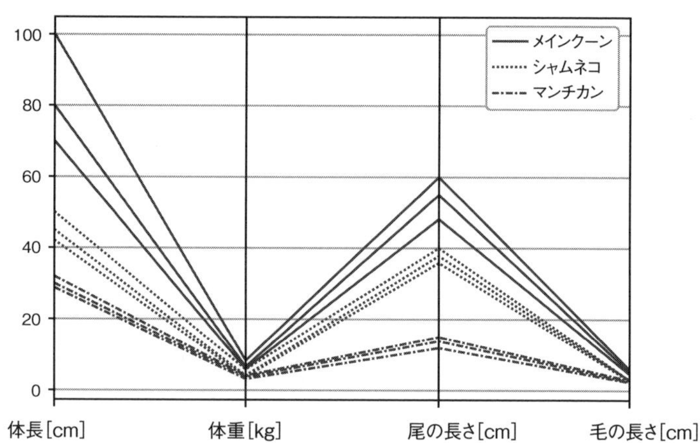

A. 散布図行列から、変数1と変数2の間には正の相関があることが読み取れる
B. 散布図行列の変数3のヒストグラムは、値の分布が把握できているとは言い難いため、個別にヒストグラムを作成しビン幅を調節したほうがよい
C. 平行座標プロットは、横軸のラベルの並び順が不適切である
D. 平行座標プロットから、マンチカンはシャムネコよりも尾の長さが短い傾向にあると読み取れる

➡ P106

□ **19.** **以下の記述を読み、空欄アに入る数値の範囲として、最も適切なものを選べ。**

以下の表のような度数分布表が与えられたとき、中央値を含む階級は（　ア　）である。

得点［点］	人数［人］
0～20	2
20～40	13
40～60	20
60～80	21
80～100	4
合計	60

A. 20～40
B. 40～60
C. 60～80
D. 80～100

➡ P108

20. 以下の図は、2025年における日本の将来推計人口を表す人口ピラミッドである。この図からどのようなことが読み取れるか、最も適切なものを選べ。

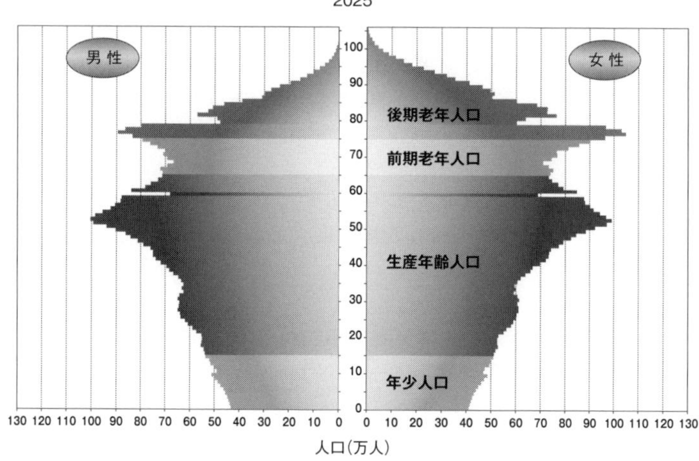

※「日本の将来推計人口（平成29年推計）」に基づく2025年の人口ピラミッド（国立社会保障・人口問題研究所）（http://www.ipss.go.jp/site-ad/TopPageData/PopPyramid2017_J.html）を基に作成

A. 男女とも、20歳代から30歳代の人口よりも、50歳代から60歳代の人口のほうが多い

B. 2020年時点よりも高齢化が進んでいることがわかる

C. 2000年以降の出生数は増加傾向にある

D. 高齢出産の割合が多い

➡ P108

21. 以下の記述を読み、空欄ア、イに入る語句の組み合わせとして、最も適切なものを選べ。

（　ア　）に従うことで、効率のよいデータ収集と適切なデータ解析を行うことが可能となる。また、標本誤差とは（　イ　）を表す量である。

A.　（ア）実験計画法
　　（イ）標本の値と母集団の値の差
B.　（ア）実験計画法
　　（イ）標本の値のばらつき
C.　（ア）収集解析法
　　（イ）標本の値と母集団の値の差
D.　（ア）収集解析法
　　（イ）標本の値のばらつき

➡ P109

22. 写真に馬が写っているかいないかを判定する画像分類モデルを構築するため、畳み込みニューラルネットワーク（CNN）のモデルを学習させる。学習に使用するデータセットは10,000枚の画像からなり、そのうち200枚に馬が写っている。また、馬が写っている画像のうち 98%が競馬場で撮られたもので、2%が牧場で撮られたものである。このとき、このモデルが引き起こしうる問題点として、最も適切でないものを選べ。

A.　CNNは、馬のような複雑な形状を認識するのに適していないため、精度の低いモデルになる可能性がある

B.　学習データの総数に対して、馬が写っている画像の数が極端に少ないため、学習の工夫をしなければ、精度の低いモデルになる可能性がある

C.　馬の写っている画像のほとんどが競馬場で撮られたものであるため、他の場所で撮られた馬が写っている画像に対して、分類精度が低いモデルになる可能性がある

D.　競馬場で撮影された写真には馬とともに騎手が多く写っているため、馬のみが写っている画像を、馬が写っている画像と認識できないモデルになる可能性がある

➡ P110

□ **23.** ある大学で実施した体育祭の結果において、「マラソンの記録がよい集団の中には、成績のよい人が多い」という傾向が見られた。この傾向から導くことのできる結論として、最も適切なものを選べ。

A. マラソンの記録と成績の間には、正の相関関係がある
B. 成績がよいと、マラソンの記録がよくなる
C. 成績のよい人は、運動神経がよい
D. 成績のよい人は、トレーニングをする時間的余裕がある

➡ P110

□ **24.** 以下の記述を読み、空欄ア、イに入る語句の組み合わせとして、最も適切でないものを選べ。

機械学習の手法の1つである（　ア　）は、（　イ　）問題に対して用いられる。

A. （ア）線形回帰　（イ）回帰
B. （ア）k-means 法　（イ）回帰
C. （ア）ランダムフォレスト　（イ）分類
D. （ア）サポートベクターマシン　（イ）分類

➡ P111

□ **25.** 機械学習における、過学習（過剰適合）と次元の呪いがもたらす問題の組み合わせとして、最も適切なものを選べ。

過学習：（　ア　）
次元の呪い：（　イ　）

A. （ア）未知のデータに対応できない
（イ）学習にかかる時間が大幅に増大する
B. （ア）未知のデータに対応できない
（イ）予測にかかる時間が大幅に増大する
C. （ア）予測にかかる時間が大幅に増大する
（イ）学習にかかる時間が大幅に増大する
D. （ア）予測にかかる時間が大幅に増大する
（イ）膨大な量のデータが必要になる

➡ P112

26. 以下の記述を読み、空欄アに入る語句として、最も適切なものを選べ。

機械学習モデルの説明責任や精度改善のために、そのモデルの解釈性が求められる場合が増えつつある。モデルの解釈性を確保する方法の1つは、モデルの予測結果の大域的（global）な説明を行うことである。大域的な説明とは（　ア　）のことである。

A.　複雑なモデルを、人間にとって解釈可能なモデルを用いて再現する試み
B.　ある入力に対するモデルの予測プロセスを説明する試み
C.　モデルの学習アルゴリズムを擬似コードで書き表す試み
D.　モデルの予測値の分布を推定する試み

➡ P113

27. 自然言語処理の基礎技術の1つとして、文を意味のある最小の文字の集まりまで分割する形態素解析がある。次の中から、形態素解析に用いられるツールではないものを選べ。

A.　JUMAN
B.　ChaSen
C.　MeCab
D.　CaboCha

➡ P114

28. 自然言語処理に関する以下の記述のうち、最も適切でないものを選べ。

A.　形態素解析とは、文を文節に分け、各文節の関係を推定する処理である
B.　単語の大文字／小文字や全角／半角などの表記を統一すると、単語の出現頻度を調べるにあたって都合がよい
C.　出現頻度の少ない単語や、タスクに関係のない単語をストップワードと呼ぶ
D.　動詞の語幹を抽出する処理をステミングと呼ぶ

➡ P115

□ **29. GLUEは、自然言語処理において用いられる複数の言語理解タスクを1つにまとめたベンチマークである。GLUEにおいて課せられるタスクに関する説明として、最も適切でないものを選べ。**

A. GLUEでは、与えられた2つの文について、2者の内容の間に矛盾があるか、一方が他方を含意するかなどを判定するタスクが課せられる。このようなタスクは、自然言語推論（NLI）もしくは含意関係認識（RTE）と呼ばれる

B. GLUEでは、ある代名詞が文中のどの名詞を指しているかを判定するタスクが課せられる。このようなタスクは、照応解析と呼ばれる

C. GLUEでは、文書の中から人名や地名などの固有名詞、日付、時間表現などを含む固有表現を取り出すタスクが課せられる。このようなタスクは、固有表現抽出（NER）と呼ばれる

D. GLUEでは、映画作品のレビューテキストがポジティブな内容かネガティブな内容かを判定するタスクが課せられる。この種のタスクは、評判分析と呼ばれる

➡ P116

□ **30. 画像データに関する以下の記述のうち、最も適切でないものを選べ。**

A. 画像データは、画素（ピクセル）の集合である

B. 画像データのフォーマット（保存形式）の一種であるPNGは、上書き保存を繰り返すたびに画質が劣化するという性質をもつ

C. リサイズやパディングは、画像の大きさ（幅と高さ）を揃えるための処理の一種である

D. ノイズ除去や輪郭抽出は、画像に対するフィルタ処理の一種である

➡ P117

31. 以下の記述を読み、空欄ア、イに入る語句の組み合わせとして、最も適切なものを選べ。

データの保存形式をフォーマットという。音声データのフォーマットの例としては、（　ア　）が挙げられる。また、動画データのフォーマットの例としては、（　イ　）が挙げられる。

A.　（ア）WebM　（イ）MOV
B.　（ア）WAV　（イ）MP3
C.　（ア）MP3　（イ）WebM
D.　（ア）WebM　（イ）MP4

➡ P118

32. あなたは、ある衣料品店におけるバスケット分析（商品の売れ行きの関係性の分析）業務に携わっている。クライアントから以下の表に示すような購買履歴データを受け取った。表中の「○」はその商品が購入されたこと、「－」は購入されなかったことを示す。このデータを元に、商品Aから見た商品Bのリフト値を計算せよ。ただし、値の小数第四位以下は切り捨てるものとする。

【購買履歴データ】

レシート番号	A	B
1	○	○
2	○	○
3	○	—
4	—	○
5	—	○
6	○	○
7	○	—
8	—	○
9	○	—
10	—	○
合計	6	7

A.　0.3
B.　0.5
C.　1.666
D.　0.714

➡ P119

□ **33**. 以下の表は、ある資格試験の受験者名とスコアを表したものである。この表からGさんのスコアの偏差値を算出し、最も値の近いものを選べ。ただし、値の小数第三位以下は切り捨てるものとする。

【ある資格試験の受験者名とスコア】

受験者名	スコア
A	360
B	410
C	420
D	560
E	570
F	600
G	**710**
H	720
I	740
J	910

A. 6.68
B. 50.66
C. 56.68
D. 164.56

➡ P120

□ **34**. 以下の記述を読み、空欄ア〜ウに入る語句の組み合わせとして、最も適切なものを選べ。

深層学習において用いられるディープニューラルネットワークは、多層化されたニューラルネットワークである。一般に、ディープニューラルネットワークは、入力を受け付ける入力層、出力を送り出す出力層、それらの間にある複数の（　ア　）の3つの要素によって構成される。（　イ　）は、ニューラルネットワークの各層が前の層から受け取った信号を、どのように次の層に伝播させるかについて定義する関数である。深層学習の登場によって、データから自動的に（　ウ　）することが可能になった。

A.　（ア）合成層　（イ）損失関数　　（ウ）特徴量を抽出
B.　（ア）隠れ層　（イ）損失関数　　（ウ）意味を抽出
C.　（ア）合成槽　（イ）活性化関数　（ウ）意味を抽出
D.　（ア）隠れ層　（イ）活性化関数　（ウ）特徴量を抽出

➡ P121

☐ **35**. 以下の記述を読み、空欄ア～ウに入る語句の組み合わせとして、最も適切なものを選べ。

サポートベクターマシンにおいて、2つのクラスを区分けする決定境界に最も近いデータ点を（　ア　）と呼ぶ。また、この（　ア　）と決定境界との間の距離を（　イ　）と呼ぶ。サポートベクターマシンは線形分離可能なデータに対して高い分類性能をもつが、（　ウ　）という手法を組み合わせると、線形分離可能でないデータに対しても高い分類精度をもつ。

A.　（ア）サポートベクター
　　（イ）マージン
　　（ウ）ペナルティ

B.　（ア）サポートベクター
　　（イ）近傍距離
　　（ウ）カーネルトリック

C.　（ア）サポートベクター
　　（イ）マージン
　　（ウ）カーネルトリック

D.　（ア）テンソル
　　（イ）マージン
　　（ウ）カーネルトリック

➡ P122

□ **36.** 機械学習に関する以下の記述を読み、空欄ア～ウに入る語句の組み合わせとして、最も適切なものを選べ。

（　ア　）は、複数のモデルを組み合わせて1つのモデルを生成する手法である。（　ア　）の代表的な実装例である（　イ　）では、複数の決定木を並列に生成し、それらの出力の多数決をとることで最終的な予測結果を得る。一方（　ウ　）では、まず1つの決定木を学習させておき、そのモデルが誤認識したデータを正しく分類できるように次の決定木を学習させることで予測精度を高める。

A.　（ア）アンサンブル学習
　　（イ）勾配ブースティング決定木
　　（ウ）ランダムフォレスト

B.　（ア）マルチタスク学習
　　（イ）勾配ブースティング決定木
　　（ウ）ランダムフォレスト

C.　（ア）アンサンブル学習
　　（イ）ランダムフォレスト
　　（ウ）勾配ブースティング決定木

D.　（ア）マルチタスク学習
　　（イ）ランダムフォレスト
　　（ウ）勾配ブースティング決定木

➡ P124

第2章　データサイエンス力―機械学習―
解　答

1.　A

➡ P62

単回帰分析において、直線の式の傾きaを**回帰係数**といいます。**最小二乗法**では、理論的に1つの正しい解が解析的に求められます。そのため、同じデータに対して最小二乗法を行うと、毎回必ず同じ回帰係数が算出されます。

【ある商品の売上を目的変数、来客者数を説明変数とした場合の単回帰直線】

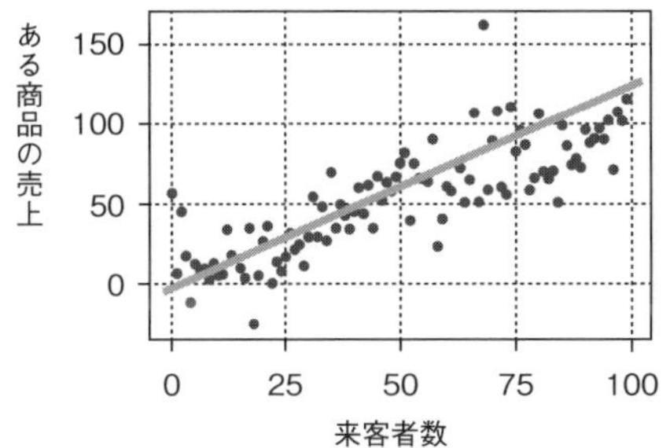

最尤法は、尤度が最大になるようにパラメータを求める方法です。尤度とは、確率密度関数において確率変数に観測値を代入したものです。単回帰分析において、最小二乗法の代わりに用いられることもあります（B、D）。
よって、空欄アは「最小二乗法」、空欄イは「a」となります。以上より組み合わせが正しい選択肢**A**が正解です。

最小二乗法、回帰係数について説明できるようにしておきましょう。

本問では特に触れませんでしたが、『データサイエンティスト検定（リテラシーレベル）公式リファレンスブック』では、bも回帰係数として取り扱っています。一方で、aのみを回帰係数として定義している書籍も存在します。DS検定にて、切片bが回帰係数に含まれるかどうかを問われた場合は、公式リファレンスブックにならい、bも含まれると解答するのがよいでしょう。

2. C

➡ P62

標準化（z-score normalization）とは、ある変数xの値を、平均が0、標準偏差が1になるように変換する操作です。具体的な計算手順としては、まずxの平均（μ）と標準偏差（σ）を求め、次に、xのそれぞれの要素について、xの平均（μ）を引き、xの標準偏差（σ）で割ります。

$$\frac{x_i - \mu}{\sigma}$$

以上より、選択肢**C**が正解です。

Aは、正と負のどちらも取り得る変数の値を、絶対値に変換するための方法です。
Bは、値が0から1の範囲に収まるように変換する方法であり、一般に**0-1正規化**と呼ばれます。
Dは、0-1正規化と似た計算式であり、xの各要素からxの最大値を引き、それをxの最小値で割っています。しかし、これは誤った計算式です。

標準化や0-1正規化を行うと、異なるデータ集合のスケール（単位）を揃えることができます。例として、100人分の身長と体重のデータを考えてみます。身長の平均が160cmで、体重の平均が60kgになるとします。このとき、身長と体重の値を直接比較しても、意味のある結果は得られません。これは「身長データにおける1cm」と「体重データにおける1kg」のスケールが異なるためです。
ここで、身長と体重のデータ集合のそれぞれに対して標準化を行ってみます。すると、標準化後の身長と体重のデータ集合は、それぞれ平均が0で分散が1になります。この状態のデータでは、スケールが揃っているため、ある値が平均からどの程度離れているかを厳密に数値で評価することができます。これにより「Aさんは平均と比べ、身長が0.3大きいが、体重は0.2小さい」といったように、スケールを統一した状態で身長と体重の値を比較することができます。
0-1正規化を行う場合の注意点としては、データ集合に外れ値（解答11参照）が含まれている場合、変換後のデータ集合が偏ってしまうということが挙げられます。例えば、ある身長データ集合に、身長210cmの人が含まれていたとします。この身長データ集合を0-1正規化すると、身長210cmの人が含まれていない場合と比べ、変換後のデータ集合が0付近に偏ってしまいます。

データ分析や機械学習では、標準化のほうがよく用いられますが、データ集合の最大値や最小値が決まっている場合は、0-1正規化も用いられます。例えば、画像データの場合は、各ピクセルの値が0～255として扱われるため、0-1正規化がよく用いられます。

標準化と 0-1 正規化の違いを説明できるようにしておきましょう。

3. C

➡ P63

データは、その性質によって数値演算のできない**質的データ**（質的変数）と、数値演算のできる**量的データ**（量的変数）に分けられます。「製造年」や「走行距離」「買取価格」「排気量」は量的データに該当します（A、B）。
質的データのうち、個々のデータを識別するための名称や固有番号（例：郵便番号、氏名など）を**名義尺度**といいます。名義尺度は、数値としての意味をもたないため、数値演算を行うことはできません。設問のデータにおいては、「自動車の規格」が名義尺度に該当します（**C**）。

質的データは、多くの場合、数値によって表現されていません。数値で表現されていないデータはそのままでは学習に利用できないため、何らかの方法を用いて数値で表現されたデータに変換する必要があります。質的データの各カテゴリに便宜的に割り当てる数値を**ダミー変数**といいます。
数値で表現されたデータに変換する際に最もよく用いられる方法は、**ワンホットエンコーディング**（one-hot encoding）です。ワンホットエンコーディングでは、対象となる変数を、その変数が取り得る値（カテゴリ）ごとに別々の変数に分解します。例えば、この問題における「自動車の規格」をワンホットエンコーディングによってダミー変数に変換する場合、新たに「軽自動車」「コンパクトカー」「ミニバン」という変数（列）を作成します。そして、あるレコードにおける自動車の規格が「軽自動車」であった場合、そのレコードの「軽自動車」列の値を1、それ以外の2つの列の値を0とします。こうすることで、ある自動車の規格を、規格のカテゴリごとに作成された列の値が1になっているかどうかで表現できるようになります（次ページの表）。

カテゴリをダミー変数に変換する場合、「軽自動車」を0、「コンパクトカー」を1、「ミニバン」を2と置き換える方法が最も単純です。しかし、このような変換を行うと、便宜上割り当てられているだけの数値の大小が学習に影響を及ぼす可能性があります。このため、ワンホットエンコーディングがよく用いられます。

【ワンホットエンコーディングの例】

自動車の規格	軽自動車	コンパクトカー	ミニバン
軽自動車	1	0	0
コンパクトカー	0	1	0
軽自動車	1	0	0
ミニバン	0	0	1

説明変数に名義尺度のデータを用いる場合には、ダミー変数に変換する必要があります。例えば「日本人であるか」を説明変数として用いたい場合、日本人ならば 1、それ以外ならば 0 の値をとる変数を用意します。

4. B

➡ P63

重回帰分析は、回帰分析において説明変数（独立変数）が2つ以上のものを指します。例として、身長（x_1）・腹囲（x_2）・胸囲（x_3）を元に体重（y）を予測する問題について考えます。このとき重回帰分析では、式 $y = ax_1 + bx_2 + cx_3 + d$ で説明変数と目的変数の関係をモデル化します。

重回帰式の各変数における係数を**偏回帰係数**といいます。特に、データを事前に**標準化**してスケールを統一し、そのうえで求めた偏回帰係数を**標準偏回帰係数**といいます（A、**B**）。標準回帰係数は重回帰式における各変数の重要度を示す指標です。標準回帰係数は変数のスケールに依存しないため、この値を比べることで、「身長」「腹囲」といったスケールの異なる変数の重要度を比較できます。

また重回帰分析において、目的変数の推定値と実際の値との相関係数を**重相関係数**といいます（**B**、D）。この値が1に近いほど、モデルの精度は高いといえます。

以上より、空欄アは「データを標準化したうえで求めた偏回帰係数」、空欄イは「重相関係数」となり、組み合わせが正しい選択肢**B**が正解です。

問 1の回帰係数の事例と同様に、DS検定公式リファレンスブックでは、重回帰式における d も回帰係数として取り扱っています。よって、DS検定にて、切片 d が回帰係数に含まれるかどうかを問われた場合は、DS検定公式リファレンスブックにならい、d も含まれると解答するのがよいでしょう。

5. A

➡ P64

混同行列は、実際のデータのラベルと、モデルが予測したラベルの関係を表形式で表したものです。
例として、与えられた画像に猫が写っているどうかを判断するモデルを考えます。「猫が写っている」を陽性とし、「猫が写っていない」を陰性とします。

TP：「実際に猫が写っている画像」のうち、モデルが「猫が写っている」と判断した画像の件数
FP：「実際に猫が写っていない画像」のうち、モデルが「猫が写っている」と判断した画像の件数
TN：「実際に猫が写っていない画像」のうち、モデルが「猫が写っていない」と判断した画像の件数
FN：「実際に猫が写っている画像」のうち、モデルが「猫が写っていない」と判断した画像の件数

再現率（Recall）は、「実際に猫が写っている画像」（TP＋FN）のうち、モデルが「猫が写っている」と判断した画像（TP）の割合です。
また**適合率**（Precision）は、モデルが「猫が写っている」と判断した画像（TP＋FP）のうち、「実際に猫が写っている」画像（TP）の割合です。
したがって、再現率はTP/（TP＋FN）、適合率はTP/（TP＋FP）によって求めることができます。以上より、選択肢**A**が適切です。

再現率と適合率を組み合わせた評価指標として**F値**（F1スコア）があります。F値は、再現率と適合率の調和平均（逆数の平均の逆数）として定義されています。再現率をR、適合率をP、F値をFとおくと、以下の式で表すことができます。

$$F = \frac{2\text{Recall}\cdot\text{Precision}}{\text{Recall}+\text{Precision}} = \frac{2}{\frac{1}{R}+\frac{1}{P}}$$

6. A

➡ P64

回帰問題において、残差の絶対値の平均を**MAE**（Mean Absolute Error：平均絶対誤差）といいます（**A**、B）。また、残差の二乗の平均を**MSE**（Mean Squared Error：平均二乗誤差）といいます（C、D）。

MAEは、元のデータと単位が揃っているため誤差としての解釈がしやすく、比較的外れ値の影響を受けにくいという性質をもっています。一方MSEは、

誤差の大きさを二乗によって強調するため、大きな誤差に対する感度が高いということになります。

【MAEとMSEに対する外れ値の影響】

例1:外れ値のない誤差分布

残差	残差の絶対値	残差の二乗
1	1	1
-2	2	4
3	3	9
1	1	1
-2	2	4
3	3	9
1	1	1
-2	2	4
3	3	9
0	0	0

MAE	MSE
1.8	4.2

例2:外れ値のある誤差分布

残差	残差の絶対値	残差の二乗
1	1	1
-2	2	4
3	3	9
1	1	1
-2	2	4
3	3	9
1	1	1
-2	2	4
3	3	9
20	20	400

MAE	MSE
3.8	44.2

例えば、外れ値のない誤差分布、外れ値のある誤差分布のそれぞれに対してMAEおよびMSEを計算すると、上記の表のようになります。MAEはMSEに比べ、特に外れ値の影響を受けにくいことが見てとれます。

分類問題において、Recall（適合率）、Precision（再現率）、F値といった指標は、陽性／陰性の判定に用いる**しきい値**を変更すると、値が変化します。例として、分類問題に用いられる機械学習手法の1つであるロジスティック回帰を取り上げます。

ロジスティック回帰は、入力データを元に、そのデータが陽性である確信度を確率値（0-1）で出力する手法です。さらにその値にしきい値を設けることにより、最終的にデータが陽性、陰性のどちらであるかを出力します。例えば0.75という確率値が算出された場合、しきい値が0.5ならばモデルの出力は陽性、しきい値が0.8ならばモデルの出力は陰性となります。しきい値が変わると、モデルが出力した陽性または陰性の件数が変化するため、評価指標の値も変化します。

このしきい値に依存しない評価指標として**ROC曲線**（Receiver Operating Characteristic curve）と**AUC**（Area Under Curve）を選ぶことができます。ROC曲線では、縦軸を**真陽性率**（True Positive Rate）、横軸を**偽陽性率**（False Positive Rate）として、クラス判定のしきい値を0から1の範囲で変化させながら真陽性率と偽陽性率をプロットしていきます。また、ROC曲線の下部の面積をAUCといいます（**A**、C）。AUCの値が1.0に近いほど面積が大きくなり、モデルの性能がよいと解釈できます。

【ROC曲線】

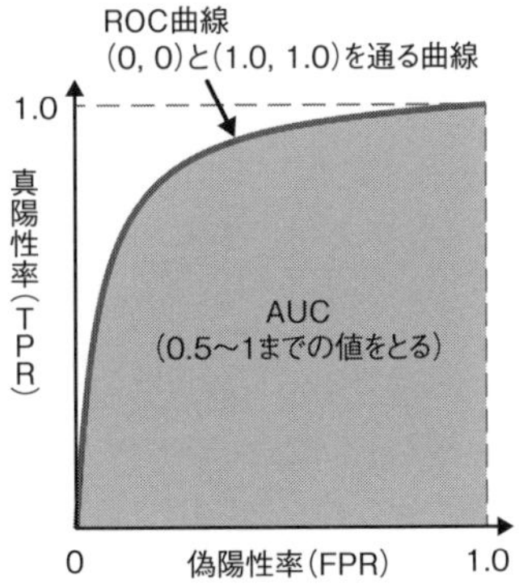

真陽性率は、実際に陽性であるもののうち陽性と予測された割合であり、TP/（TP＋FN）の計算により求めることができます。偽陽性率は、実際に陰性であるもののうち陽性と予測された割合であり、FP/（FP＋TN）の計算により求めることができます。

Accuracy（正解率）とは、分類問題において、全体のうち正解したものの割合であり、（TP＋TN）/（TP＋TN＋FP＋FN）の計算により求めることができます（B、D）。

問題の種類によっては、AccuracyではなくRecall、Precision、F値やAUCなどから相応しい評価指標を選択する必要があります。病理診断モデルを例にとって考えてみます。患者にとって性能が高いモデルとは、陽性／陰性を正しく判定できるモデルであるため、Precisionを重視した評価を行う必要があります。対して、医師にとっては、陽性の患者の見逃しを防ぐことができるモデルが性能が高いモデルとなるため、Recallを重視した評価を行う必要があるといえます。

以上より、空欄アはMAE、空欄イはAUCとなり、組み合わせが正しい選択肢**A**が正解です。

RMSE（Root Mean Square Error）、MAPE（Mean Absolute Percentage Error）、決定係数といった評価尺度も存在します。

7. C

➡ P65

機械学習では、データに対する誤差を2種類に分けて考えます。学習に用いたデータに対する誤差を**訓練誤差**といい、未知のデータに対する誤差を**汎化誤差**といいます。訓練誤差が小さくても、汎化誤差の大きいモデルは性能がよいとはいえません。

汎化誤差を評価する方法として、**ホールドアウト法**と**交差検証法**（クロスバリデーション法）があります。どちらを用いても、疑似的に未知のデータを用意することにより、モデルの学習時に汎化誤差を求めることができます。

ホールドアウト法では、データ全体を**学習データ**（訓練データ）·**テストデータ**に一定の割合で分割し、それぞれの役割を固定して用います（B、**C**）。まず学習データで機械学習モデルを構築し、次にテストデータを用いてモデルの汎化性能を確認します。テストデータを用いた評価を行う前に、モデルのパラメータチューニングを行うために**検証データ**を用意する場合もあります。
ホールドアウト法の実装は簡単ですが、元のデータ数が少ないと汎化誤差を精確に評価できないという欠点があります。

対して交差検証法では、まずデータをK個に分割し、その一部をテストデータ、それ以外を学習データとして扱って評価を行います（**C**、D）。その後、分割したデータの役割（学習データ・テストデータ）を交代させながら、テストデータが一巡するまで繰り返し評価を行い、最終的に評価値の平均を求めます。計算に時間はかかりますが、ホールドアウト法と比べ精確に汎化誤差を評価することができます。

【交差検証法の概略】

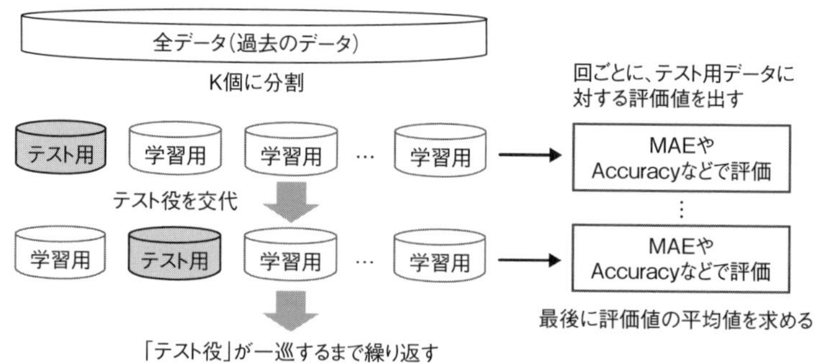

ローテーション法という用語は機械学習の分野に存在しません（A、D）。よって、空欄アはホールドアウト法、空欄イは交差検証法となり、組み合わせが正しい**C**が正解です。

8. C

➡ P65

時系列データを用いて未来の値を予測するモデルを作る場合、検証データやテストデータには学習データよりも**未来のデータ**を用いる必要があります（A）。そのため、学習データよりも過去のデータを検証データやテストデータとして用いてしまうと、運用時と同じ条件での評価を行うことができなくなります。

原系列の移動平均を計算すると、移動平均系列が得られます（B）。よって、移動平均系列に変換した場合は、局所的な変動が小さくなるために、**長期的な傾向**をとらえやすくなります。例えば、日ごとの平均気温のデータに対して移動平均を計算すると、季節の移り変わりによる気温の変動を見ることができます。
原系列において、前後時刻の差分を計算すると、差分系列が得られます（C）。差分系列に変換した場合は、長期的な傾向が取り除かれて**局所的な変化**が強調されます。
原系列に対して高速フーリエ変換を実行すると、周波数スペクトルが得られます（D）。高速フーリエ変換は、離散的な信号を三角関数の和に分解する変換である離散フーリエ変換を効率的に行うための計算手法です。周波数スペクトルを見ると、原系列に含まれる周波数成分の分布を確認できます。

以上より、最も適切でない選択肢は**C**となります。

9. A

➡ P66

教師ラベルが付与されたデータを用いて学習を行う手法を**教師あり学習**といいます（**A**、B）。教師あり学習の例としては、株価データを用いた株価予測などの回帰問題や画像分類などの分類問題が挙げられます。また、ラベル付け作業のことを**アノテーション**といいます。アノテーションを行う場合は、目的に合ったラベルを付与することが重要になります。例えば、画像に車が写っているかどうかを判別するモデルを作る場合、ラベル名には「乗用車・トラック・バス」などの車の種類ではなく「写っている・写っていない」を用います。

教師ラベルを用いずに学習を行う手法を**教師なし学習**といいます（**A**、D）。教師なし学習の例としては、購入履歴を用いた顧客のクラスタリングや、画像からの特徴抽出（次元削減）などが挙げられます。

学習データを与えず、モデルの動作に対して反応（報酬）を返すシミュレーション環境を用いて学習を行う方法を**強化学習**といいます（B、C）。強化学習では、モデルが試行錯誤を行いながら最適な行動を学びます。強化学習の例としては、囲碁や将棋などのゲームをプレイするAIや、ロボットの歩き方の学習などが挙げられます。

クラスタリングは教師なし学習の一種であり、データの集合を部分集合に分割する問題です（**A**、B）。正解を表す教師データは存在せず、分析者自らが分割後のデータを解釈します。

以上より、空欄アは「教師ラベルが付与されたデータを用いて」、空欄イは「教師ラベルを与えずに」、空欄ウは「教師なし学習」となり、組み合わせが正しい選択肢**A**が正解です。

分類は教師あり学習に含まれ、クラスタリングは教師なし学習に含まれます。違いをしっかり覚えておきましょう。

入力データの変更のうち、モデルのパフォーマンスの低下につながるような変更のことをデータドリフトといいます。このデータドリフトが生じないように継続して監視を行うことで、モデルのパフォーマンスの低下を防止するような仕組みを作ることが重要です。

10. C

➡ P67

階層型クラスタリングとは、まずデータの個々の要素を1つのクラスタとして扱い、距離の近いクラスタ同士を結合する手法です（**C**、D）。クラスタ数をｋとおくと、クラスタを結合する工程は以下の図のように表されます。

【階層型クラスタリングにおけるクラスタの結合】

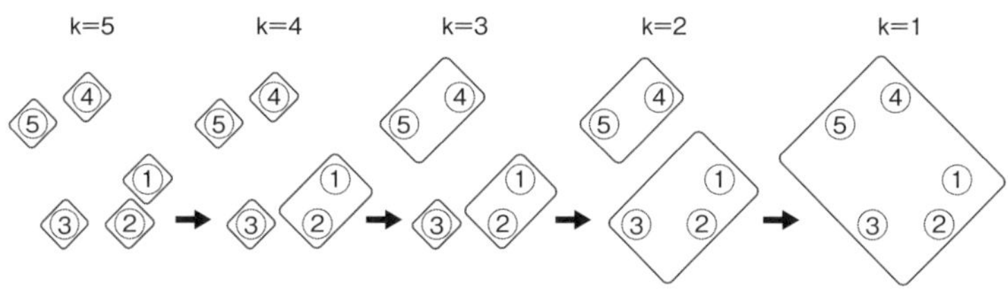

階層型クラスタリングの結果は**デンドログラム（樹形図）**という図で表されます。デンドログラムにおいて、高さは結合したクラスタ間の距離を表します。また、デンドログラムを横切るように線を引くと、その線と縦線との交点の数は**クラスタ数**を表します（A、**C**）。設問の図は、デンドログラムの例を示しています。

階層型クラスタリングの利点は、あらかじめクラスタ数を決める必要がないことです。また、デンドログラムを見ることにより、クラスタがどのように結合されていくか確認したうえで、クラスタ数を後から決めることができます。
階層型クラスタリングの欠点は、データ数が非常に多い場合、計算量が多くなったり、デンドログラムが巨大になり解釈が難しくなったりすることです。通常は、非常に多くのデータを対象とするクラスタ分析では、**k-means法**などの非階層型クラスタリングが用いられます。選択肢AとBの（ア）「クラスタの中心点をランダムにk個配置し、中心点と各データとの距離の総和が最小になるように中心点を更新」はk-means法の説明です。

以上より、空欄アは「データの各要素を1つのクラスタととらえ、最も距離の近いクラスタ同士を結合し、データを階層的に分割」、空欄イは「クラスタ数」となり、組み合わせが正しい選択肢**C**が正解です。

11. A

➡ P68

外れ値とは、他のデータから大きく離れた値のことを指します。外れ値は分析結果に悪影響を及ぼす場合があります。例えば、外れ値が含まれたデータの平均値を求めると、その平均値は外れ値の極端な値に引っ張られてしまう可能性があります。その場合、データの平均値は当てにならないものとなります。ヒストグラムを用いると、データの分布を確認しつつ外れ値を検出することが容易になります（B）。

外れ値への対処法の1つとして、**標準化**を行ったうえで、あらかじめ設定したしきい値を超えたデータを外れ値とみなして除去する方法があります（C）。データ分布の両端（最大値／最小値）から 5〜10%をカットして外れ値の混入を防ぐという方法もあります（D）。ただしこの方法では、正常なデータも除去してしまうおそれがあります。

外れ値を含むデータ集合に対して 0-1正規化を行うと、変換後のデータ集合の値の分布が外れ値につられて偏ってしまいます（**A**）。よって、外れ値に対する根本的な対処法とはいえません。

外れ値と関連する用語に、異常値と欠損値があります。

異常値は、外れ値のうち、外れた理由が明らかなものを指します。例えば、健康な人の体温と免疫力の関係を調査したデータに含まれる、調査時に風邪によって高熱を出していた人のレコードなどがこれにあたります。

欠損値は、何らかの理由により記録されなかった値を指します。欠損値の補完は特に表形式データの解析において重要です。例えば、「年齢・年収・職業」を列とする表形式データに「年収」の値が欠損している行があったとします。このようにデータの欠損があると、正しい解析結果を得られなくなるおそれがあります。

表形式データにおける欠損値への対処法としては、欠損していないデータから求めた平均値などの値を欠損箇所に挿入する方法があります。

試験対策

外れ値、異常値、欠損値の違いについて説明できるようにしておきましょう。

12. C

➡ P68

データ可視化に用いられるグラフには、棒グラフ、ヒストグラム、散布図、円グラフ、折れ線グラフなどがあります。

棒グラフは、データの値を1つの棒として表現し、それらを単純に並べたグラフです。例えば、売上金額などの大小を比較する際に用いられます（A、B）。

【棒グラフの例】

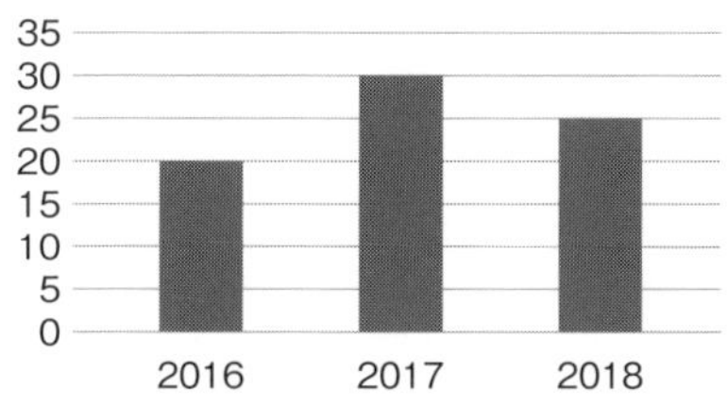

ヒストグラムは、データを一定間隔（ビン）で区切り、各範囲に含まれるデータの個数（度数）を棒の長さで表現したグラフです。データの分布を確認する際に用いられます（A、B）。

【度数分布表とヒストグラムの例】

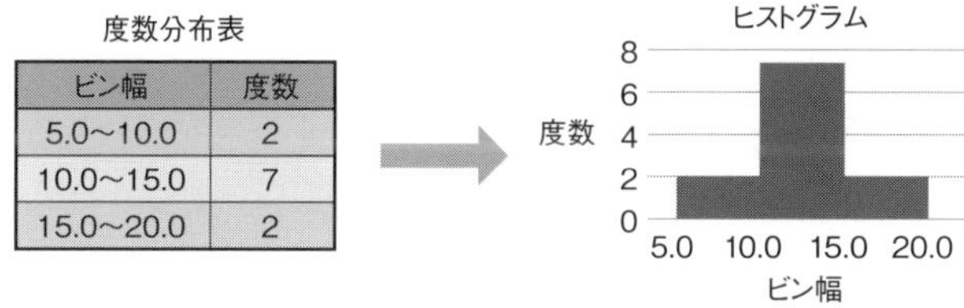

度数分布表

ビン幅	度数
5.0～10.0	2
10.0～15.0	7
15.0～20.0	2

散布図は、2次元平面または3次元空間にデータをプロットしたグラフです。2つの変数同士または3つの変数同士の相関関係を把握することができます（**C**）。下の例は、あるクラスの定期試験の結果から作成された、2つの教科の点数の相関関係を把握するための散布図です。

【散布図の例】

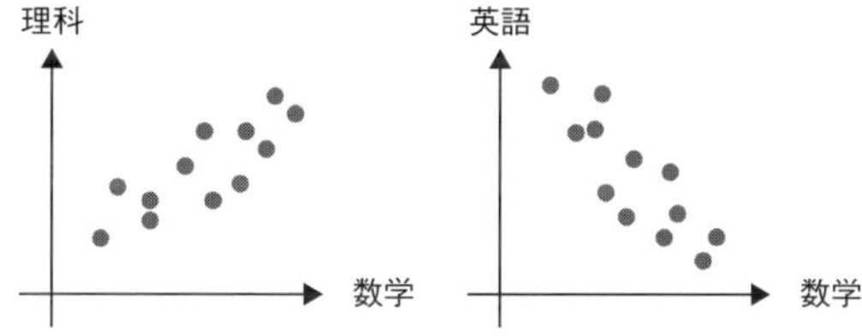

円グラフは、データの構成比を扇形で表したグラフです（D）。次の例は、Aさんのポートフォリオ（所有している金融資産の構成比）を表す円グラフです。

【円グラフの例】

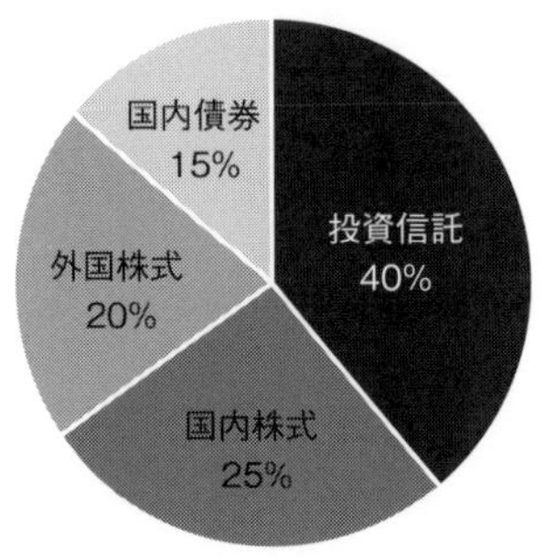

円グラフと似た用途のグラフとして、**積み上げ棒グラフ**があります。積み上げ棒グラフでは、量の合計とその内訳を表示することができます。ただし、内訳の微妙な変化を読み取ることはできません。

【積み上げ棒グラフの例】

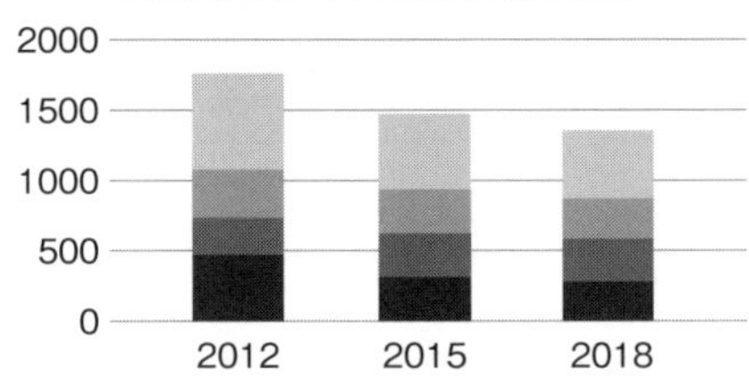

折れ線グラフは、データ点を直線でつないだグラフです。データの推移を確認する際に用いられます（D）。

【折れ線グラフの例】

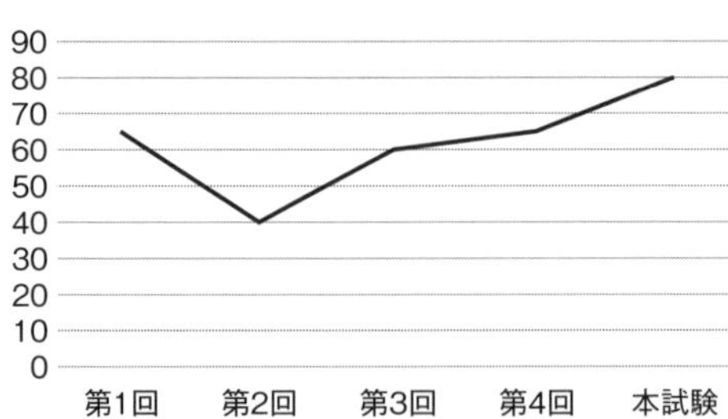

ヒストグラムを作成する場合は、データのばらつき具合を正確に把握できるように、データ区間を適切に設定する必要があります。ヒストグラムによって、人口動態が年月とともに変化する様子を表現するなど、図表の変化をアニメーションで可視化できることも、データサイエンティストとしての重要な要素です。

13. A

➡ P69

カテゴライズとは、量的変数をカテゴリ変数に変換することです（**A**、C）。例としては、年齢のデータから、「若者・中年・高齢」という値をもった年齢層のカテゴリ変数を作る操作が挙げられます。
ビン化とは、データを等間隔の区間で分割することです（**A**、B）。区間のことをビンと呼び、区間の大きさをビン幅と呼びます。各ビンに含まれるデータの個数を度数と呼びます。ビン化したデータの度数を可視化したものがヒストグラムです。
サンプリングとは、調査対象となる母集団の中から、データ（標本）をピックアップすることです（B、D）。ピックアップしたデータの値を平均すると、アンサンブル平均となります。
アンサンブル平均とは、同一条件下において得られた測定値を平均した値です（C、D）。逆に、異なる条件下で得られた測定値を平均した値を**時間平均**といいます。

カテゴライズやビン化を行うと、分析対象となるデータの分布特性をとらえやすくなります。一方で、サンプリングやアンサンブル平均は、分析対象となるデータの量を削減するために用いられます。
以上より、組み合わせが正しい選択肢**A**が正解です。

カテゴライズおよびビン化と、サンプリングおよびアンサンブル平均の用途の違いを説明できるようにしておきましょう。

サンプリングやアンサンブル平均によって、データ量を減らすことができます。

14.　D

➡ P69

データの**打ち切り**とは、「●●以上」や「●●以下」のような範囲の上限／下限を片方しかもたないカテゴリを作ることです。例えば、年収のデータにおいて、50万円ごとに区切ったカテゴリに加え、「1000万円以上」というカテゴリを作成したとします。その場合、「年収2000万円」や「年収1億円」などもこのカテゴリに含まれることになります。つまり、このカテゴリは、他の年収帯と性質が異なるカテゴリになるということです。

データの**脱落**とは、「含まれていないデータの存在を無視する」ことです。例えば、「プロ野球の平均年棒が4000万円である」という情報を得たとします。この場合、「野球選手であれば高収入である」と解釈しがちですが、背景には、多くの選手がプロ契約を結ぶことができなかったという事実が存在しています。この例の場合、「プロ契約を結ぶことができなかった人」のデータが脱落しているといえます。このため、こうした人々の年収を含めた平均をとらなければ、実情を正しくとらえられないおそれがあります。

データに打ち切りや脱落があると不適切な解釈が生まれる可能性があります。よって、選択肢Aは適切です。

データの可視化の際には、なるべくシンプルな表現を心がけ、不要な装飾は排除する必要があります。多くの色を用いると、解釈しにくいグラフになる可能性があります。よって、選択肢Bは適切です。
グラフの視認性や解釈性に関する指標として、**データインク比**があります。データインク比は、「データを印刷するために費やしたインク量」÷「グラフィック全体の印刷に費やしたインク量」として定義されており、この値が1に近いほど簡潔でよい表現であるといえます。

【データインク比の大きいグラフと小さいグラフの例】

データインク比が小さい例（良いグラフ）

店舗Aから店舗Dまでの売上（年間）
1500万円
1000万円
600万円
500万円
売上
A
B
C
D
店舗名

データインク比が大きい例（悪いグラフ）

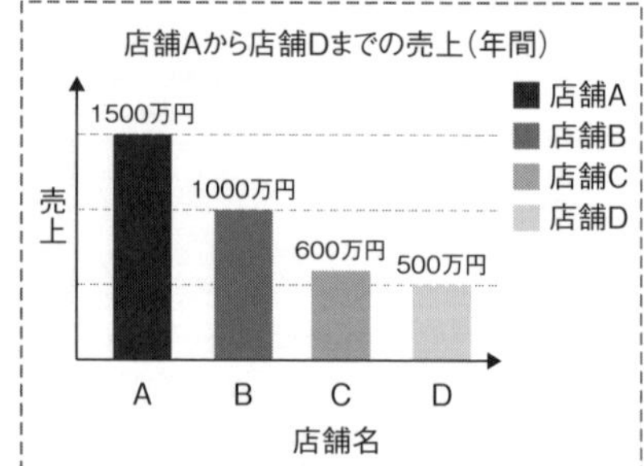

グラフの軸の基準点は、そのグラフを見たときの印象に大きく影響します。例えば、以下のグラフにおいて、0が起点か否かで、データの大小関係が異なって見えます。よって、選択肢Cは適切です。

【起点が0であるグラフと0ではないグラフの例】

0起点の棒グラフ

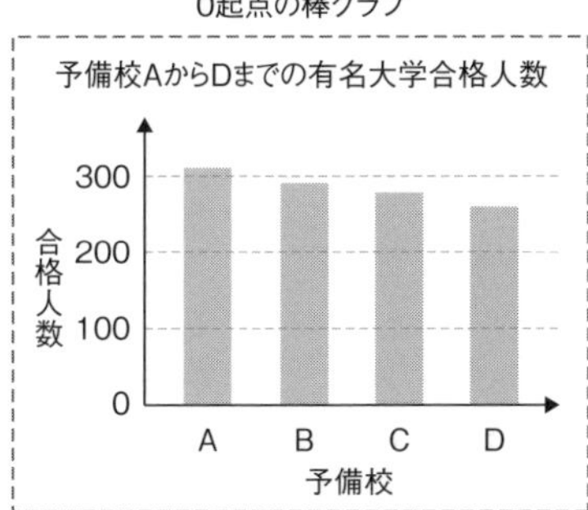

250起点の棒グラフ

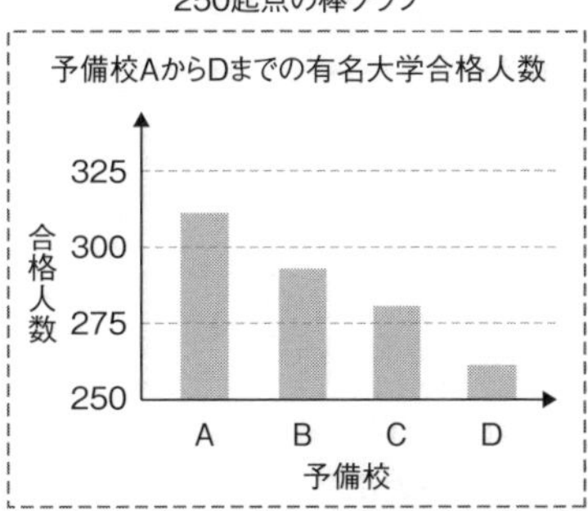

円グラフは、データの構成比を扇型の大きさで表す図であるため、データの大小関係を読み取りにくいという欠点があります。円グラフを用いる際には、扇形の中に割合を書き入れたり、棒グラフを併用したりするなどの工夫を行う必要があります。よって、不適切な選択肢は**D**となります。

【同じデータを表す棒グラフと円グラフの例】

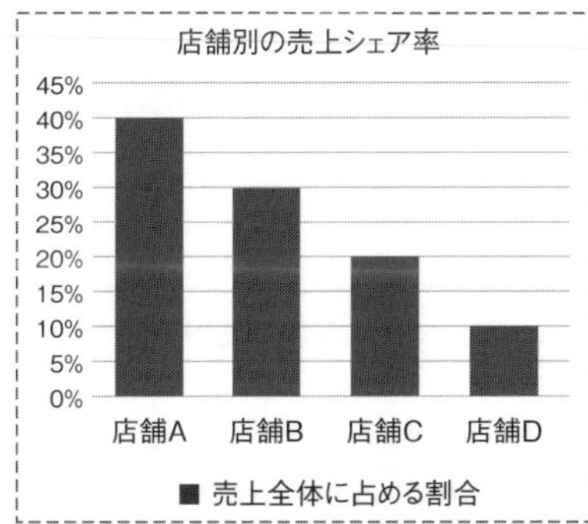

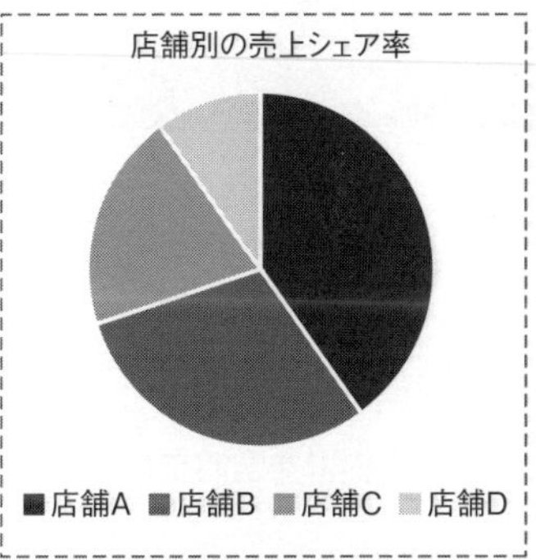

コラムチャート(縦棒グラフ)のY軸の基準点は「0」からを原則とし、軸を切らないなど、不必要な誇張をしないための軸表現を常に意識することが重要です。これにより、データ分析を行わない部署の関係者にも、適切にデータの傾向を把握してもらうことが可能となります。

15. B ➡ P70

データ分析や機械学習のプロジェクトを進める際に、最初に行うべきことは、変数の関連性・分布傾向などデータの性質を理解することです。

データを入手したら、まずはデータそのものを眺めたり（A)、ヒストグラムを用いてデータの分布を確認したり（C)、平均や分散を算出してデータの散らばり具合を見たりするとよいでしょう（D)。そうすることで、外れ値や欠損値の存在に気づくことができ、データに対して行うべき処理を決定しやすくなります。ここで、データの関連性を見出せれば、変数の取捨選択や機械学習モデルの選定を行いやすくなります。

20,000件のうち20件だけのデータを眺めても、どの説明変数が有効か無効かを判断することはできません（**B**)。説明変数の選択を行う際には、データ全体の傾向を確認しましょう。

統計量を使うことで、データから読み取る必要のある特徴を効果的に可視化することが可能です。ばらつき、有意性、分布傾向、特異性、関連性、変曲点、関連度の高低など、分析や図表から直接的な意味合いを抽出できるように意識しましょう。

16. B ➡ P70

クロス集計とは、2つの軸でデータの集計を行うことです。クロス集計の結果を表で表したものを**クロス集計表**といいます。設問におけるクロス集計表は「本社勤務かどうか」と「電車通勤かどうか」を軸としています。以下のように、クロス集計表の中にデータの合計を表すマスを設ける場合もあります。

【合計を含むクロス集計表】

	電車通勤である	電車通勤ではない	合計
本社勤務である	20	10	30
本社勤務ではない	30	40	70
合計	50	50	100

この表から、「電車通勤をしている本社勤務の社員」の割合は、20 / 100＝20%であると読み取れます（A)。また、「電車通勤である社員」の割合は、50 / 100＝50%であると読み取れます。そのため、選択肢**B**は適切ではありません。

散布図は、2次元平面または3次元空間にデータをプロットしたグラフです。これは、2つの変数同士または3つの変数同士の相関関係を見るのに適したグラフです。
2つの変数があり、どちらかの変数が大きくなれば他方も大きくなる傾向が見られる場合、それら2つの変数には**正の相関関係**があるといいます。設問の【例2：散布図】を見ると、数学の点数が高いと理科の点数も高いことが読み取れるため、数学の点数と理科の点数の間には正の相関があると考えられます（C)。

ヒストグラムは、データを一定間隔（ビン）で区切り、各区間に含まれるデータの個数を棒の長さで表現したものです。これは、データの分布を確認する際に用いられるグラフです。また、**度数分布表**とは、ビンごとのデータの個数を表にしたものです。
設問の【例3：ヒストグラム】のデータに関しては、値の範囲が 0〜12 と狭いため、ヒストグラムを用いなくても、以下の表のような度数分布表で分布を十分に確認することができます（D)。

【度数分布表の例】

階級	度数
0〜4	15
5〜8	5
9〜12	1

比較して可視化したい分類によってデータを分けることを**層化**といいます。層化は「データを何らかの比較軸(何かと何かを比較する際の基準)によって切り分けること」ともいえます。例えば、「チェーンのスーパーマーケットにおける売上減少の要因を探索する」ことを目的として層化を行う場合、層化の候補としては「時間帯別」「エリア別」「購買年代別」「店舗別」などが考えられます。
層化を行う際は、比較の切り口として用いる属性(時間帯、エリア、購買年代、店舗など)と、その粒度(時間帯別なら月単位なのか週単位なのか、エリア別なら市単位なのか町単位なのか、など)についてよく検討する必要があります。また、層化の前に「どのような比較軸によってデータを切り分ければ差がはっきりと可視化されるか」といった仮説を立てることも重要です。適切な仮説を立てることによって、適切な層化の候補を導き出すことができるようになります。

「0以上2未満」といった範囲を示す際に、[0, 2)のように角括弧と丸括弧を用いて表すことがあります。Excelのヒストグラムにおいては、ビン幅はこの形式で表されます。

17. D

➡ P72

ボロノイ図とは、平面上に複数個の点がある場合に、任意の点と一番近い点を把握するための表現です。距離の近い点同士を線で結び、その垂直二等分線をつなぐことによって作られます。この操作を**ボロノイ分割**といいます。ボロノイ分割では、配置された点を**母点**と呼び、その周りの領域をボロノイ領域と呼びます（C、**D**）。また、領域の境目の線をボロノイ境界と呼び、その交点を**ボロノイ点**と呼びます（A、B）。点の周りの領域の面積から、隣接する点との距離を図形的に把握することができます。

【ボロノイ図の例】

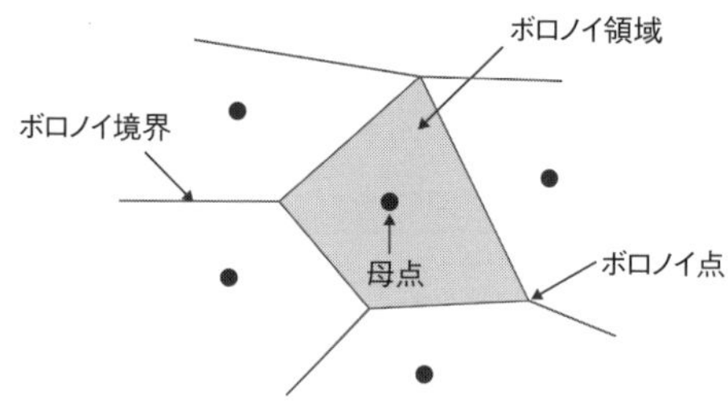

例として、母点を携帯電話の基地局の座標としてボロノイ図を作成することを考えてみましょう。この場合のボロノイ図では、まず基地局の位置的な分布を把握することができます。母点が密集しており各母点のボロノイ領域が小さい領域は、基地局が集中して配置された地域であることを表します。母点が疎に分布している場合には、その母点は比較的大きなボロノイ領域をもつことになります。これは担当する地域の面積が大きい基地局が存在することを意味します。この情報があることで、電波の届きにくい地域を推測することが可能になります。

ヒートマップとは、数値の大小を色の濃淡で表現し、平面上に配置した図です（A、**D**）。行列の形式となった2次元データがある場合に、ヒートマップを用いると、値の分布を色によって視覚的にとらえることができます。

【ヒートマップの例】

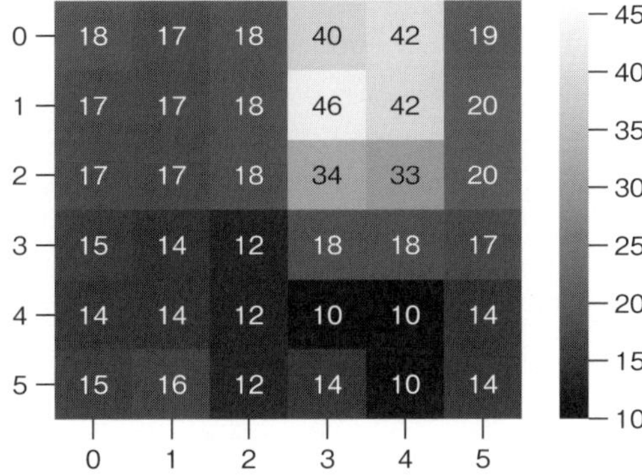

例えば、列番号が経度、行番号が緯度を表し、各要素の値が人数を表すような2次元データをヒートマップで可視化すると、人口の分布を一目で確認することができます。温度の違いを色で表現するサーモグラフィーも、ヒートマップの一種であるといえます。

以上より、組み合わせが正しい選択肢**D**が正解です。

ボロノイ図とヒートマップの特徴と用途について、説明できるようにしておきましょう。

隣接するボロノイ領域の母点同士を結んだ図形を**ドロネー図**といいます。

18. C

➡ P74

可視化手法にはさまざまなものがあります。データ分析においては、目的に応じて適切な可視化手法を利用し、分布の傾向や、グループ間の相違点、特異点（際立って異なる部分）や変曲点（データの傾向の変化点）を把握することが重要です。

散布図行列は、多変量データのヒストグラムと散布図を行列として列挙する可視化手法です。これにより、複数の変数の関係性を同時に把握することが可能になります。各行 / 各列が変数に対応しており、行番号に対応する変数と列番号に対応する変数の散布図が、行列の要素として並びます。対角成分は各変数のヒストグラムになります。
設問の散布図行列を見ると、変数1の値が大きくなるにつれ変数2の値も大きくなっており、変数1と変数2の間には正の相関が見えます。よって、選択肢Aは適切です。
また、同じ図において、変数3のヒストグラムは値がすべて左端のビンに偏っており、データの分布を正確に把握することができません。よって、選択肢Bは適切です。

平行座標プロットは、4次元以上のデータを可視化する手法の一種です。2次元および3次元散布図では、変数ごとに異なる方向を向いた軸を割り当ててデータを可視化しますが、平行座標プロットでは同じ方向を向いた軸で可視化を行います。主に種類や名前など（名義尺度）と複数の数値がセットになったデータに対して用います。
例えば、以下の表のような「体長・体重・尾の長さ・体毛の長さ・猫の品種」がセットになったデータを平行座標プロットで可視化するとします。

【猫の品種と体格を示すデータ】

体長 [cm]	体重 [kg]	尾の長さ [cm]	体毛の長さ [cm]	猫の品種
100	8.2	60	5.8	メインクーン
80	6.6	55	5.1	メインクーン
70	5.9	48	4.8	メインクーン
50	5.8	40	2.5	シャムネコ
45	4.2	38	2.2	シャムネコ
42	3.5	36	2.1	シャムネコ
32	4.0	15	2.7	マンチカン
30	3.6	14	2.6	マンチカン
29	3.3	12	2.4	マンチカン

このデータを用いて平行座標プロットを行うと、設問の図のようになります。

「猫の品種」ごとに線種を変え、横軸に「体長・体重・尾の長さ・体毛の長さ」を並べ、縦軸に値の大きさをとって表示します。この図において、「尾の長さ」の軸では、マンチカンを表す破線がシャムネコを表す点線より下にあるため、「マンチカンはシャムネコよりも尾の長さが短い傾向にある」と読み取れます。よって、選択肢Dは適切です。

平行座標プロットでは、軸ごとの値のスケールが大きく異なる場合、視認性を高めるために、変数ごとに縦軸のスケールを変えることがあります。また、名義尺度の変数をダミー変数に変換し横軸に並べる場合もあります。この2つの操作を行った場合、グラフは以下のようになります。

【猫の品種と体格の平行座標プロット（スケール調整済み）】

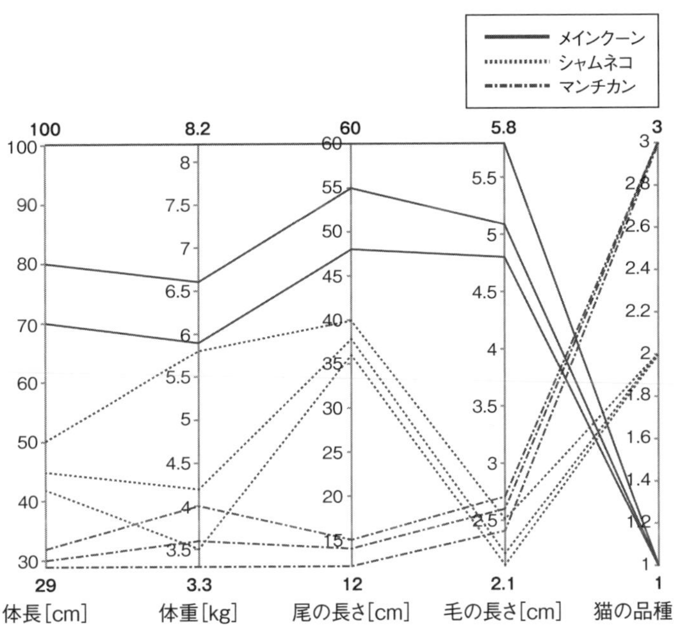

平行座標プロットは折れ線グラフとよく似ていますが、折れ線グラフの場合は横軸の順番に時系列としての意味があるのに対し、平行座標プロットの場合は、通常は横軸の順序に意味はありません。よって、選択肢**C**は不適切です。

散布図行列と平行座標プロットの用途および読み取り方を覚えておきましょう。

19. B

➡ P75

中央値とは、データを小さい順に並べた際にちょうど中央に位置する値のことです。データの個数が偶数の場合は、中央の2つの数の平均を中央値と定めます。

設問の表の場合、データの個数の合計が 60 であるため、中央の位置は 30 番目と 31 番目の間となります。度数を上から数えていくと、30 番目と 31 番目の値はともに 40〜60 の階級に属しています。よって、選択肢**B**が正解です。

基本統計量を見ることで、新しいデータの流入によってデータ全体の傾向に起きた変化などを把握することができます。こうした変化を素早くとらえるために、中央値のような基本統計量や、代表的な分布の形状を覚えておく必要があります。

また、こうした変化を素早くとらえるためには、普段業務の中で扱っているデータの発生トリガーやタイミング、頻度を把握しておく必要があることを覚えておきましょう。

平均に関連する統計量として、**幾何平均**(相乗平均)と**調和平均**があります。幾何平均は、値の総積に対し累乗根をとったものです。調和平均は、値の逆数の平均に対し逆数をとったものです。どちらも、比率を平均する際に用いられます。

20. A

➡ P76

図表を解釈する際には、その図単体から得られる情報を材料として考える必要があります。

設問の人口ピラミッドでは、20歳代から30歳代の人口よりも、50歳代から60歳代の人口のほうが明らかに多くなっています。よって、選択肢**A**は適切です。

選択肢B、C、Dの根拠となる情報は、この図のみからは得ることができません。設問の人口ピラミッドは、2025年時点での人口の推計値に過ぎません。年をまたいだ人口の変化の傾向をつかむためには、他の年の人口ピラミッドの情報と比較する必要があります。したがって、設問の図単体から高齢化の傾向や出生数の傾向についての情報を得ることはできません（B、C)。また、出産年齢の情報は人口ピラミッドに含まれていません（D)。「高齢出産の割合が多い」という判断をするためには、出産年齢そのもののデータを見る必要があります。

図表を読み解く際には、まず知りたい情報がその図表に含まれているかどうかを確認しましょう。

21. A

➡ P77

実験計画法とは、効率のよい実験方法を設計し、結果を適切に解析することを目的とする統計学の手法です（**A**、B）。例えば、変数の組み合わせの総数が多い場合などは、実験計画法を用いることにより、少ない実験回数で必要なデータを収集することができます。

母集団とは、調査の対象となる集合全体のことです。母集団から一部のデータを抽出することを標本調査と呼び、得られたデータを標本（サンプル）といいます。標本の平均を**標本平均**といいます。

標本誤差とは、標本値と母集団値との差のことであり、調査結果が信頼できるものかどうかを判断するための指標です（**A**、C）。標本誤差は抽出数を多くするほど小さくなり、また母集団のデータのばらつきが小さいほど小さくなります（B、D）。

以上より、組み合わせが適切な選択肢**A**が正解です。

母集団値は未知であることがほとんどであり、その場合には標本誤差を求めることは不可能です。しかし、標本誤差がどの範囲になるかは、確率論に基づいて一定の式で計算することができます。
この、標本誤差の範囲を確率的に評価する統計量を標準誤差といいます。標準誤差は、標本と母集団との間にどの程度誤差が存在しうるかを確率的に算出したものです。標準誤差によって、標本調査の結果の集計や平均、分散が母集団を推定するための代表値として妥当であるかを評価することができます。この標準誤差が小さければ小さいほど、標本調査の結果が母集団に近いといえます。標準誤差$\boldsymbol{\sigma_x}$は、次式によって定義されます。

$$\boldsymbol{\sigma_x} = \sqrt{\frac{\boldsymbol{\sigma}^2}{\boldsymbol{n}}}$$

（$\boldsymbol{\sigma_x}$：標準誤差（標本平均の標準偏差）、$\boldsymbol{\sigma}$：母集団の標準偏差、$\boldsymbol{n}$：標本のサンプルサイズ）

この定義より、標本数が増えるほど標準誤差が小さくなり、より信頼性の高いデータが得られることがわかります。

22. A

➡ P77

畳み込みニューラルネットワーク（CNN）は、畳み込み層をもつ深層学習モデルの総称であり、画像分類や物体検出などに多く用いられます。CNNでは、畳み込み層を用いて画像の特徴を抽出することにより、複雑な物体の特徴をとらえることができます。よって、選択肢**A**は不適切な記述です。

データセットを用意する際には、集めた画像に**偏り**（**バイアス**）がないか注意する必要があります。まずは、カテゴリ(写っているものの種類)ごとのデータの数に偏りがないかを確認します。全体に対する特定のカテゴリのデータ数が少ないデータセットを用いてモデルを学習させた場合、そのカテゴリに対するモデルの分類精度が低くなる可能性があります（B)。

また、設問の場合「競馬場にいる馬」の写真が多く、「牧場にいる馬」の写真が少ないことも懸念事項の1つです。競走馬と牧場の馬は微妙に体格が異なるうえ、競馬場で撮られた写真と牧場で撮られた写真では、背景に写っているものが大きく異なります。そのため、モデルがデータ数の多い「競馬場にいる馬」の特徴ばかりを学習してしまい、「牧場にいる馬」に対する精度が低くなる可能性があります（C)。

さらに、競馬場で撮影された写真に馬とともに騎手が多く写っている場合、このデータを用いて学習させたモデルは、「競走馬と騎手」の特徴をひとまとめにして「馬」の特徴としてとらえてしまう可能性があります。このときモデルは「馬が写っているが騎手は写っていない画像」を、馬が写っている画像として認識できなくなることがあります（D)。これを回避するためには、画像の中で馬の写っている領域のみにラベルを付与する、特殊なアノテーションを行う必要があります。

データ自体にカテゴリなどの偏りがある場合、その偏りを**データバイアス**と呼びます。また、モデルを構築する際に用いたアルゴリズムに起因する、モデルの出力の偏りを**アルゴリズムバイアス**と呼びます。

23. A

➡ P78

ある変数のペアがあり、一方の変数の変化に応じて他方も変化する傾向が見られる場合、**相関関係**があると考えることができます。

相関関係は、**正の相関関係**と**負の相関関係**に分けることができます。2つの変数があり、どちらかの変数が大きくなれば他方も大きくなる傾向が見られる場合、それら2つの変数には正の相関関係が見られるといいます。逆に、どちらかの変数が小さくなれば他方が大きくなる傾向が見られる場合、それら2つの変数には負の相関関係が見られるといいます。
設問の「マラソンの記録がよい集団の中には、成績のよい人が多い」という結果は、「マラソンの記録と成績の間には正の相関関係がある」ということを表しています（**A**）。

選択肢B、Cは因果関係の例です。**因果関係**とは、一方の変数の変動を原因として、もう一方の変数が変動する関係を意味します。データ同士に相関関係がある場合に、必ずしも因果関係があるとは限りません。例えば、相関関係が2つの変数以外の因子によって引き起こされている場合などがこれに該当します。このような相関関係を擬似相関といいます。

通常は、データを元に「2つの変数間には因果関係がある」と断言することはできません（「因果関係がある可能性がある」と考察することは可能です）。よって、「マラソンの記録がよい集団の中には、成績のよい人が多い」という分析結果から、選択肢B、Cのような因果関係を断言することはできません。

また、選択肢Dは、「成績と時間的余裕の関係」を示すデータが与えられていないため、導くことはできません。

データ分析の際は、結論を急がず、数値を冷静に見たうえで物事を多角的に考察することを意識しましょう。場合によっては、扱っているデータのみではなく、それに紐づいたデータにも目を向けましょう。

24. B

➡ P78

機械学習において、**回帰**とは、ある入力データに対して適切な連続値を出力することです。また、**分類**とは、ある入力データに対し適切なカテゴリ（病気である／病気でないなど）を出力することです。

線形回帰は、説明変数に対する重み付け和によって連続値を出力する手法であり、回帰問題で用いられます（A）。

k-means法は、クラスタリングに用いられる手法です。データをクラスタに分けた後、クラスタの平均と各データの距離を用いて、データを k 個のクラスタに分類します。よって、選択肢**B**の組み合わせは適切ではありません。

ランダムフォレストは、ランダムに生成した複数の決定木を用いて、それぞれの学習結果を平均する**アンサンブル学習**を行う手法であり、回帰の問題、分類の問題の両方に用いられます（C）。

決定木は、座標軸に平行な境界線を複数引くことによって、分類または回帰を行う手法です。決定木の学習結果は、木構造で表現されます。決定木では、不純度という指標が大きく減少するようにクラスの分割を行います。多様なクラスが混在するグループは不純度が高く、ある1つのクラスで構成されている場合、もしくはある1つのクラスの割合が非常に高い場合などは、不純度が低くなります。

サポートベクターマシン（SVM）は、マージン最大化に基づいて分類の境界線を学習する手法であり、主に分類問題に用いられます（D）。

分類問題は教師あり学習のタスクの1つですが、**クラスタリング**は教師なし学習のタスクの 1つです。再度確認しておきましょう。

量的な変数を予測する代表的な方法として**線形回帰**が、2値の質的な変数を予測する代表的な手法として**ロジスティック回帰**があることも把握しておきましょう。

25. A

➡ P78

機械学習において、学習データによる予測結果と正解データとの誤差を**訓練誤差**といいます。また、学習に用いていない未知のデータに対する誤差を**汎化誤差**といいます。

過学習（**過剰適合**）とは、モデルの訓練誤差が十分小さいにもかかわらず、汎化誤差が大きいことを指します。過学習しているモデルは、未知のデータに対応することができません（**A**、B）。これは人間でいうと、「ドリルで勉強した問題の答えは完璧に覚えているが、実際のテストでドリルと異なる問題が出てきたときに解くことができない」状態です。

過学習の主な原因としては、問題に対してモデルの表現能力が高すぎたり、学習データの数が少なすぎたりすることや、あるいはその両方の組み合わせなどが挙げられます。過学習を抑える技法には、**正則化**などがあります。

次元の呪いとは、機械学習において、入力の次元数（説明変数の数）が増えると、学習の難しさが指数的に増加するという現象をいいます。次元の呪いが生じると、具体的には、学習時間が増えたり、十分な予測精度を出すために膨大な量の学習データが必要になったりします（**A**、C、D）。また、次元の呪いが生じると、かえって予測精度が低下する場合があります。データの次元数を削減する技法には、**主成分分析**などがあります。

以上より、空欄アは「未知のデータに対応できない」、空欄イは「学習にかかる時間が大幅に増大する」となり、組み合わせが適切な選択肢**A**が正解です。

過学習や次元の呪いの定義と、それぞれへの対処法について説明できるようにしておきましょう。

26. A

➡ P79

モデルの**大域的な説明**とは、機械学習を用いて構築した複雑なモデルを、人間にとって解釈可能で可読性の高いモデルを用いて再現することを指します(**A**)。近似的に再現したモデルの予測プロセスを調べることで、元のモデルの解釈を試みることができます。
例として、モデルを単純な線形回帰に変換する場合を考えてみます。この場合は、回帰式における各変数の係数の大小を見れば、モデルがどの変数を重視しているかを調べたり、ある変数の値が1上がると予測結果がどのように変化するかを調べることができます。近似モデルを作る際には、線形回帰の他に決定木を用いる方法などを使うことができます。ただし、元のモデルと比べ、可読性の高いモデルで近似したものは、予測の精度が低くなる可能性があります。

近似を行うことによって生じる精度の低下を回避する方法の1つが、モデルの**局所的な説明**です。これは、機械学習モデルへの特定の入力に対する予測結果や予測プロセスを元に、モデル自体の解釈を試みる方法です(B)。
例えば、画像に写っている動物の種類を識別するモデルを考えます。このモデルにある猫の写真を入れて正しく猫と識別したときに、画像のどの部分を特徴としてとらえたか、入力した画像を用いて説明するという方法があります。これは、モデルが「この画像には猫が写っている」と判断した根拠を説明することにつながります。

予測結果の理由を説明できると、モデルが不適切な予測を出力した場合に、その原因を探ることができます。逆に、説明ができない状態では、モデルが不適切な予測を出力した場合、どこを改良すればよいのか、解決の糸口を見出すことが困難になります。

選択肢C、Dは、大域的な説明／局所的な説明のどちらの定義にも当てはまりません。

2015年に、Google Photos のAIによる自動タグ付け機能が、アフリカ系女性の写真に対し「ゴリラ」とラベル付けしてしまうという事件が起こりました。結局、そのような不適切な予測をした要因の特定には至らず、タグ付け AIの学習データから「ゴリラ」のラベルを除外するという措置がとられました。

27. D

➡ P79

形態素解析と、それを実行するツールに関する問題です。

人間が日常的にコミュニケーションに用いている言語を**自然言語**といいます。自然言語ではない言語の例としては、Pythonのようなプログラミング言語や、エスペラント語に代表されるような人工言語などが挙げられます。自然言語をコンピュータに処理させるための技術分野を**自然言語処理**（**NLP**：Natural Language Processing）といいます。

形態素解析は、自然言語処理の基礎技術の1つです。形態素解析は、入力された文を形態素まで分解する技術です。形態素とは、何らかの意味をもつ最小限の文字の集まりです。例えば、「今日はよい天気だ。」という文を形態素に分解すると、以下のようになります。

【「今日はよい天気だ。」を形態素に分解した結果】

形態素	品詞の分類
今日	名詞－副詞可能
は	助詞－係助詞
よい	形容詞－自立、形容詞・アウオ段－基本形
天気	名詞－一般
だ	助動詞－特殊・ダ 基本形
。	記号－句点

日本語の形態素解析に用いられる代表的なツールとして、**MeCab**や**JUMAN**、**ChaSen**などが挙げられます（A、B、C）。

CaboChaは、MeCabの解析結果を入力とする係り受け解析ツールです（**D**）。係り受け解析は、形態素解析の解析結果を元に各形態素間の係り受け関係を解析する技術です。CaboChaの他に、代表的な係り受け解析ツールとして、**KNP**や**GiNZA**などがあります。

28. A

➡ P79

形態素解析とは、文を形態素（単語）に分割し、各形態素の属性（品詞など）を判定することです。また、文を文節に分けて、それぞれの文節の関係を調べる処理を**係り受け解析**といいます。よって、適切でない選択肢は**A**となります。

【形態素解析と係り受け解析の例】

「東京都に住む」を形態素解析した結果

東京	名詞, 固有名詞, 地域, 一般, *, *, 東京, トウキョウ, トーキョー
都	名詞, 語尾, 地域, *, *, *, ト, ト
に	助詞, 格助詞, 一般, *, *, *, に, ニ, ニ
住む	動詞, 自立, *, *, 五段・マ行, 基本形, 住む, スム, スム

係り受けの例

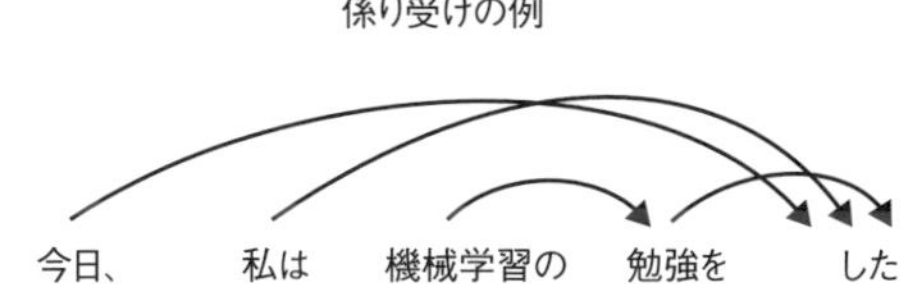

データ集合に含まれる欠損・外れ値・不正確な値・無関係な値を特定し、除去／修正することを**データクレンジング**（データクリーニング）と呼びます。同じ単語の大文字／小文字や全角／半角を統一することは、自然言語処理のクレンジング処理の1つです（B）。この処理を行うことで、例えば、「Python・PYTHON・python」のような表記揺れのある単語を同一単語として扱うことができます。

自然言語処理において、出現頻度の少ない単語や、タスクに関係のない単語を**ストップワード**と呼びます（C）。ストップワードの例としては「、」「。」などの記号や「a」「an」といった冠詞が挙げられます。また、単語の語幹を抽出する処理（running → runなど）を**ステミング**と呼びます（D）。ストップワードの除去やステミングもまた、自然言語のデータクレンジングの一種です。これらの処理を行うことで、取り扱う単語の数を削減することができます。

形態素解析、係り受け解析の定義や、自然言語データのデータクレンジングの種類についてよく確認しておきましょう。

29. C

➡ P80

自然言語処理の分野で用いられるGLUEベンチマークに関する問題です。

GLUE（General Language Understanding Evaluation）は、自然言語処理モデルによる言語理解の精度を計測するためのベンチマーク（評価水準）です。GLUEでは、複数の自然言語処理タスクに対する成績の総合値によって、自然言語処理モデルの性能が表現されます。
GLUEにおいて課せられるタスクは下表のとおりです。

【GLUEにおいて課せられるタスク】

タスクの名称	概要
CoLA（The Corpus of Linguistic Acceptability）	入力された文が英文法的に正しいか（acceptability）を判定する
SST-2（The Stanford Sentiment Treebank）	入力された文（映画レビュー）を分類する（評判がポジティブであるかネガティブであるかを判定する）
MRPC（Microsoft Research Paraphrase Corpus）	入力された2つの文の意味が同じかどうか（一方が他方の言い換えかどうか）を判定する
STS（Semantic Textual Similarity）	入力された2つの文の意味の類似性を評価する
QQP（Quora Question Pairs）	入力された2つの質問文の意味が同じかどうか（等価であるか）を判定する
MNLI（Multi-Genre Natural Language Inference）	入力された2つの文の含意関係（含意·矛盾·中立）を判定する
QNLI（Question Natural Language Inference）	あるパラグラフとそれに対する質問が入力され、パラグラフが質問に対する正しい回答を含んでいるか否かを判定する
RTE（Recognized Textual Entailment）	入力された2つの文の含意関係（含意／含意でない）を判定する
WNLI（Winograd Natural Language Inference）	ある代名詞が文中のどの名詞を指しているのかを判定する

上の表からわかるとおり、固有表現抽出は GLUE には含まれません（**C**）。

固有表現抽出（**NER**：Named Entity Recognition）は、文書中の固有表現を判定して取り出すタスクです。固有表現とは、固有名詞（人名・地名・組織名など）や数値表現（時間や日付や金額といった数値で表現される事物など）

の総称です。これらの固有表現は、一般名詞などと区別して処理する必要があります。

C以外の選択肢については、以下のとおりです。

A　2つの文の間の含意関係や矛盾の有無を判定するタスクは、自然言語推論（NLI）もしくは含意関係認識（RTE）と呼ばれます。
B　照応詞（代名詞や指示詞など）が文中の何を指しているか（照応関係）を判定するタスクは、照応解析と呼ばれます。
D　何らかの基準によって文書の内容を分類するタスクは、一般に文書分類と呼ばれます。GLUEのSST-2のような評判分析・感情分析と呼ばれるタスクも、文書分類タスクの一種です。

30.　B　➡ P80

画像データの本質は、複数の**画素**（**ピクセル**）の集合です（A)。画素とは画像を構成する情報の単位であり、色を表す数値情報をもつ非常に小さな正方形を指します。画像データにおいて、色はR・G・B（赤・緑・青）の三原色を用いて表現されます。三原色それぞれの濃度を調整することにより、さまざまな色を表すことができます。例えば、黒色は（R, G, B）＝（0, 0, 0）で表現されます。各色の最大値は255です。（R, G, B）＝（255, 255, 255）は白色を表します。

【画像データと画素】

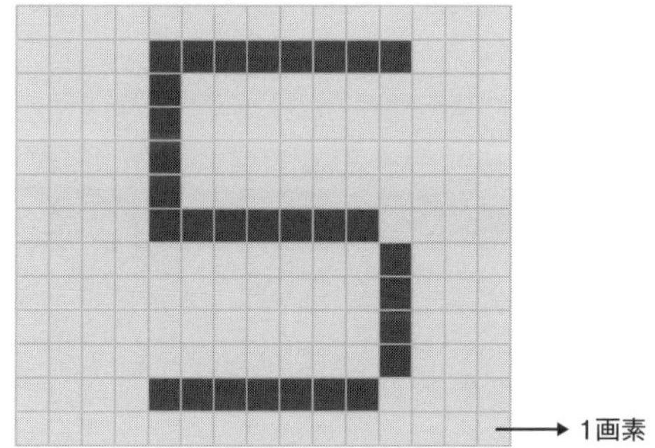

画像データのフォーマットとしては、JPG（JPEG)、PNG、GIFなどがあります。データの圧縮方式や表現可能な色の種類に違いがあります。

JPGと**PNG**は、フルカラー（1677万色）で画像を表現するためのフォーマットです。PNG形式で保存された画像は、保存を繰り返しても画質は劣化しません（**B**)。対して、JPG形式では、目視で把握できない情報を削除することでデータを圧縮します。そのため、JPG形式で保存された画像は、保存を繰り返すたびに画質が劣化します。
GIFは、256色で画像を表現するためのフォーマットです。1つのファイル内に複数枚の画像を格納することができ、パラパラ漫画のような動画を作成することができます。

画像データを用いたデータセット（データ集合）を作成する場合には、画像の大きさ（幅と高さ）を統一しておくと便利です（モデルの構造によっては、サイズを統一しなくても学習を行える場合があります）。画像の大きさを揃える際には、パディングやリサイズを行います（C）。**パディング**とは、画像のフチにダミーのデータを挿入する処理です。また、**リサイズ**とは、画像の拡大／縮小を行い、幅と高さを変更する処理です。

ノイズ除去や輪郭抽出など、画像に対し特殊な加工を行うことを**フィルタ処理**といいます（D）。適切な加工（前処理）を行うと、データの特徴をとらえやすくなり、識別精度の高い AI モデルの構築につながります。

画像フォーマットの名称と性質について説明できるようにしておきましょう。

カラーからモノクロへの色変換には、さまざまなアルゴリズムが用いられます。例えば、各画素の濃度を、R・G・Bすべての値を平均したものに置き換えるという方法があります。

31. C

➡ P81

音声データのフォーマットとしては、WAV、MP3、FLACなどがあります。
WAV（Waveform Audio File Format）は、非圧縮のフォーマットです。同じデータをこれら 3 つのフォーマットで保存した場合、WAVファイルとして保存したものは最も容量が大きくなります。
MP3（MPEG Audio Layer3）と**FLAC**（Free Lossless Audio Codec）は、音声データのコーデック（データ圧縮技術）の 1つであり、それを用いた音声データのフォーマットの名称でもあります。FLACは、圧縮前のデータを完全に復元することができる**可逆圧縮**のフォーマットであり、MP3は圧縮前のデータを完全には復元できない**非可逆圧縮**（不可逆圧縮）のフォーマットです。

動画データのフォーマットとしては、AVI、MOV、MP4、WebMなどがあります。

AVIはWindows、**MOV**はmacOSにおける標準的な動画フォーマットです。MOVはビデオカメラにも多く利用されています。**WebM**は、Google社によって開発／公開されているWeb向けの軽量なフォーマットです。**MP4**も、WebMと同様に軽量なフォーマットです。MP4ファイルは本来、動画データ（映像＋音声）を扱うための形式ですが、音声のみを格納する際にも用いられます。

以上より、空欄アはMP3、空欄イはWebMとなり、組み合わせ適切な選択肢**C**が正解です。

動画ファイルのフォーマット名称は、データを格納する方式を表しています。そのため、音声ファイルの場合とは異なり、フォーマットとコーデックの名称は一致しません。例えば、MP4ファイルのコーデックにはH.264が用いられたり、WebMのコーデックにはVP9が用いられたりします。

32. D

➡ P81

本来、割合と確率は別物ですが、データ分析の分野においては、相対度数を確率の推定値として取り扱うことがあります。

ある購買履歴データが得られたとき、購買履歴全体の中で、顧客の1回の購買において商品Aが購入される確率をP（A）、商品Bが購入される確率をP（B）と表現します。また、一度に商品Aと商品Bが両方に購入される確率は、積集合の記号∩を用いてP（A∩B）と表されます。さらに、Aを買った購買履歴の中でBが買われる確率は、条件付き確率の記号｜を用いてP（B|A）と表します。

バスケット分析とは、小売店や通販サイトにおける顧客の買い物かご（バスケット）の中身の傾向を解析する手法です。商品単体ではなく、商品Aと商品Bの売れ行きの関係性を分析することを目的としています。
バスケット分析においては、P（A∩B）を**支持度**といい、P（B）を**期待信頼度**といいます。さらに、P(B|A)をAから見たBの**信頼度**といいます。また、P(B|A)をP（B）で割ったものを、Aから見たBの**リフト値**といいます。
Aから見たBのリフト値は、Aと一緒にBも購入した人の割合（信頼度）が、すべてのデータの中でBを購入した人の割合（期待信頼度）よりどれだけ多いかを倍率で示したものです。Aから見たBのリフト値が大きいほど、「Aを買った人はついでにBも買う傾向にある」といえます。

設問の表のデータからこれらの値を計算すると、

・P(A) = 6/10 = 0.6

・P(B) = 7/10 = 0.7

・P(A∩B) = 3/10 = 0.3

・P(B|A) = 3/6 = 0.5

となり、リフト値はP(B|A)/P(B) ≒ 0.714 となります。

以上より、選択肢**D**が正解です。

また、バスケット分析のように、「もしこうだったら、こうなるであろう」というデータの関連性を見つけ出すことをアソシエーション分析といいます。

リフト値の定義を理解し、実際に計算できるようにしておきましょう。

P(B|A)は、条件付き確率の定義より、P(B|A)=P(A∩B)/ P(A)の計算を用いて求めることもできます。

33. C

➡ P82

偏差値とは、偏差（データと平均の差）を標準偏差（分散の平方根）で割ったものに10を掛け、さらに50を足した値です。データをx_i ($i=$ 1, 2, ..., n)、平均をμ、標準偏差をs とおくと、偏差値は以下の式で求められます。

$$10\left(\frac{x_i-\mu}{s}\right)+50$$

また、分散は「偏差の二乗を平均する」または「x^2の平均からμ^2を引く」計算で求めます。以下の式のどちらを用いても求めることができます。

$$\frac{1}{n}\sum_{i=1}^{n}(x_i-\mu)^2$$

$$\frac{1}{n}\sum_{i=1}^{n}x_i^2-\mu^2$$

設問の表のスコアの平均は600、分散は27080、標準偏差は164.56 となるため、Gさんのスコアの偏差値は10×（710－600）/ 164.56＋50 ≒ 56.68 となります。

以上より、選択肢**C**が正解です。

分散や偏差値の計算式をしっかりと覚えておきましょう。

34. D

➡ P82

深層学習、ニューラルネットワークの仕組みに関する問題です。

ニューラルネットワークは、人間の脳の神経回路の仕組みを模した機械学習の一手法です。単純パーセプトロンは、最も基本的なニューラルネットワークの 1つで、入力を受け取る**入力層**と、出力を送り出す**出力層**によって構成されます。この単純パーセプトロンに**隠れ層**（**中間層**）を追加したモデルが多層パーセプトロンです。単純パーセプトロンでは線形分離しか行うことができませんが、多層パーセプトロンでは非線形分離を行うことが可能です。

このように、ニューラルネットワークには、隠れ層を増やすことでモデルの表現力が向上し、より複雑な問題に対応できるようになる傾向があります。深層学習において用いられる**ディープニューラルネットワーク**は、このような考え方に基づいて隠れ層が追加された（層が深くなった）ニューラルネットワークです（空欄ア）。

【ディープニューラルネットワークの層構造】

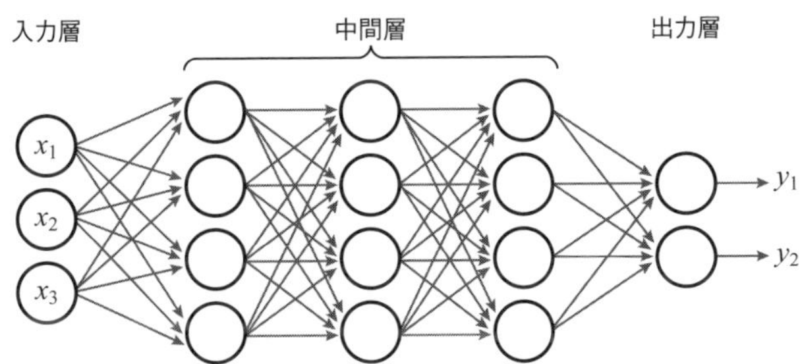

活性化関数は、各層が前の層から受け取った信号を、どのように次の層に伝播させるかについて定義する関数です（空欄イ）。代表的な活性化関数とし

て、シグモイド関数やtanh関数（ハイパボリックタンジェント関数）、ReLU（Rectified Linear Unit）などが挙げられます。**勾配消失**（ニューラルネットワークが多層化しすぎると学習が思うように進まなくなる現象）が起きにくいことから、近年ではReLUやその派生系の活性化関数（Leaky ReLU など）がよく用いられています。

近年の**深層学習（ディープラーニング）**の発展によって、データに含まれる規則性（特徴）をモデルが自動的に抽出し、学習できるようになりました。データの特徴（特徴量）を機械学習によって自動的に学習させるこのようなアプローチを**特徴表現学習**と呼びます。従来の機械学習では、特徴量を人間の手で作り込むのが一般的でした。そのため、画像データや音声データなどといった、特徴量を取り出すことが難しいデータを機械学習の入力データとすることが困難でした。以上のような背景から、特徴量を自動的に学習できる深層学習が大いに注目されるようになりました（空欄ウ）。

以上より、組み合わせが適切な選択肢**D**が正解です。

深層学習やその基本となるニューラルネットワークの仕組みについて覚えておきましょう。

35. C

➡ P83

サポートベクターマシンに関する問題です。

サポートベクターマシン（SVM：Support Vector Machine）は、教師あり機械学習の手法の 1つです。もともと2つのクラスを分類するためのアルゴリズムとして考案されましたが、多クラス分類や回帰といった問題にも応用されています。サポートベクターマシンを回帰問題に応用した手法は、**サポートベクター回帰（SVR**：Support Vector Regression）と呼ばれます。

2クラス分類に用いられるサポートベクターマシンでは、「マージンが最大になるように決定境界を引く」というコンセプトに基づいて分類が行われます。**決定境界**は、2つのクラスを区分けする境界線です。決定境界によって分けられた 2つのクラスに属するデータ点のうち、決定境界までの距離が最も小さいものは**サポートベクター**と呼ばれます（空欄ア）。決定境界とサポートベクターとの間の距離を**マージン**といいます（空欄イ）。サポートベクターマシンは、このマージンが最大になるような決定境界を引くことで、2つのクラスを線形分離します。

【サポートベクターマシンのコンセプト】

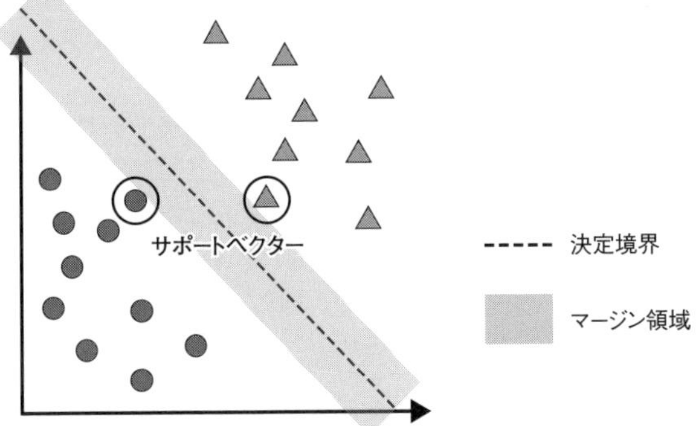

サポートベクターマシンは線形分離可能な（2つのクラスを直線的に分離できる）問題に対して用いられます。したがって、サポートベクターマシンを下図左のような線形分離できないデータに対して適用しても高い予測性能は期待できません。下図左のようなデータに対しては、下図右のような高次元特徴空間（入力データの次元をより高次元に拡張した空間）にデータを射影すると、線形分離が可能になる場合があります。高次元特徴空間にデータを射影して線形分離する発想を数学的にうまく実現するのがカーネルトリックという手法です（空欄ウ）。サポートベクターマシンとカーネルトリックを組み合わせれば、もともとのサポートベクターマシンでは対処の難しかったデータに対しても、高い予測性能を期待することができます。

【高次元特徴空間へ写像のイメージ】

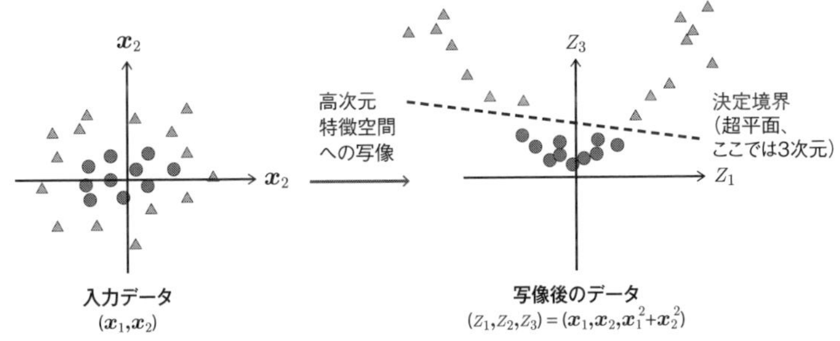

以上より、組み合わせが適切な選択肢**C**が正解です。

36. C

➡ P84

弱識別器として決定木を用いたアンサンブル学習に関する問題です。

アンサンブル学習は、複数のモデルの予測結果を組み合わせることで、汎化性能の高いモデルを生成する手法です（空欄ア）。アンサンブル学習は、単体での精度がそれほど高くなく、**過学習**（モデルが学習データに対して過剰に適合してしまい、未知のデータに対する予測性能が低い状態）しやすい決定木のようなモデルに対して特に有効です。このような、単体での精度が比較的低いモデルは**弱識別器**と呼ばれることもあります。

アンサンブル学習の代表的な手法として、バギング（Bagging：Bootstrap AGGregatINGの略）とブースティング（Boosting）が挙げられます。

- バギング
  各モデルを並列的に学習させる手法です。分類タスクでは各モデルが出力したクラスの多数決、回帰タスクでは各モデルの出力値の加重平均をとることで、最終的な予測結果を決定します。バギングの代表的な手法として、ランダムフォレストなどがあります（空欄イ）。

- ブースティング
  各モデルを直列的・逐次的に学習させる手法です。前のモデルの予測精度が悪かったデータに対する予測精度が優先的に上がるように、次のモデルの学習が進められます。ブースティングの代表的な手法として、AdaBoostなどがあります。

近年、**kaggle**などのデータ分析コンペティションにおいて高い成績を記録しているモデルのうち、多くのものに、**勾配ブースティング決定木**（**GBDT**：Gradient Boosting Decision Tree）と呼ばれる手法が用いられています。勾配ブースティング決定木は、名前からもわかるとおりブースティングの一手法です（空欄ウ）。勾配ブースティング決定木の有名な派生手法として、XGBoost や LightGBM などがあります。

以上より、組み合わせが適切な選択肢**C**が正解です。

勾配ブースティング決定木の派生手法としてXGBoost や LightGBM、CatBoost などがあることを覚えておきましょう。

第3章

データエンジニアリング力
—知識—

- データ収集の技術
- データ蓄積の技術
- データ処理の技術
- セキュリティ

□ **1. Webスクレイピングに関する記述として、最も適切でないものを選べ。**

A. 個人的な調査のためにWebスクレイピングを行う際には、Webサイト管理者の許可なく情報を取得しても構わない
B. Webスクレイピングとは、プログラムやツールを用いてWebサイトからデータを取得することをいう
C. Webサービスによっては、APIという形式でWebサービス上のデータが取得しやすくなっている
D. Webスクレイピングを行う際には、自らコーディングを行わずに、スクレイピングツールを用いて実施することもできる

➡ P133

□ **2. RDB(Relational DataBase)に関する記述として、最も不適切なものを選べ。**

A. NoSQLは、RDBを管理するためのシステムである
B. RDBでは、行と列によって構成されたデータの形式をテーブルと呼ぶ
C. RDBでは、データベースを操作する際にSQLなどのデータベース言語を用いることができる
D. RDBの設計や管理を行う際には、ER図という表現形式が用いられる。ER図では、エンティティ、アトリビュート、リレーション、カーディナリティという4つの要素でテーブル間の関係性を定義する

➡ P134

□ **3. あるデータベースに、商品テーブルと仕入先テーブルを作成した。2つのテーブルの関係をER図にすると、下図のようになる。下図におけるリレーションが示す多重度として、最も適切なものを選べ。ただし、モデルの記法にはIE記法を用いている。**

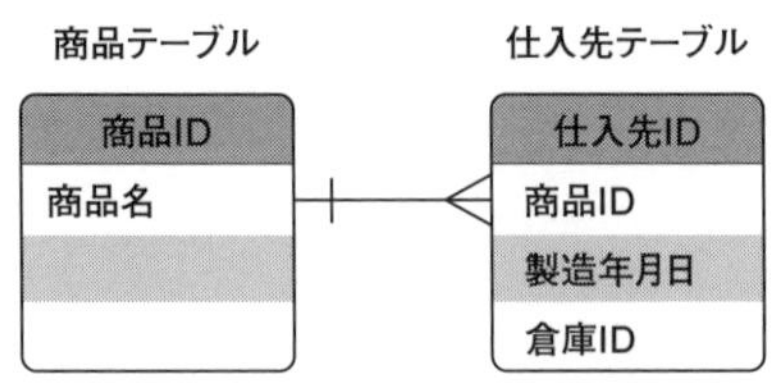

A.　1対1の関係
B.　1対多の関係
C.　多対多の関係
D.　1対0の関係

➡ P135

☐ **4.** RDBに関する次の記述を読み、空欄ア、イに当てはまる語句の組み合わせとして、最も適切なものを選べ。

以下の操作が行われたデータは、RDBの設計において（　ア　）と呼ばれる。

・同じデータをもつ列を削除し、データの重複がないようにした
・1つのセルの中に複数の値が入っている場合、それを分割するなどして行列を揃えた
・データの一部に結合セルが存在する場合、セルの結合を解除し適切な形に直した

上記に加え、さらに以下の操作が行われたデータは（　イ　）と呼ばれる。

・主キーを構成する一部のカラムによって決まるもの（部分関数従属）を別テーブルに分けた
・主キー以外の項目について項目同士で依存関係をもっているもの（推移的関数従属）を別のテーブルに分けた

A.　（ア）非正規形　（イ）第一正規形
B.　（ア）第一正規形　（イ）第三正規形
C.　（ア）第二正規形　（イ）第三正規形
D.　（ア）第三正規形　（イ）第二正規形

➡ P137

□ **5.** データ転送に関する次の記述を読み、空欄アに当てはまる語句として、最も適切なものを選べ。

以下の特徴をもつ通信プロトコルを（　ア　）と呼ぶ。

・Webサーバとクライアント間で通信するためのプロトコル
・HTMLで記載されたテキストや画像の転送に用いる
・通信が暗号化されない欠点がある

A.　FTP
B.　HTTP
C.　HTTPS
D.　SCP

➡ P140

□ **6.** WebブラウザエでPythonを記述したり実行したりできる代表的な開発環境として、最も適切なものを選べ。

A.　Jupyter Notebook
B.　Rstudio
C.　Tableau
D.　DBeaver

➡ P142

□ **7**. Hadoopに関する次の記述を読み、空欄ア、イに当てはまる語句の組み合わせとして、最も適切なものを選べ。

データを複数台のコンピュータ上に分散保存し、ネットワークを経由して管理するシステムを（　ア　）という。
また、Apache Hadoopと呼ばれる分散処理技術があり、これは主にHDFSと呼ばれる分散ファイルシステムとHadoop MapReduceと呼ばれるデータ処理フレームワークにより成り立っている。Hadoop MapReduceはディスク読み書きを大量に行うため、同じデータに対して異なる処理を加える操作には不向きである。そのため、（　イ　）と呼ばれるインメモリ型の分散処理技術が利用される。

A.　（ア）拡散ファイルシステム　（イ）Spark
B.　（ア）拡散ファイルシステム　（イ）Flickr
C.　（ア）分散ファイルシステム　（イ）Spark
D.　（ア）分散ファイルシステム　（イ）Flickr

➡ P143

□ **8**. セキュリティの3要素として、最も適切なものを選べ。

A.　機密性・秘匿性・重要性
B.　秘密性・完全性・可用性
C.　機密性・完全性・可用性
D.　秘密性・秘匿性・重要性

➡ P144

□ **9**. アクセス制御を実現するための3要素として、最も適切なものを選べ。

A.　認証・認可・監査
B.　承認・認可・監査
C.　機密・完全・可用
D.　秘密・完全・可用

➡ P145

□ **10**. **共通鍵暗号方式に関する記述として、最も適切なものを選べ。**

A. 共通鍵をもたない第三者でも、元のデータの内容を知ることができる
B. 共通鍵暗号方式を用いる場合は、共通鍵を相手に渡す必要はない
C. 共通鍵を盗んだ第三者は、暗号文を復号できる
D. 復号する際には、秘密鍵を用いる

➡ P146

□ **11**. **公開鍵暗号方式に関する記述として、最も適切なものを選べ。**

A. データの送信者は秘密鍵を使用して暗号化を行う
B. 暗号化と復号は、公開鍵のみあれば行うことができる
C. 公開鍵を用いて暗号化されたデータは、秘密鍵をもつ者のみが復号できる
D. 第三者に内容を傍受されることは決してない

➡ P146

□ **12**. **電子署名に関する記述として、最も適切なものを選べ。**

A. 個人の筆跡をスキャナで読み取り電子化したものを電子署名という
B. 公開鍵を用いて平文を暗号化することによって得られるものである
C. 電子署名には送信者の情報が含まれるため、受信者に送信しないほうがよい
D. ハッシュ値の一致性を根拠にした改ざん検知を行っている

➡ P147

13. 以下の記述を読み、空欄アに入る語句として、最も適切なものを選べ。

（　ア　）はコンテナと呼ばれる仮想環境上でアプリケーションを開発、移動、実行するためのプラットフォームである。（　ア　）を用いると、1台のコンピュータ上に、隔離された複数の環境を構築できる。

A. Docker
B. Finder
C. Linux
D. Ubuntu

➡ P148

14. 以下の記述を読み、空欄アに入る語句として、最も適切なものを選べ。

（　ア　）は、機械学習システムの開発および運用において、機械学習エンジニアとシステム運用者を効率的につなぐための考え方である。

A. コーポレートガバナンス
B. MLOps
C. クラウドソーシング
D. XAI

➡ P149

15. 以下のフローチャートにおいて、下の条件で実行される処理として、最も適切なものを選べ。

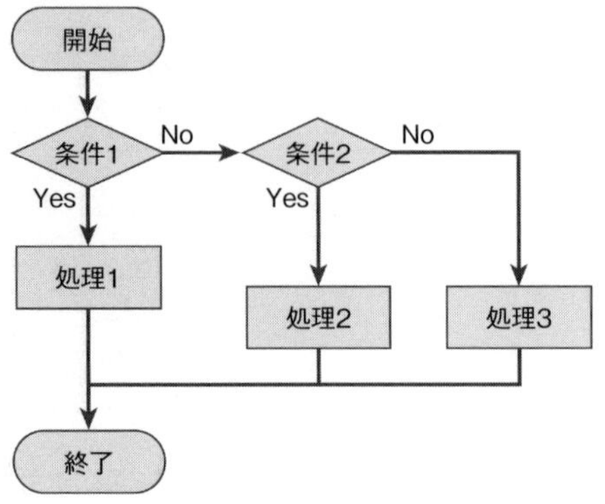

・**条件1で処理される条件式の真理値は「False」であった**
・**条件2で処理される条件式の真理値は「True」であった**

A. 処理1
B. 処理2
C. 処理3
D. 処理は行われない

➡ P150

第3章　データエンジニアリング力—知識—
解　答

1.　A

➡ P126

プログラムやツールを用いて、Webサイトからデータを取得することを**Webスクレイピング**といいます（B）。Webスクレイピングという用語は、scraping（削ること）という英単語に由来しています。
Webブラウザから情報を取り出す際は、通常は人が見て必要なものを手作業でコピーアンドペーストします。この作業をプログラムやツールを用いて自動化することがWebスクレイピングです。これまではPythonやHTMLなどのコーディングに関する知識がないと、プログラミングによってWebスクレイピングを実行することができませんでしたが、昨今ではコーディングをしなくても、**スクレイピングツール**を用いれば初心者でも簡単にスクレイピングを実行できます（D）。
スクレイピングツールの代表的なものに、octoparseとimport.ioがあります。octoparseは、視覚的にデータを抽出できるWebスクレイピングツールです。import.ioは、URLを入力するだけで、Webサイトのデータを抽出することができる無料のスクレイピングツールです。

Webスクレイピングに関連する用語として、**Webクローリング**があります。これは、プログラムがインターネット上のリンクを辿ってWebサイトを巡回し、Webページ上の情報を収集する技術のことです。Webクローリングを行うプログラムは、Webクローラと呼ばれます。

Webスクレイピングを実施する際は、Webスクレイピングの対象となる各Webサイトの利用規約に注意しましょう。利用規約に「Webスクレイピング禁止」と記載があるにもかかわらずWebスクレイピングを行った場合は利用規約違反とみなされます。場合によっては、損害賠償が請求されることもあり得ます（**A**）。

API（Application Programming Interface）は、プログラム同士で通信を行うための仕組みです（C）。HTTPを用いて通信されるAPIのことを特にWebAPIといいます。GoogleやTwitterのような最近よく利用されるWebサービスでは、そのWebサービスに関する情報を取得できるWebAPIが公開されている場合があります。

Webクローラやスクレイピングツールを使用すれば、分析用データとして、Webサイト上に公開されている情報を収集することができるということを把握しておきましょう。

APIの設計思想の1つに**REST API**という考え方があります。**REST**とは、REpresentational State Transferの略で、「統一されたインターフェース」「アドレスの可読性」「接続性」「ステートレス性」に着目した設計思想であり、シンプルなWebシステムを設計する際に基盤となる考え方です。
REST APIは、APIを提供する1つの方法で、現在主流となっており、技術者にとって使いやすいAPIといえるでしょう。「REST」の概念はSOAPと比較されることがあります。**SOAP**とは、SimpleObject Access Protocolの略で、XMLフォーマットで通信を行うプロトコルを定義したものです。
また、APIを応用し、SNSやWebサービス間で「アクセス権限の認可」を行うためのプロトコルである**OAuth認証**が実現されていることも覚えておきましょう。

2. A

➜ P126

代表的なデータベースの仕組みとして、RDBとNoSQLがあります。
RDB(Relational DataBase)は、日本語で関係データベースと訳されます。RDBでは、データは**テーブル**という単位で管理され、関係(リレーション)という概念でモデル化されます。テーブルは、列(カラム)と行(レコード)によって構成されています(B)。
また、データベースで管理されているデータを操作する際には、SQLという言語を利用することができます(C)。
RDBを管理するためのソフトウェアをRDBMS(Relational DataBase Management System)といいます。RDBMSとしては、MySQL、PostgreSQL、Oracle Rdbなどが有名です。

RDBでは、通常、データベースのテーブル間の関係性が非常に複雑になります。テーブル間の複雑な関係性をわかりやすく可視化するのが**ER図**です(D)。ER図を作成すると、データベースの構造を俯瞰できるようになります。これにより、データベースを管理しやすいものにすることができます(解答4参照)。

NoSQLは、データベース管理方式を指す言葉であり、RDBを管理するためのシステムではありません(**A**)。また、SQLを用いずにデータベースにアクセスできる仕組みを、NoSQLデータストアと呼ぶことがあります。

データを単に保存しておく場合には、データベース管理システムではなくストレージを利用します。Amazon S3、Google Cloud Storageなどに代表されるクラウド上のストレージサービスを利用することで、オンプレミスにストレージ用のサーバを置くよりも少ない運用工数でストレージを利用できることも把握しておきましょう。

3. B

➡ P126

ER(Entity Relationship)**図**は、日本語で「実体関連図」と呼ばれているように、実体の関連を表現するための表現形式です。ER図は、データベースの構造を可視化するのに適しているため、データベースの設計や管理でよく用いられます。

データベースの構造をER図で表現する際は、記号や接続線を用いて、エンティティと呼ばれる要素同士の関連性を表現します。

エンティティとは、データのまとまりのことです。例えば、ECサイトのデータを管理する場合は、店舗に関する情報(店舗所在地・敷地面積など)、商品に関する情報(陳列商品の種類・商品価格など)、顧客に関する情報(年齢・性別など)のようなデータを扱います。これら1つ1つのまとまりのことをエンティティと呼びます。以下の図では「category」がエンティティです。

【ER図におけるエンティティの例】

category
*category_id name last_update

アトリビュートとは、エンティティ内の各要素のことです。上の図では、「category_id」「name」「last_update」がアトリビュートです。

リレーションとは、エンティティ間の関係性を示す線のことです。後述するカーディナリティと組み合わせて使用することで、各エンティティ間の関係性を詳細に示すことができます。

以下の表は、IE記法(後述)におけるカーディナリティの記号一覧です。

【IE記法におけるカーディナリティの記号】

記号	意味
○	0
|	1
─<	2以上

カーディナリティ(**多重度**)とは、リレーションの始点と終点を一定の記号で表現することです。カーディナリティを用いると、各エンティティ間の関係性を詳細に表現できます。
下図では、左端の縦棒は「1」を意味し、右端の鳥の足のような記号は「多」を表現しています。よって、以下のカーディナリティを用いて、各アトリビュート間に「1対多」という関係性があることを示すことができます。

【IE記法におけるカーディナリティの例】

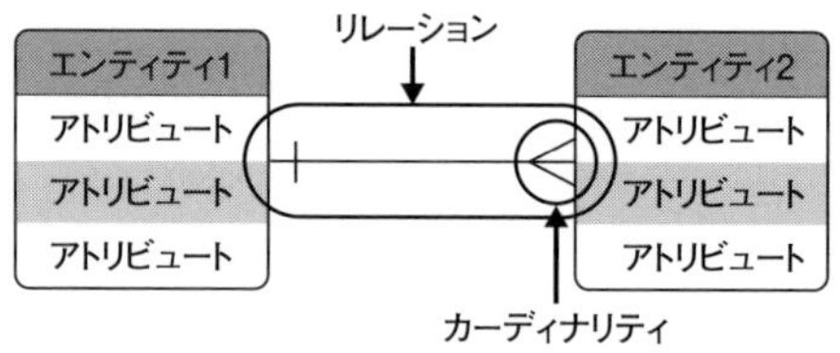

データベースに特化したER図の記法としては、IDEF1X記法とIE記法が代表的です。どちらも、エンティティ、アトリビュート、リレーション、カーディナリティという4つの要素でデータベースの構造が表現されます。

IDEF1X(Integration DEFinition for information modeling)**記法**は、米国標準技術研究所(NIST)によって規格化された記法です。IDEF1X記法では、各エンティティ間のリレーションを黒丸(●)で表現します。IDEF1X記法の特徴は、IE記法よりも用いる記号の種類が多く、より詳細に表現できる点です。

【IDEF1X記法の例】

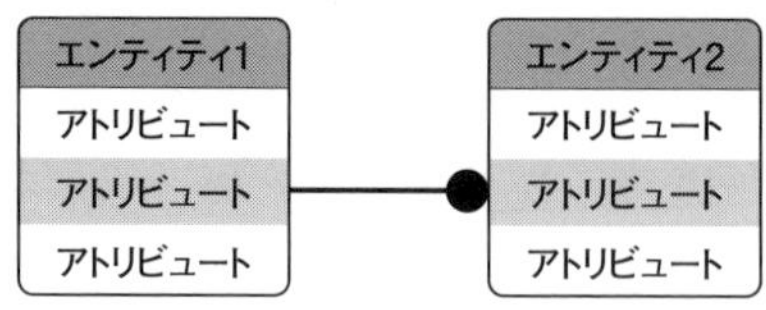

IE(Information Engineering)**記法**は、英国のエンジニア・情報技術コンサルタントであるJames Martin氏によって提唱された記法です。鳥の足のような記号を使うため、「Crow's Foot記法」(Crow's Foot=カラスの足)と呼ばれることもあります。
IE記法では、各エンティティ間のリレーションを鳥の足のような3本線、縦棒(|)、白丸(○)の組み合わせで表現します。

【IE記法の例】

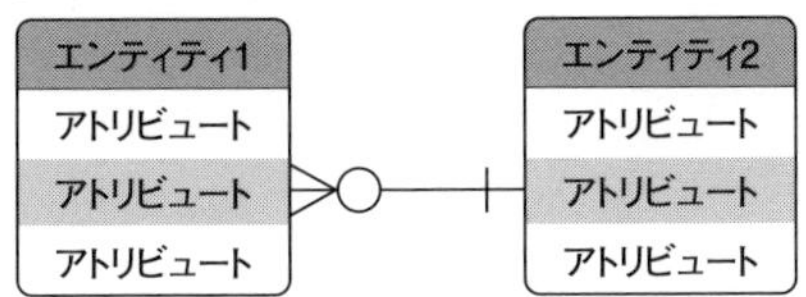

以上より選択肢**B**が正解です。

データベース設計だけではなく、設計書をもとに、サーバ1～10台規模のシステムの構築や運用を行う方法についても学習しておくことで、得点アップが狙えます。

4. B

➡ P127

主キーは、行(レコード)を一意に特定するためのカラム(列)を指す用語です。「ID」「出席番号」「通し番号」など、独立した値をもつカラムが該当します。
主キー以外のカラムは、非キーと呼ばれます。

主キーと非キーの概念を下図に示します。**非キー**である「住所」や「点数」は重複する可能性があるため、主キーとして設定するのは適切ではありません。対して、主キーである「個人ID」はそれぞれが独立するように付与されたものであるので、重複することはありません。このように、独立性が担保されたカラムを主キーとして設定する必要があります。以降では、下線は主キーを示すものとします。

【主キーと非キー】

主キー　　非キー

個人ID	住所	講座名	点数
111	XXX	AA01	65

非正規形とは、次図のように、データに同じ属性の繰り返しがある場合など、データの冗長性や不整合がある状態を指す用語です。
上段では、「個人ID」という同じ情報をもつカラムが同時に存在しており、データが冗長です。また下段では、1行の中に繰り返し行が含まれており、データが不整合な状態となります。

【非正規形の例】

例1：同じ情報をもつカラムが重複

個人ID	…	講座名	個人ID	点数
111	…	AA01	111	65

例2：1行の中に繰り返しを含む

伝票番号	商品コード	担当ID	倉庫番号
111	AA AA	AA01	65

それに対し、1つのセル内に複数の値が存在しない状態など、上記の非正規形のようなデータの冗長性や不整合が解消された状態のことを**第一正規形**と呼びます（空欄ア）。以下の図では、個人IDの冗長性や不整合が解消されています。

【第一正規形の例】

例1：重複を解消

個人ID	…	講座名	点数
111	…	AA01	65

例2：繰り返しを整合

伝票番号	商品コード	担当ID	倉庫番号
111	AA	AA01	65

次に、以下の図を見てみます。この図ではデータに冗長性や不整合が見られないため、第一正規形であるといえます。
この図における主キーは、「講座コード」と「社員ID」の2つです。つまり、「講座コード」と「社員ID」が定まることで、非キーが一意に定まる状態です。
一方、「講座名」は「講座コード」だけで一意に決定してしまうため、「非キーが主キーの一部のみに対して従属している」ことになります。このようなデータの状態を**部分関数従属**といいます。

【第一正規形だが第二正規形でない例】

講座コード	講座名	社員ID	社員名	部署コード	部署
C01	DL講座	000A	田中	D01	営業部
C02	ML講座	090B	佐藤	D02	総務部

部分関数従属を解消するために、テーブルを分割することを考えます。
次の図のように、第一正規形を満たし、かつ部分関数従属が解消されたテーブルを**第二正規形**と呼びます。

【第二正規形の例】

講座コード	社員ID	社員名	部署コード	部署
C01	000A	田中	D01	営業部
C02	090B	佐藤	D02	総務部

講座コード	講座名
C01	DL講座
C02	ML講座

このようにテーブルを分割しておけば、非キーである「講座名」が後から変更になったとしても、それに対応するテーブルを1行変更するだけでデータを改変することができます。これに対し、第一正規形のテーブルの場合だと、対象となるすべての講座名を変更する必要が生じます。

次に、下図の中の「部署コード」（非キー）と「部署」（非キー）について考えてみます。

【第二正規形だが第三正規形でない例】

講座コード	社員ID	社員名	部署コード	部署
C01	000A	田中	D01	営業部
C02	090B	佐藤	D02	総務部

講座コード	講座名
C01	DL講座
C02	ML講座

主キーである「講座コード」と「社員ID」により、「部署コード」は一意に定められます。しかし、非キーである「部署コード」が定められると、同じく非キーである「部署」も一意に定められます。このような状態を**推移的関数従属**といいます。

この状態を解消するために、さらにテーブルを次のように切り分けます。

【第三正規形の例】

講座コード	社員ID	社員名	部署コード
C01	000A	田中	D01
C02	090B	佐藤	D02

講座コード	講座名
C01	DL講座
C02	ML講座

部署コード	部署
D01	営業部
D02	総務部

これにより、非キー列は主キー列に対してのみ従属するようになり、推移的関数従属も排除されました。このようなテーブルの状態を**第三正規形**と呼びます(空欄イ)。

以上より、組み合わせが適切な選択肢**B**が正解です。

非正規形、第一正規形、第二正規形、第三正規形の違いを把握しておきましょう。

5. B ➡ P128

FTP(File Transfer Protocol)は、ネットワークを介してデータをやり取りするための手順です。FTPでは、データのやり取りは、**FTPサーバ**と**FTPクライアント**の間で行われます(A)。
FTPクライアントソフトの代表的なものとしては、FFFTPやWinSCP(Windows用)、CyberduckやFileZilla(クロスプラットフォーム対応)が挙げられます。FTPはシンプルで使い勝手がよい一方で、データの暗号化が行われないため、セキュリティ面で大きな問題をはらんでいるといえます。

SCP(Secure Copy Protocol)は、転送するファイルをSSH(Secure Shell)で暗号化する方式を採用しており、セキュリティ面でFTPよりも優れています(D)。通信の内容を暗号化するプロトコルとしては他にSFTP(SSH File Transfer Protocol)もありますが、通信速度の観点からはSCPのほうが速く、優れています。

HTTP(Hyper Text Transfer Protocol)は、HTMLなどの情報をやり取りする際に使われる通信プロトコルです。インターネットに接続するいかなる環境においても、HTTPを使うことで、Webサイトのデータをやり取りすることができます。
しかし、HTTPでは、通信の内容が平文、つまり暗号化されていない状態でやり取りされます。そのため、中間者攻撃※などによる情報の漏洩や改ざんといったセキュリティ上の問題が発生するおそれがあります(**B**)。

※ 中間者攻撃:通信を行う二者間に第三者が割り込み、通信を盗聴したり、通信に介入したりする攻撃手法のこと

HTTPS(Hypertext Transfer Protocol Secure)は、HTTPと同じ機能をもつ通信プロトコルです。基本的な通信方式はHTTPと同じですが、TLS(Transport Layer Security)を利用してデータを暗号化することで、HTTPによる通信を安全に行えるようにしています(C)。TLSは、以前はSSL(Secure Sockets Layer)と呼ばれていました。このため、SSL/TLSのように並べて表記される場合もあります。
HTTPSプロトコルを使っていないWebサイトや、SSL/TLSサーバ証明書が発行されていないWebサイトでオンラインショッピングをする場合は、通信の内容が不正に取得・改ざんされるおそれがあります。オンラインショッピングでは名前や住所、クレジットカード番号などの個人情報を入力する必要がありますが、SSL/TLSが使用されていないWebサイトでは、悪意ある第三者に情報が漏れてしまう危険性が高まります。

FTPサーバ、ファイル共有サーバなどから必要なデータファイルをダウンロードして、Excelなどの表計算ソフトに取り込み、活用できるようにしておきましょう。

6. A

➡ P128

Jupyter Notebookは、主にPythonを実行するためのWebアプリケーションです。Jupyter Notebookを利用すれば、コードと合わせてテキストや図、数式を1つのドキュメントとしてまとめることができます。Python以外にも、RやJuliaなどの言語にも対応しています。統計解析や、ディープラーニングの開発で多く用いられるWebアプリケーションです(**A**)。

Rは、主に統計解析を目的として利用するプログラミング言語です。Rstudioは、このRを用いた分析を容易にするためのIDE(統合開発環境)です。Rにまつわるファイル、関数、変数、パッケージ、図などを管理することができるため、Rを用いたデータ分析を行う際には必須のツールといえます(B)。

Tableauは、プログラミング言語ではなく、データ分析を容易にするBI(Business Intelligence)ツールの一種です。GUI(Graphical User Interface)上、つまり画面上で感覚的に操作することができるデータ分析ソフトウェアです(C)。

DBeaverは、さまざまな種類のデータベースに接続してGUIを介したデータ操作を可能とするツールです。各種データベースに接続し、SQLを用いたデータの加工と取り出しを行うことが可能です(D)。

Pythonのような言語を用いてプログラミングを行う際、バージョン管理ソフトウェアを利用すると開発を円滑に進めることができます。バージョン管理ソフトウェアとは、ソースコードに対して「いつ誰がどのような変更を行ったか」を厳密に記録・管理するための仕組みを提供するものです。バージョン管理ソフトウェアを用いると、以下のようなことを簡単に行うことができます。

・チームメンバーとソースコードを共有すること
・ソースコードのバージョンを過去の時点に戻すこと
・ソースコードの変更点だけを表示させること

代表的なバージョン管理ソフトウェアとして、GitとSubversionがあります。

プログラム言語や環境によって、変数のデータ型ごとに確保するメモリサイズや自動型変換の仕様が異なります。このことを意識しながらプログラムの設計や実装を行う必要があるということを認識しておきましょう。

7. C ➜P129

データを複数台のコンピュータ上に分散保存し、ネットワークを経由して管理するシステムを**分散ファイルシステム**と呼びます（空欄ア）。
ネットワーク上にファイル格納領域を提供し、ローカルディスクにデータが存在している場合と同じようにクライアント側で利用できる仕組みの総称です。
この用語は広義に解釈され、古くからLAN内で使用されてきた共有ファイルシステムのNFS（Network File System）、Webサーバの拡張により実装されるWebDAV、Perlで記述され通信にHTTPを利用したMogileFSなども分散ファイルシステムに当たります。

【分散ファイルシステムのイメージ】

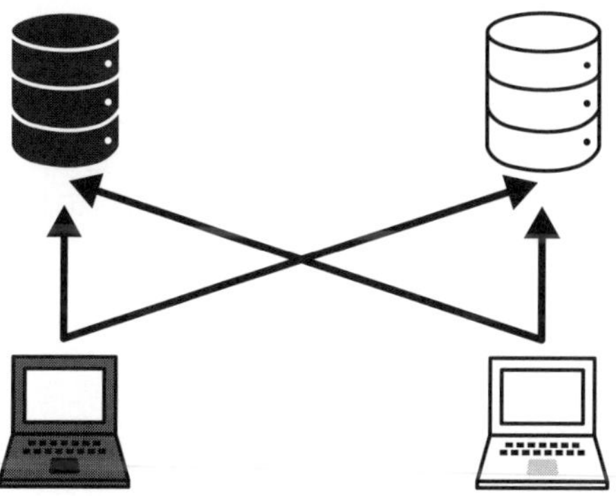

Apache Hadoop（Hadoop）とは、大規模データを効率的に分散処理・管理するためのソフトウェア基盤（ミドルウェア）の1つです。Java言語で開発されており、開発元のASF（Apache Software Foundation）によってオープンソースソフトウェアとして公開されています。
Hadoopは、分散ファイルシステムであるHDFS（Hadoop分散ファイルシステム）と、分散処理フレームワークであるHadoop MapReduceの2つから構成されます。

MapReduceは、分散保存されたデータを収集し、計算などの処理を施すためのフレームワークで、Google社によって提案されました。データの抽出と分解を行うMap処理、集約と計算を行うReduce処理の組み合わせでデータを処理します。

Sparkは、ビッグデータや機械学習など、大規模なデータを扱うクラスターコンピューティング向け分散処理フレームワークです。従来のMapReduceの処理速度を向上させるため、データの格納場所をHDDやSSDではなくメモリにすることで、Hadoopよりも高速な処理を実現しています(空欄イ)。

なお、Flickrは写真共有サービスの名称であり、本問には適しません。

以上より、組み合わせが適切な選択肢**C**が正解です。

8. C

➡ P129

機密性(**Confidentiality**)とは、情報に正当な権限をもつ者だけがアクセスできる状態を表します。決められた人だけがデータにアクセスできるようにすることで、情報漏洩やデータ改ざんなどのリスクが低減されます。例えば、「誰でもアクセスできる共用PCにデータを置くこと」は機密性が低い状態といえます。

完全性(**Integrity**)とは、情報に欠損・不備・誤りがない状態を表します。また、情報が最新かつ正しい状態であるという意味でもあります。アクセス履歴と改変履歴が残らないような情報管理は完全性が低いといえます。完全性を確保できないと、「オンラインマップのデータが数年前のものであるため、間違った道案内をしてしまう」などのアクシデントが起こる可能性があります。

可用性(**Availability**)は、システムが障害(機器やパーツの故障・災害・アクシデントなど)で停止することなく稼働し続ける状態をいいます。一般的に、可用性は「一定時間のうち、システムを稼働可能な時間の割合」を意味する稼働率で定量化することができます。
特に、クラウドサービスやレンタルサーバなどでは、この稼働率がサービスの品質を判断するSLAの基準値とされている場合もあります。
SLA(Service Level Agreement)とは、ITサービスの分野で使われる用語です。通信サービスやクラウドサービス、レンタルサーバなどの提供を受ける際、保証するサービス内容や責任範囲を詳細に規定しておき、それを達成できなかった場合の対処法などを定めたものを指します。

以上より、選択肢**C**が正解です。

セキュリティの3要素「機密性・完全性・可用性」を覚えておきましょう。

9. A

➡ P129

認証とは、ユーザーが当の本人であるか確認することです。認証方法としては、「ID・パスワード認証」のほか、「クライアント証明書」、「指紋や網膜を使った生体認証」などが一般的です。

認可とは、認証済みのユーザーがリソースにアクセスできるかどうかを確認することです。アクセス制御リストの条件を参照し、ユーザーがアクセスできる範囲を制限する機能です。
アクセス制御リスト(Access Control List:**ACL**)は、ファイルやフォルダなどへのアクセス権に関するユーザー情報を記したものです。ユーザーはリスト内の条件を満たせば、ネットワークにアクセスすることができます。ACLには複数の条件を設定することができます。

監査は、ユーザーのアクセス履歴を監視することです。主に、アクセス制限の検証・改善を行います。アクセス履歴を分析することで、認証・認可で設定したアクセス制御が適切かどうかを確認することができます。過去のアクセスログを調査することで、不正ログインの痕跡を追跡したり、サイバー攻撃者を特定することも可能です。

以上より、選択肢**A**が正解です。

アクセス制御に関わる3要素「認証・認可・監査」を覚えておきましょう。

10.　C

➡ P130

共通鍵暗号方式は、データの送信者と受信者が共通の鍵(共通鍵)のみを用いて暗号化や復号を行う暗号方式です。以下のような特徴があります。

・この鍵をもたない第三者は、元データの内容を知ることができない（A）
・送信者と受信者は、同じ鍵を用いて暗号化および復号を行う（D）

【共通鍵暗号方式】

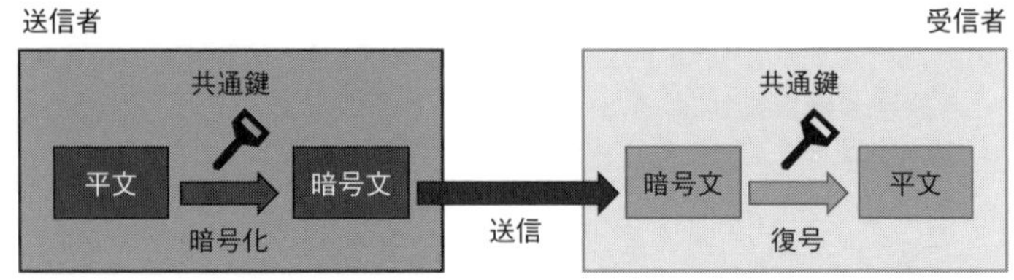

共通鍵暗号方式は、鍵を相手に送信する必要があるため(B)、第三者に鍵を盗まれるリスクがあります。鍵が盗まれると、暗号文を復号されてしまいます(**C**)。一方で、ファイルやデータの暗号化にかかる処理速度が速いというメリットもあります。

暗号化されていないデータは、不正に取得されると容易に中身を知られてしまうため、データの機密度に応じた暗号化を行う必要があるということを覚えておきましょう。

データの暗号化は、ソフトウェアを利用すると簡単に行うことができます。データの暗号化ソフトには、日立ソリューションズ社が提供している「秘文」などがあります。

11.　C

➡ P130

公開鍵暗号方式とは、受信者が2つの鍵(秘密鍵と公開鍵)を作り、公開鍵を任意の送信者に公開する暗号方式です(A)。
公開鍵暗号方式のポイントは、鍵が「2つ」あることです。これら2つの鍵には関連があり、一方の鍵で暗号化したメッセージは、対となる他方の鍵でしか復号できないという性質をもちます(B)。
送信者は、受信者から送られてきた公開鍵を使って暗号化したデータを送ります。受信者は、その暗号化されたデータを自分がもっている秘密鍵で復号します(**C**)。
このように公開鍵暗号方式は、共通鍵暗号方式より安全性の高い暗号方式といえます。

公開鍵暗号方式の特徴をまとめると、以下のとおりです。

・データの送信者は受信者公開鍵を使って暗号化をする
・暗号化されたデータは、秘密鍵をもつ者のみが復号できる

【公開鍵暗号方式】

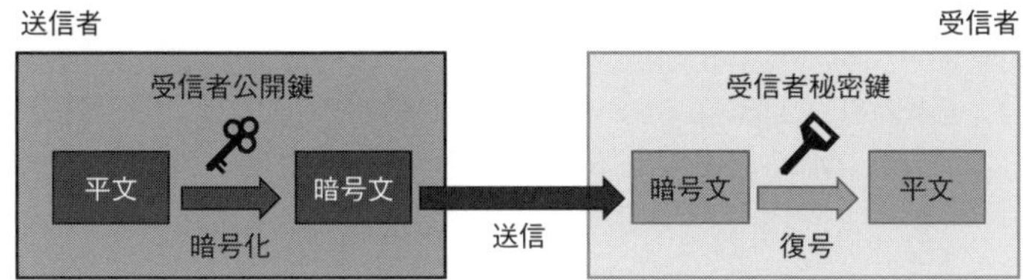

しかし、公開鍵暗号方式にも課題がいくつか残されています。例えば、ハッカーが送信内容を傍受して、改ざんした内容を受信側に送付する可能性があるということや、公開鍵を偽造すれば通信内容を復号できることなどが挙げられます(D)。

12. D

➡ P130

公開鍵暗号方式には、情報が改ざんされるリスクがあります(解答11参照)。
これを解消するために考案されたのが、**電子署名**という考え方です。
電子署名を用いたデータ改ざん検知の流れを以下に示します。

【電子署名による改ざん検知】

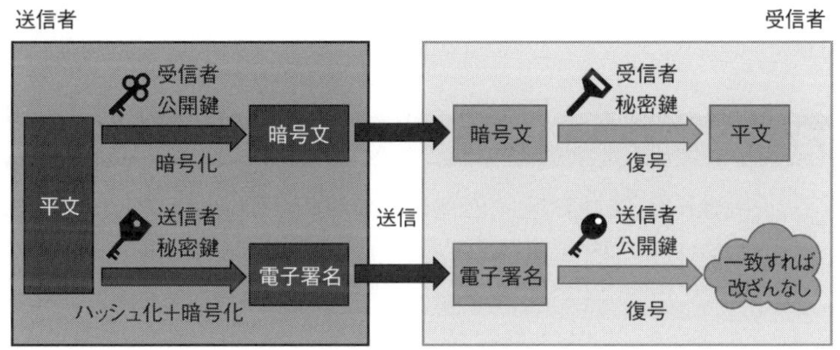

1. データの送信者と受信者はそれぞれ秘密鍵と公開鍵を作り、公開鍵を相手に渡す
2. 送信者は、受信者公開鍵を用いて平文のハッシュ値（後述）を暗号化したデータを、受信者に送信する
3. 受信者は、暗号文を受信者秘密鍵で復号し、電子署名を送信者公開鍵で復号する
4. それらが一致すれば、改ざんなしと判断する

手順の2で平文のハッシュ値を得るために用いられるのが、ハッシュ関数です。
ハッシュ関数とは、入力されたデータの長さにかかわらず、必ず固定長のデータを出力する関数のことです。ハッシュ関数から得られるデータのことを**ハッシュ値**といいます。ハッシュ関数のアルゴリズムにはいくつか種類があり、**MD5**、**SHA-1**、**SHA-2**、**SHA-3**などが存在します。さらに、SHA-2やSHA-3の中にも種類があり、ハッシュ値のビット数に応じて名称が変わります。

ハッシュ関数の主な特徴としては、「同じデータからは必ず同じハッシュ値が出力される」ことが挙げられます。データの改ざん検知は、この性質を利用して行われます。
以上より、選択肢**D**が正解です。

スキャナで読み取った筆跡は画像データであり、電子署名ではありません(A)。
公開鍵を用いて平文を暗号化したものは暗号文です(B)。
電子署名を受信者(相手方)に送ることで、データが改ざんされていないことを証明します(C)。

ハッシュ関数は主に、データの比較処理の高速化、改ざんの検出、パスワードの管理などで使用されています。

13. A

➡ P131

Dockerは、コンテナ型の仮想化を実装するソフトウェアです(**A**)。Docker社が開発し、2013年にオープンソースとして公開されました。
Dockerには、以下の特長があります。

- 動作が軽い
- 可搬性が高い
- 疎結合（機能の変更などが、他のサービスに影響しない状態）である

Dockerのリポジトリは、インターネット上で公開されています。リポジトリとは、Dockerのイメージが保管されている場所を指します。最も一般的なDocker Hubというリポジトリからは、さまざまな定義済みイメージを入手することが可能です。通常、ソフトウェアを利用する際には、インストールを行い、初期設定を完了させ、その後、細かな設定などをカスタマイズする必要があります。しかし、Docker Hubで公開されているようなイメージではあらかじめ設定が済んでいるため、すぐにソフトウェアを実行させることができます。

Finderは、macOSで使用するファイルマネージャの名称です(B)。
Linux、Ubuntuは、オペレーティングシステムの名称です(C、D)。

14. B ➡ P131

MLOpsは、スキルセットの異なる機械学習エンジニアと実運用者を効率的につなぐための考え方です(**B**)。Machine Learning(機械学習)と学習(Operations)を合わせた造語であり、MLOpsの考え方は、DevOps(Development & Operation)という概念が基になっています。AIシステムの運用改善や改修は、このMLOpsのワークフローに従って実施することが望ましいとされています。

コーポレートガバナンスは、企業経営を管理監督する仕組みのことです(A)。
クラウドソーシングは、不特定多数の人から寄与を募り、必要とするサービス、アイデア、またはコンテンツを取得するプロセスのことです(C)。
XAIとは「説明可能なAI」のことで、機械学習モデルが出力する結果およびその根拠を人間が理解できる人工知能を指します(D)。

Google社はMLOpsについて、「MLOpsとは、MLシステム開発(Dev)とMLシステムオペレーション(Ops)の統合を目的とするMLエンジニアリングの文化と手法」と定義しています。
【出典】
https://cloud.google.com/blog/ja/products/ai-machine-learning/key-requirements-for-an-mlops-foundation

15. B

➡ P132

プログラムを実装する際には、アルゴリズムを可視化するために、フローチャートと呼ばれる設計図を作成します。
フローチャートの基本的なルールは以下のとおりです。

・処理の流れは原則として上から下へ、左から右へ、それに逆行する場合は矢印をつける
・線が交差しないようにする
・2つ以上の線を集めて1つの線にしてよい

また、フローチャート内で用いる記号はJIS規格によって定められています。それらのうち、ここでは設問で用いられた記号について解説します。

記号	説明
(角丸の長方形)	**端子**。処理の開始と終了を表す
(長方形)	**処理**。計算・代入などの処理を表す
(ひし形)	**判断**。条件によって分岐する

判断のフローで条件分岐を行う際は、その真理値がTrueの場合にはYesに、Falseの場合にはNoに進みます。
設問の条件で分岐を行った結果、処理2が実行されます（**B**）。

プログラムが意図どおりに動くかどうかをテストする方法に、ホワイトボックステストとブラックボックステストがあります。
ホワイトボックステストは、仕様書どおりにプログラムが組まれているかどうかまでをチェックするテストであるため、基本的に開発者によって行われます。それに対してブラックボックステストは、プログラム内部の構造を考慮せず、ソフトウェアがユーザーの要望どおりに動作するかどうかをテストするため、開発者以外でもテストすることが可能です。

近年では、自分でプログラムを組まなくても、画面を操作して機械学習モデルを構築することができるサービスが多くリリースされています。このようなツールは、一般的にAutoMLと呼ばれ、さまざまなビジネスシーンで活用されています。主なAutoMLサービスとして、Prediction OneやDataRobotがあります。これらの名称は試験にも登場する可能性があるので、主な機能を把握しておくとよいでしょう。

第4章

データエンジニアリング力
—SQL—

■ SQL

■ RDBMS

■ MySQL

■ PostgreSQL

本章のSQL文はすべてSQL:2016標準規格に準ずるものとする。

☐ **1**. 次の中から、RDBMS（リレーショナルデータベース管理システム）でないものとして、最も適切なものを選べ。

A. MySQL
B. PostgreSQL
C. SQLite
D. HeidiSQL

➡ P161

☐ **2**. 次のSQLは、「customer」というテーブルから「name」カラムを呼び出すためのものである。

```
SELECT name ( ア ) customer ;
```

空欄アに当てはまる句として、最も適切なものを選べ。

A. FROM
B. JOIN
C. ORDER BY
D. GROUP BY

➡ P162

☐ **3**. 次のSQLは、「customer」というテーブルからすべてのカラムを呼び出すためのものである。

```
SELECT ( ア ) FROM customer ;
```

空欄アに当てはまる記号として、最も適切なものを選べ。

A. $（ドルマーク）
B. *（アスタリスク）
C. !（エクスクラメーションマーク）
D. #（シャープ）

➡ P163

☐ **4.** 「price」というカラムを基準に昇順に並べ替えを行いたい。

```
SELECT *
FROM purchases
( ア ) BY price ( イ );
```

空欄ア、イに当てはまる句の組み合わせとして、最も適切なものを選べ。

A. （ア）GROUP （イ）DESC
B. （ア）GROUP （イ）ASC
C. （ア）ORDER （イ）DESC
D. （ア）ORDER （イ）ASC

➡ P163

☐ **5.** amountの総和が10以上のstuff_idのみを問合せの対象にし、かつcustomer_id列を昇順に並び替えたい。

```
SELECT *
FROM purchases
WHERE
    stuff_id = 1
( ア )
    stuff_id
( イ ) SUM (amount)>= 10
( ウ )
    customer_id
LIMIT 10
;
```

空欄ア～ウに当てはまる句の組み合わせとして、最も適切なものを選べ。

A. （ア）GROUP BY （イ）HAVING （ウ）ORDER BY
B. （ア）GROUP BY （イ）ORDER BY （ウ）HAVING
C. （ア）ORDER BY （イ）HAVING （ウ）GROUP BY
D. （ア）ORDER BY （イ）GROUP BY （ウ）HAVING

➡ P165

☐ **6**. 次のSQLを用いて複数のテーブルを結合することを考える。

```
SELECT
    table1.id,
    table2.price
FROM
    table1
( ア )JOIN
    table2
ON
    table1.id = table2.id
;
```

ここで、table1とtable2間のキーの値が一致するものだけを結合して取得したい場合、空欄アに当てはまる字句として、最も適切なものを選べ。

A. FULL
B. RIGHT
C. INNER
D. LEFT

➡ P166

☐ **7**. 次のSQLを用いて、「payment」テーブルの中から「amount」というカラムと「payment_data」というカラムを取得したい。ただし、「amount」はinteger型、「payment_data」はtext型でそれぞれ取得しなければならないものとする。
(RDBMSは「PostgreSQL」の使用を仮定している。)

```
SELECT
    ( ア )(amount AS int) AS amount,
    payment_data ( イ )text
FROM
    payment
;
```

空欄アに当てはまる句、また空欄イに当てはまる記号の組み合わせとして、最も適切なものを選べ。

A.　（ア）CAST　（イ）::（コロン2つ）
B.　（ア）CAST　（イ）;;（セミコロン2つ）
C.　（ア）text　（イ）::（コロン2つ）
D.　（ア）text　（イ）;;（セミコロン2つ）

➡ P169

☐ **8.** 次のSQLを用いて、「customer」というテーブルから「id」というカラムを取得することを考える。なお、取得したデータのうち10件をランダムサンプリングしている。

```
SELECT id
FROM customer
( ア )BY random()
( イ )10
;
```

空欄ア、イに当てはまる字句の組み合わせとして、最も適切なものを選べ。

A.　（ア）GROUP　（イ）LIMIT
B.　（ア）GROUP　（イ）COUNT
C.　（ア）ORDER　（イ）LIMIT
D.　（ア）ORDER　（イ）COUNT

➡ P169

☐ **9.** 次のSQLを用いて、「customer」というテーブルから「score」というカラムを取得することを考える。ただし、取得した「score」カラムの値が80以上のとき、「OK」という表示になるように値を変換している。

```
SELECT
    ( ア )
        WHEN score >= 80 ( イ ) 'OK'
        ELSE 'NG'
    END
FROM customer
;
```

空欄ア、イに当てはまる字句の組み合わせとして、最も適切なものを選べ。

A.　（ア）CASE　（イ）THEN
B.　（ア）CASE　（イ）WHERE
C.　（ア）IF　（イ）THEN
D.　（ア）IF　（イ）WHERE

➡ P170

☐ **10.** 次のSQLを用いて、「data_a」「data_b」という2つのテーブルから「id」「name」というカラムを取得することを考える。ただし、SELECT文で取得したそれぞれのテーブルは重複を削除した上で結合するものとする。

```
SELECT id,name
FROM data_a
( ア )
SELECT id,name
FROM data_b
;
```

このとき、空欄アに当てはまる字句として、最も適切なものを選べ。

A.　JOIN
B.　FULL OUTER JOIN
C.　UNION
D.　INNER JOIN

➡ P170

11. 次のSQLを用いて、「employee」というテーブルを作成し、さらに「code」「name」というカラムを定義し、各レコードに値を代入することを考える。

```
( ア ) TABLE employee (
                           code SERIAL NOT NULL,
                           name VARCHAR(255)
                           );
( イ ) INTO employee (
                          code, name
                          )
VALUES
       (0, 'Taro'),
       (1, 'Ken'),
       (2, 'Hanako'),
       (3, 'Yui'),
       (4, 'Yuki')
;
```

空欄ア、イに当てはまる字句の組み合わせとして適切なものを選べ。

A. （ア）CREATE （イ）INSERT
B. （ア）MAKE （イ）INSERT
C. （ア）CREATE （イ）JOIN
D. （ア）MAKE （イ）JOIN

➡ P171

12. 次のSQLを用いて、「employee」テーブルからデータを取得することを考える。ただし、「order」テーブルと「employee」テーブルの「code」が一致した場合のみ、SELECTを実行し、「code」と「name」カラムを取得するようにしたい。

```
SELECT code, name
FROM employee AS e
WHERE
        ( ア )
            (
            SELECT * FROM product_order
            WHERE
                product_order.code = e.code
            );
```

このとき、空欄アに当てはまる字句として適切なものを選べ。

A. CREATE
B. MAKE
C. IF
D. EXISTS

➡ P173

13. 次の中から、SQLで用いる「数値型（数値データ型）」の名称でないものを選べ。

A. numeric
B. integer
C. smallint
D. boolean

➡ P174

14. PostgreSQLにおいて、RANDOM関数を使用する際に値の生成範囲を指定しない場合を考える。この場合、生成される乱数xの範囲として適切なものを選べ。

A. 0以上1未満の浮動小数点値
B. 0以上1以下の整数値
C. -1以上1未満の浮動小数点値
D. -1以上1以下の整数値

➡ P175

15. 次のSQLを用いて、「film」テーブルから「title」というカラムを取得することを考える。ただし、テーブルの「description」というカラムに「funny」という単語を含むものだけを取得するようにしたい。

```
SELECT title
FROM film
WHERE description ( ア )'%funny%'
;
```

このとき、空欄アに当てはまる字句として適切なものを選べ。

A. LIKE
B. IN
C. =
D. ==

➡ P175

□ **16.** ある都道府県における会社員の年収を調査し、調査結果を「income」テーブルに格納した。この「income」テーブルからデータを取得することを考える。「towns」は「町名」、「annual_income」は「年収」、「age」は「年齢」を表すものとするとき、以下のSQLを実行して表示される結果の説明文として、最も適切なものを選べ。

```
SELECT towns, AVG(annual_income)
FROM income
WHERE 20 <= age AND age < 30
GROUP BY towns
ORDER BY AVG(annual_income) DESC
;
```

A. 町名ごとに20代の会社員の最高年収を計算し、町名とともに最高年収を降順で取得する
B. 町名ごとに20代の会社員の平均年収を計算し、町名とともに平均年収を降順で取得する
C. 町名ごとに20代の会社員の平均年収を計算し、町名とともに平均年収を昇順で取得する
D. 町名ごとに20代の会社員の最低年収を計算し、町名とともに最低年収を昇順で取得する

➡ P176

第4章　データエンジニアリング力—SQL—
解　答

1.　D

➜ P152

RDBMS(Relational DataBase Management System：リレーショナルデータベース管理システム)は、RDB(第3章を参照)の管理システムです。

MySQLは、オープンソースのRDBMSの1つです(A)。さまざまなOSに対応しており、小規模なシステムから大規模なものまで対応できるという長所があります。開発がしやすく処理が速いことから、Webサービスやエンタープライズ市場を含めたクラウドサービスでの利用が活発に行われています。

PostgreSQLは、オープンソースのRDBMSの1つです(B)。POSTGRESプロジェクトとして、カリフォルニア大学バークレー校のコンピュータ・サイエンス学部で開発が開始されました。POSTGRESプロジェクトは、開始から10年後の1996年末にPostgreSQLと改名され、それがソフトウェアの名称にもなりました。

SQLiteは、サーバとして利用するのではなく、アプリケーションに組み込んで利用するRDBMSです(C)。SQLiteを用いると、簡易的な(ライトな)データベースを構築することができます。

HeidiSQLは、MySQL、PostgreSQL、SQLiteなどのデータベースシステムを実行しているコンピュータに接続し、データと構造を表示および編集できるクライアントツールです。GUIを利用してテーブルの種類や容量を確認したり、SQLクエリを発行するなどの操作を効率よく実施できます。

以上より、選択肢**D**が正解です。

通常のRDBMSは行単位でデータを保持する行指向型のデータベースですが、列方向にまとめてデータを管理するカラム指向型データベースというものもあります。カラム指向型データベースでは、列方向の集計操作を比較的高速に実施することができます。カラム指向のデータウェアハウス(Data Ware House: DWH)アプライアンスの例として、Oracle Exadata、IBM Integrated Analytics Systemなどが挙げられます。

企業活動を中断することなく継続していくためには、重要なデータを消失してしまった際に備えて、データのバックアップが重要です。RDBMSではバックアップを作成する仕組みが整っています。

2.　A

➜P152

SQLにおいて、データを取得するテーブルを指定する際に使用する句は、**FROM**です(**A**)。以下の形式で使用します。

構文　データを取得するテーブルを指定する

```
FROM テーブル名
```

JOINは、2つのテーブルを結合して1つのテーブルとして扱う際に使用する句です(B)(解答6 参照)。

ORDER BYは、SELECT句で取得したカラムに対して、昇順や降順といったルールでデータの並べ替えを実施する句です(C)(解答4参照)。

GROUP BYは、指定したテーブルをグループに分割する際に利用する句です(D)。HAVING句と併用して、分割したグループに対して集合関数を適用することができます。HAVING句は、いったん集計されたデータをもとに、さらにデータを条件抽出したい場合に用います。

PostgreSQLやMySQLなどのデータベースから取り出したデータは、CSV形式でエクスポートすることができます。使用するデータベースによってさまざまなエクスポート形式がありますので、一度調べておくとよいでしょう。

3. B ➡ P152

SELECT句で「 * 」を利用した場合、「 * 」はすべてのカラムを意味します。

構文 テーブルに含まれる全カラムを取得

```
SELECT * FROM テーブル名
```

したがって、選択肢**B**が正解です。
その他の選択肢については、SELECT句において使用することができない記号です。

4. D ➡ P153

SQLには、データを操作するためのさまざまな句があります。
以下に代表的な句を示します。

● DISTINCT

重複行を削除する場合に使用します。

構文 重複行を削除する

```
DISTINCT カラム名
```

例えば、以下では、nameというカラム内でappleというフィールドが重複しています。

【フィールドが重複するテーブルの例】

name
apple
orange
grape
apple

この場合は、SELECT文の後に「DISTINCT name」と指定することで、次のように重複を削除した出力を行うことができます。

【項目の重複を解除したテーブルの例】

name
apple
orange
grape

appleという項目の重複がなくなり、1つだけになりました。
このように、DISTINCT句は、データを取得したそのカラム内のフィールド値を把握したいときに有効です。

● ORDER BY
取得したデータに対し、並べ替えを行う句です。

構文 取得したデータの並べ替えを行う
ORDER BY カラム名

以下のテーブルではpriceカラムに価格が表示されていますが、このpriceカラムを基準にレコードの並べ替えを行ってみましょう。

【ソート前のテーブルの例】

name	price
apple	100
orange	80
grape	210

今回は、priceカラムを基準に、昇順に並べ替えを行います。
昇順の場合は**ASC**、降順の場合は**DESC**を用います。
したがって、「ORDER BY price ASC」を適用すると、以下のような結果を取得することができます。

【ソート後のテーブルの例】

name	price
orange	80
apple	100
grape	210

このように、ORDER BY句は、取得したデータの並べ替えを行いたい場合に有効です。

● LIMIT

取得したデータに対し、最終的に取得するレコードの数を指定する句です。SQLスクリプトに、`LIMIT + ` **取得したい行数** という句を追加して使用します。ORDER BY句と併用して「上位○人」などの結果を取得したい場合に有効です。

以上より、組み合わせの正しい選択肢**D**が正解です。

5. A ➡ P153

SQLの記述の順番は以下のとおりです。

SELECT → FROM → WHERE → GROUP BY → HAVING → ORDER BY →LIMIT

以上より、設問の例の場合、空欄アにはGROUP BY、空欄イにはHAVING、空欄ウにはORDER BYが入ります。したがって、組み合わせが適切な選択肢**A**が正解です。

6. C

➡ P154

SQLでは、複数のテーブルを結合することが可能です。結合方法には次のようなものがあります。

● LEFT OUTER JOIN（左外部結合）

“左側テーブル”すべてと、指定した結合軸（actor_id）の値が一致する“右側テーブル”を結合します。結合元となるテーブルの値は失わずに、新たに結合するテーブルの重複した値だけを取得したい場合に有効な手段です。LEFT OUTER JOIN句は、「LEFT JOIN」というように省略した記述でも使用することが可能です（D）。

次の図では、右側テーブルの「actor_id」は左側テーブルに存在しないフィールドを含んでいます。LEFT OUTER JOIN関数では、そのような存在しないフィールドをもつレコードは結合後には残りません。

値の結合に関する概念図（ベン図）と合わせると、結合の結果をイメージしやすいでしょう。なお、ベン図のグレーの部分が結合後のidを表しています。

【LEFT OUTER JOIN】

左側テーブル

actor_id	first_name
1	Penelope
2	Nick
3	Ed
4	Jennifer

右側テーブル

actor_id	film_id
1	1
1	23
2	3
3	17
5	19

結合軸
actor_id

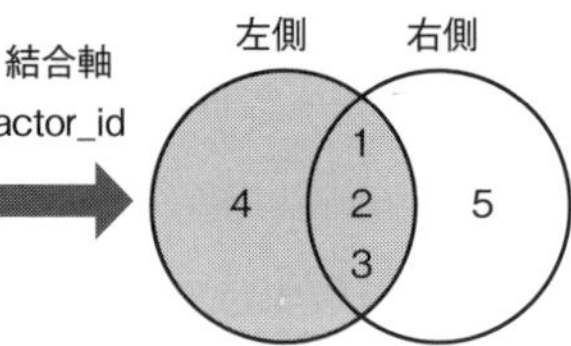

【LEFT OUTER JOIN実行後】

actor_id	first_name	film_id
1	Penelope	1
1	Penelope	23
2	Nick	3
3	Ed	17
4	Jennifer	**NULL**

結合軸が一致しなかったレコードは、NULLと表示されます。

● FULL OUTER JOIN（完全外部結合）

結合軸の値を元に、“左側テーブル”と“右側テーブル”のすべての値を結合します。元のテーブルに新たなテーブルの全レコードを追加したい場合に有効です。FULL OUTER JOIN句は、「FULL JOIN」というように省略した記述でも使用することが可能です（A）。

【FULL OUTER JOIN】

左側テーブル

actor_id	first_name
1	Penelope
2	Nick
3	Ed
4	Jennifer

右側テーブル

actor_id	film_id
1	1
1	23
2	3
3	17
5	19

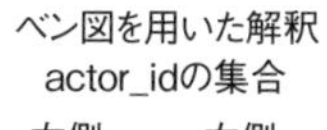

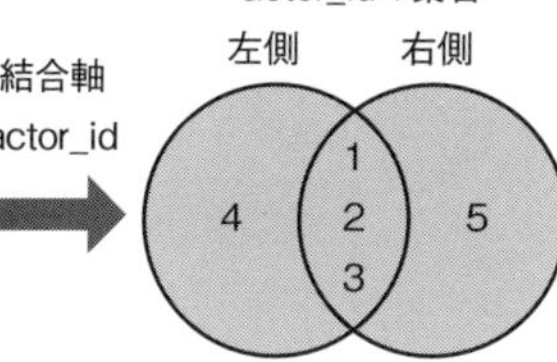

FULL OUTER JOINを使って、左側テーブルと右側テーブルをactor_idで結合した結果は次のとおりです。

【FULL OUTER JOIN実行後】

actor_id	first_name	film_id
1	Penelope	1
1	Penelope	23
2	Nick	3
3	Ed	17
4	Jennifer	**NULL**
5	**NULL**	19

● INNER JOIN（内部結合）

“左側テーブル”と“右側テーブル”で結合軸（actor_id）の値が一致するものを結合します。どちらのテーブルにも存在するレコードのみを抽出したい場合に有効な手段です。

【INNER JOIN】

左側テーブル

actor_id	first_name
1	Penelope
2	Nick
3	Ed
4	Jennifer

右側テーブル

actor_id	film_id
1	1
1	23
2	3
3	17
5	19

結合軸
actor_id

ベン図を用いた解釈
actor_idの集合

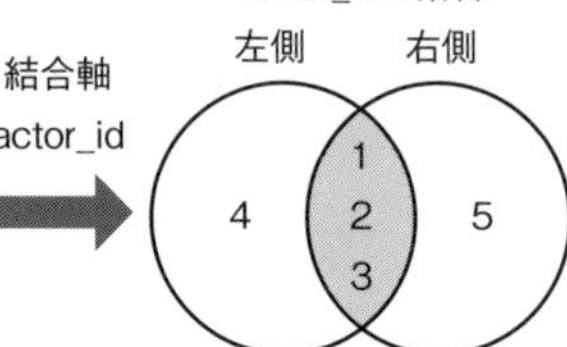

【INNER JOIN実行後】

actor_id	first_name	film_id
1	Penelope	1
1	Penelope	23
2	Nick	3
3	Ed	17

以上より、選択肢**C**が正解です。

● RIGHT OUTER JOIN（右外部結合）
“右側テーブル”すべてと、指定した結合軸（actor_id）の値が一致する“左側テーブル”を結合します。LEFT OUTER JOIN句において表名の配置を変更することで、RIGHT OUTER JOINと同じ結合結果を表示することができます（B）。

データのNULL値が含まれる場合、SQLを用いて他の値で置換することが可能です。例えば、MySQLにおいてNULL値の置き換えをする際には、IFNULL関数やCOALESCE関数を使用できます。このように、使用するRDBMSによって関数名が異なる場合があるので注意しましょう。

テーブル結合を応用すればデータの突き合わせを行うことができるということを覚えておきましょう。

7. A

➡ P154

SQLでは、指定したカラムのデータ型を変換することができます。

構文 カラムのデータ型を変換

```
CAST (カラム名 AS データ型)
```

このCAST構文は、標準SQLで用いられます。

PostgreSQLでは、::(コロン2つ)を付けることでもCASTを使用でき、以下のような形式で使用します。

構文 PostgreSQLにおけるCAST構文

```
カラム名 :: データ型
```

コロンを用いる構文は、PostgreSQLで伝統的に使用されている形式です。
以上より、選択肢**A**が正解です。

8. C

➡ P155

SQLにおけるレコードの無作為抽出は、**ORDER BY**と**RANDOM関数**を組み合わせることで実現できます。取得件数制限には、LIMIT句を使用します(解答4参照)。`ORDER BY random()` でテーブルのレコードをランダムに並べ替え、その後`LIMIT`によって指定した数だけレコードを取得します。

ただし、何十万ものレコードをもつテーブルの場合、ORDER BYによる並べ替え処理はCPUに大きな負荷をかけることがあるため、注意が必要です。

以上より、組み合わせが適切な選択肢**C**が正解です。

9. A

➡ P156

SQLでは、条件分岐を行うためにCASE式というものが用意されています。
CASE式の記法は、**単純CASE式**と**検索CASE式**の2つに大別されます。以下の例では、statusカラムの値（松、竹、梅）と、そのときに返す値（1、2、3）を指定しています。

単純CASE式では、先にカラム名を指定し、後から条件を記載することで条件分岐を行います。

例 単純CASE式

```
CASE status
    WHEN '松' THEN 1
    WHEN '竹' THEN 2
    WHEN '梅' THEN 3
    ELSE 0
END
```

検索CASE式では、等号（＝）以外の演算も行って値を評価できるため、単純CASE式よりも柔軟性があります。
設問では、この検索CASE式を使用して条件分岐を行っています。

例 検索CASE式

```
CASE
    WHEN status = '松' THEN 1
    WHEN status = '竹' THEN 2
    WHEN status = '梅' THEN 3
    ELSE 0
END
```

WHERE句の後に条件式を記載することで、データ抽出の際の条件指定を行うことができますが、CASE式の中では使用できません。また、SQLにおいてIF文の処理を行う際に使用するのがCASE文であり、SQL Server（2012以降）以外でSQLに直接IF関数を記述することはできません。

以上より、組み合わせが適切な選択肢**A**が正解です。

10. C

➡ P156

複数のSELECT文で取得したデータを結合する句は**UNION句**です（**C**）。
結合するテーブル間に重複がある場合、その部分は無視されますが、「UNION

ALL」を指定することで、重複も含めた結合を行うことができます。

重複のないテーブル同士をUNION句を用いて結合する際のイメージは以下のとおりです。

【UNION句を用いた結合】

部署Aに属する社員情報テーブル

id	name
100	Taro
101	Hanako

UNION

部署Bに属する社員情報テーブル

id	name
200	Ken
201	Yuki
202	Yumi

結合結果

id	name
100	Taro
101	Hanako
200	Ken
201	Yuki
202	Yumi

11. A ➡ P157

SQLで新しくテーブルを作成する際の基本構文は以下のとおりです。

構文 テーブルの作成

```
CREATE TABLE テーブル名(
    列名 データ型 オプション,
    列名 データ型 オプション,
    ,,,
);
```

SQLで使用することのできるデータ型には以下のようなものがあります。

【SQLで使用できるデータ型】

区分	分類名	型の例
数値型	整数型	int、bigintなど
	浮動小数点型	floatなど
	通貨型	money
	日付型	date、datetimeなど
文字列型	Unicode文字列	nchar、ntextなど
	非Unicode文字列	char、textなど

また、テーブル作成時に指定できるオプションの一例としては以下のようなものがあります。

【テーブル作成時に指定できるオプション例】

オプション名	機能
IF NOT EXISTS	同名のテーブルが存在しなければ、テーブルを作成する
NOT NULL	nullの保存を禁止する
AUTO_INCREMENT	新しい行が設定されるごとに自動的にカラム番号を付与
DEFAULT	カラムのデフォルト値を設定する

作成したテーブルにデータを挿入する際の構文は以下のとおりです。

構文 データの挿入

```
INSERT INTO テーブル名(
                        列名,
                        列名,
                        ,,,
                        )
VALUES
    (データ),
    (データ),
    ,,,
;
```

したがって、組み合わせが適切な選択肢**A**が正解です。

なお、SQLにはMAKEという句は存在しません。

VALUESで指定する1レコードの要素数は、INSERTで指定したカラムの数と一致する必要があります。

12. D

➡ P158

EXISTS句では、指定した条件に合致するレコードが存在するかどうかを判定することができます（**D**）。
設問のSQLでは、「それぞれのテーブル間でcodeという結合軸が一致するか」を判断し、一致する場合のみSELECT文を実行するようにしています。
以下に、設問のSQLを実行した際のレコードの取得イメージを示します。

【product_orderテーブルとemployeeテーブルのイメージ】

product_order（注文）テーブル

order_id	product	code
0001	aaa	0
0002	bbb	0
0003	ccc	2
0004	ddd	3
0005	eee	4

employee（社員）テーブル

code	name
0	Taro
1	Ken
2	Hanako
3	Yui
4	Yuki

以上2つのテーブルに対し、設問のSQLを実行すると以下のような結果を得ます。

【設問のSQLを実行したイメージ】

code	name
0	Taro
2	Hanako
3	Yui
4	Yuki

CREATEは新しくテーブルを作成する際に使用します（A）。

13. D ➡ P158

booleanは、真偽値を表す**論理値データ型**です（**D**）。
その他の選択肢はすべて**数値型**（**数値データ型**）に属します。以下に数値データ型の一覧を示します。

【数値型（数値データ型）】

名称	説明	例
bigint	8バイト符号付き整数	-9223372036854775808 ～ +9223372036854775807
integer	4バイト符号付き整数	-2147483648 ～+2147483647
smallint	2バイト符号付き整数	-32768 ～+32767
numeric	任意精度の小数	小数点より上は131072桁まで、小数点より下は16383桁まで
double precision	15桁精度の浮動小数	およそ-1E+308と+1E+308の範囲

PostgreSQLにおける文字列型としては、charやvarchar、textなどが存在します。文字コードは、コンピュータ上で文字を処理したり通信したりするために、文字に番号を割り振る規則です。文字の形そのものではなく、例えばUnicodeの場合、Aは41、Bは42といったように、その文字に対応する番号によって文字の種類を表現します。
2022年現在では、情報通信技術の発達や各国語への対応の過程でさまざまな文字コードの規格が考案され、並立しています。例えば、Windowsでは日本語に対応する文字コードとしてShift-JISが採用されていますが、MacではUTF-8（Unicodeという文字コード規格の中の一方式）が採用されています。
このような事情から、文字列型のデータを扱う際には、用途や使用環境に合わせて適切に文字コードを設定する必要があります。テキストファイルの文字コードを変換するための方法として、nkf（Network Kanji Filter）コマンドの利用などが挙げられます。

14. A

➡ P159

PostgreSQLでは、乱数を生成する関数(RANDOM関数)を利用できます。
RANDOM関数では、特に生成範囲を指定しない場合、0以上1未満の浮動小数点値が生成されます(**A**)。
RANDOM関数は次のように記述されます。

構文 RANDOM関数

```
random()
```

上の例では引数を指定していませんが、引数を指定すると、乱数のもととなるシード(種)を固定することができます。シードを固定することで、複数回乱数を生成する場合に、同じ引数に対しては毎回同じ乱数が生成されるようになります。

試験対策

RANDOM関数を応用すると、テーブルからレコードをランダムに取得できます。

15. A

➡ P159

LIKE演算子は、指定した条件が検索文字列に合致した場合にTRUEを返す演算子です。
この機能を用いて文字列検索を行うことができます。カラム内の各フィールド値に対してパターンマッチを行い、TRUEを返すもの(パターンに合致するもの)だけ取得する際に、WHERE句の中でLIKE演算子を用います(**A**)。
なお、LIKE演算子によるパターンマッチは常に文字列全体に対して行われます。

パターンマッチに指定する文字列には、2種類の特殊記号を用いることができます。
これにより、文字列の検索時にワイルドカード指定を行うことができます。

【パターンマッチに指定する特殊記号】

記号	説明	例
%(パーセント)	0文字以上の任意の文字列	%funny% (This is a funny movieがマッチ)
_(アンダーバー)	任意の1文字	app_e(appleがマッチ)

16. B

➡ P160

SQLでは、SELECT文で取得したデータに対して集合関数を用いて最大値や最小値を集計することができます。以下に主な集合関数の一覧を示します。

【主な集合関数】

関数	実行内容
SUM	総和を求める
MAX	最大値を求める
MIN	最小値を求める
AVG	平均値を求める
COUNT	行数を求める

設問のSQLのSELECT文で用いられている集合関数はAVGのため、平均値が計算されます。また、`ORDER BY` **カラム名** `DESC` は指定したカラム内のデータを降順に並べ替えます。
以上より、選択肢**B**が正解です。

平均値・中央値・最頻値など、主な代表値の意味と算出方法を把握しておきましょう。
PostgreSQLなどのRDBMSでは、中央値はPERCENTILE_CONT関数の引数を0.5とすることで、最頻値はMODE関数を使うことで、それぞれ求めることができます。

第5章

ビジネス力
—プロジェクト推進—

■ データサイエンティストに必要なビジネススキル

■ データ分析プロジェクトの流れ

■ データ分析プロジェクトの進め方

☐ **1. データサイエンティストであるあなたは、ある小売業を行うA社のデータ活用について依頼を受けた。以下の文章のうち、データサイエンティストがとるべき行動として、最も適切でないものを選べ。**

A. データ分析を行う前に、解決しなければならない課題の定義や検証の必要がある仮説の立案を行う
B. 分析結果をまとめた報告書を作成する
C. データサイエンティストの役割はデータ分析のみであり、課題定義などは依頼主が行うべきものである
D. データに対する分析は再現性が保たれるように実施する

➡ P181

☐ **2. データ分析において、必要なデータを収集することを考える。このとき、データサイエンティストがとるべき行動を示したものとして、最も適切でないものを選べ。**

A. 仮説検証に必要なデータ量があるかどうかを確認する
B. データの内容にかかわらず、顧客から提供された生データのまま分析を進める
C. データに個人情報が含まれるかどうかを確認する
D. データに選択バイアスが含まれていないかどうかを検討する

➡ P182

☐ **3. 自社ビジネスの現状を把握するためのフレームワークとして、5フォース分析がある。5フォース分析の特徴を述べたものとして、最も適切なものを選べ。**

A. 購入までのプロセスを認知、関心、欲求、記憶、行動の5つに分類し、消費者の行動を細分化する
B. ビジネスにおけるステークホルダーをすべて列挙し、製品、金銭、情報の流れを明確にする
C. Recency・Frequency・Monetary の3つの指標に基づいて顧客をグループ分けし、自社の顧客への理解を深める
D. 自社の経営に影響を及ぼす、競合他社や新規参入企業の存在などの要因を5つに分類し、自社の競争優位性を探る

➡ P182

□ **4.** 物事の構成要素を考える際、列挙する要素に漏れや重複が発生しないようにするフレームワークの名称として、最も適切なものを選べ。

A. AIDMA
B. MECE
C. MACA
D. AISAS

➡ P184

□ **5.** ビジネスの現場では、経営目標を達成するために中間的な数値目標を定めることが多い。この数値目標は、日本語では「重要業績評価指標」と呼ばれる。この数値目標を意味する単語として、最も適切なものを選べ。

A. OKR
B. CFS
C. KGI
D. KPI

➡ P184

□ **6.** データ分析において、入手したデータを理解するために行うこととして、最も適切でないものを選べ。

A. データの全体像を把握するために、生データの中身を直接確認する
B. データに外れ値や欠損値がないか確認する
C. データをグラフ化して、全体的な特徴を掴む
D. 期待する分析結果を見据えて、そのとおりの分析結果となるようにデータの加工を行う

➡ P185

☐ **7.** **民法第632条および第643条において定められている請負契約と準委任契約についての違いを次のようにまとめた。**

	請負契約	準委任契約
目的	仕事の完成	一定の事務処理
責任	契約不適合責任	善管注意義務のみ
仕事内容等が不十分だった場合の責任追及	契約不適合責任、民法の一般原則に従った債務不履行責任の追及	民法の一般原則に従った債務不履行責任の追及
報酬の受け取り時期	仕事が完成していなければ報酬は受け取れない	仕事が完成していなくても報酬は受け取れる
報告義務	（　ア　）	（　イ　）
成果物	原則あり	原則なし

空欄ア、イに当てはまる語句の組み合わせとして、最も適切なものを選べ。

A.　（ア）あり　（イ）あり
B.　（ア）なし　（イ）あり
C.　（ア）なし　（イ）なし
D.　（ア）あり　（イ）なし

➡ P186

第5章　ビジネス力―プロジェクト推進―
解　答

1.　C

➜ P178

データサイエンティストの役割とは、データ分析の結果得られた知見をビジネスに活用することです。つまり、データサイエンティストの仕事は、データを分析することだけではないということです。データサイエンティストには、現場における意思決定をサポートしてビジネスに貢献することが求められます。

データ分析プロジェクトは、まず、課題の定義や仮説の立案を行うことから始めます。次に仮説の検証を行い、最後に検証結果の評価と報告を行います。
課題の定義・仮説立案フェーズでは、ビジネス上の課題を洗い出し、分析の目的を明確にします。具体的には、一次情報の入手、課題の明確化、ゴールの設定、KPI（解答5参照）の設定、仮説の立案などを行います（A）。
仮説検証フェーズでは検証結果の評価を行います。
立案した仮説を検証するために、収集したデータの分析を行います。
そして最終的な結果をまとめ、検証結果の報告を行います（B）。
データ分析を実施する際は、同じデータに対して同じ分析を行った場合や、同種の新しいデータに対して同じ分析を行った場合に、同様の結果が得られるようにしておく（再現性を担保しておく）必要があります（D）。

このように、データサイエンティストには、データ分析だけでなく、課題設定や結果の報告資料の作成までを行うことが、近年求められています。
以上より、選択肢**C**が正解です。

担当するタスクの遅延や障害などを発見した場合、迅速かつ適切に報告ができるように、プロジェクト全体の流れや関係者を把握しておくようにしましょう。プロジェクトにおけるステークホルダー（利害関係者）や役割分担、プロジェクト管理・進行に関するツール・方法を理解しておくことは、プロジェクト推進の基本です。

2. B

➡ P178

データ分析では、仮説の検証に必要なデータを入手しなければなりません。その際に留意すべきことを以下に示します。

・仮説検証に必要なデータ量を十分に確保する（A）
・検証に必要と考えられるデータを確保する
・二次データを利用する際には、著作権、ライセンス、利用規約に配慮する
・個人情報が含まれるデータを扱う場合は、取り扱いに注意する（C）

選択バイアスは、実験やデータ収集の対象を決める際にデータに起こりやすい偏り（バイアス）です。例として、インターネットによる公募によって対象者を選定した、高齢者の健康状態に関するデータについて考えてみます。このような経緯で収集されたデータの場合、データの収集範囲が「インターネットが利用でき、なおかつ健康に高い関心がある」高齢者に偏っている可能性があります。このため、データを収集する際は、データに選択バイアスが含まれていないかを検討する必要があります（D）。
また、分析に使用するデータは前処理が必要な場合があるため、常に顧客から提供された生データのまま分析を行うのは望ましくありません。データの中身を確認し、前処理が必要かどうかを判断するようにしましょう。
以上より、選択肢**B**が正解です。

担当する事業領域について、市場規模、主要なプレーヤー、支配的なビジネスモデル、課題と機会について、全体像を説明できるようにしておきましょう。

3. D

➡ P178

5フォース分析とは、自社がさらされている脅威を以下の5つの項目に分類し、自社が置かれている競争環境などを分析するフレームワークです。

・業界への新規参入企業の存在
・代替製品の存在
・売り手の交渉力
・買い手の交渉力
・競合他社の存在

この分析により、分析対象の業界の競争環境などを知ることができます。
したがって、選択肢**D**が正解です。

Aは**AIDMA**(アイドマ)に関する記述です。AIDMAは、サミュエル・ローランド・ホールが1924年に著書「Retail Advertising and Selling」の中で提唱した顧客購買モデルです。Attention、Interest、Desire、Memory、Actionの頭文字をとったもので、主に店舗の経営改善に用いられます。消費者が購入決定に至るまでのプロセスを、認知(Attention)、関心(Interest)、欲求(Desire)、記憶(Memory)、行動(Action)の5つに分類し、消費者の購入のモチベーションがどこにあるのかを探ります。

Bは**CVCA**(Customer Value Chain Analysis:**顧客価値連鎖分析**)に関する記述です。このフレームワークでは、ビジネスを行う際のステークホルダー(利害関係者)をすべて挙げ、各ステークホルダー間の金銭、商品、情報の流れを図で可視化します。

【CVCAのイメージ】

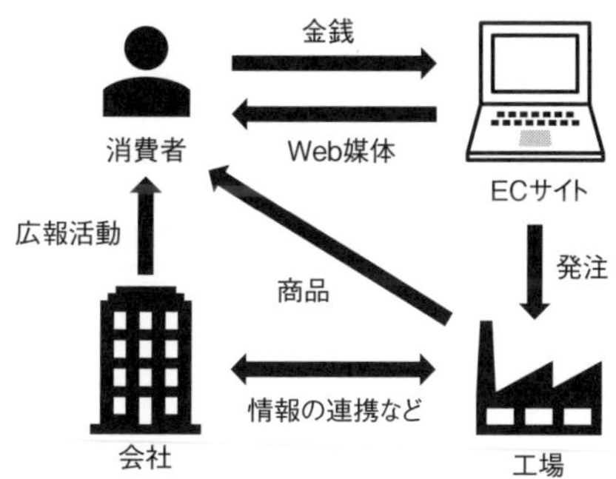

Cは**RFM分析**に関する記述です。顧客を、Recency(最終購入日)、Frequency(購入頻度)、Monetary(購入金額)のセグメントで区切る方法で、自社の顧客の特徴を深く理解するために用いられます。

自分の担当事業領域に対して、5フォース分析やRFM分析を使用して課題の洗い出しなどを行ってみましょう。

4. B

➡ P179

物事の構成要素を考える際、列挙する要素に漏れや重複が発生しないようにするフレームワークを**MECE**（ミーシー）といいます。MECEは「Mutually Exclusive, Collectively Exhaustive」の略であり、「漏れなく、重複なく」という意味をもちます（**B**）。

AIDMAは、消費者が購入決定に至るまでのプロセスを、認知、関心、欲求、記憶、行動の5つに分類する顧客購買モデルです（A）（解答3参照）。

MACAという名称のフレームワークは存在しません（C）。

AISAS（アイサス）は、電通が提唱し、2005年に同社が商標登録した顧客購買モデルです。AIDMAのモデルにインターネット上での購買行動を追加した考え方となっています。これは、消費者が購入決定に至るまでのプロセスを、認知（Attention）、関心（Interest）、検索（Search）、行動（Action）、共有（Share）の5つに分類するものです（D）。

5. D

➡ P179

日本語で重要業績評価指標といわれる用語は**KPI**です。「Key Performance Indicator」の略で、KGI（後述）で定めた目標を達成するために設定される中間目標のことです（**D**）。

OKRは「Objectives and Key Results」の略で、「目標と主な結果」という意味をもつ、目標管理の指標です（A）。四半期ごと、または月ごとに設定されることが多く、SMARTの考え方に基づいて設計されます。**SMART**とは、「Specific（具体的に）、Measurable（測定可能な）、Achievable（達成可能な）、Related（経営目標に関連した）、Time-bound（期限がある）」の略で、目標を達成するための指標を表したものです。
「組織全体の大きな目標として設定する」、「レビュー頻度が多く評価スパンが短い」、「達成度は100%を求めない」などがOKRの大きな特徴です。

CSFは「Critical Success Factor」の略で、「主要な成功要因」という意味をもちます（B）。最終目標のKGIを達成するために最も大きな影響を及ぼす要因を指します。CSFは事業の核になっている場合が多く、ここに経営資源を投入することで、KGIやKPIの達成が可能となります。
一般に、CSFはSWOT分析に基づいて設定されます。SWOTは「Strengths（強み）、Weaknesses（弱み）、Opportunities（機会）、Threats（脅威）」の略です。

SWOT分析は、これら4つの観点から企業の状況について分析を行うフレームワークです。

KGIは「Key Goal Indicator」の略で、日本語で重要目標達成指標といわれます(C)。組織のビジョンや大きな目標を定量的に示すために用いられ、組織全体の目標やプロジェクトの最終目標の達成度を測る基準として利用します。

6. D

➡ P179

入手したデータを理解するためにデータサイエンティストが行う分析の例を以下に示します。

・各列にどのような性質の値が入っているかを目で見て把握するために、生データの中身を直接確認する（A）
・データに外れ値や欠損値がないか確認する（B）
・データをグラフ化して、全体的な特徴を把握する（C）
・基礎統計量（平均、標準偏差など）を算出し、全体的な傾向を把握する

このように、与えられた分析課題に対する初動として、さまざまな情報を収集し、大まかな構造を把握することは非常に重要です。

自分の望む結論を後押ししてくれるような分析結果を求め、そういった分析結果となるように意図的に分析の方針を決定することは望ましい分析方法とはいえません(**D**)。

入手したデータを分析したうえでレポートを作成する際には、データの出自や情報の引用元に対する信頼性を適切に判断し、分析結果の意味合いを正しく言語化できるようにしましょう。また、レポートを作成するには、BI(Business Intelligence)ツールのレポート編集機能を用いて作成を行うと、分析結果を手軽にまとめることができます。

ビジネスにおいて、「論理とデータの重要性」を認識し、分析的でデータドリブンな考え方に基づいて行動できることが、データサイエンティストに求められる素質であると考えられます。なお、データドリブンとは、過去の経験や勘のみに頼るのではなく、データ分析結果を元にビジネス上の意思決定を行うことです。

7. B

➡ P180

請負契約とは、受託側が仕事を完成することを約束する契約です。**準委任契約**とは、仕事の完成ではなく、一定の業務を行うことを約束する契約です。

通常、データ分析プロジェクトの一部を外部に委託する場合は、委託先と契約を結びます。その場合、締結する契約としては、民法での定めに従って、請負契約と準委任契約のいずれかが用いられます。これらの契約の違いは次の表のとおりです。

【請負契約と準委任契約の違い】

	請負契約	準委任契約
目的	仕事の完成	一定の事務処理
責任	契約不適合責任	善管注意義務のみ
仕事内容等が不十分だった場合の責任追及	契約不適合責任、民法の一般原則に従った債務不履行責任の追及	民法の一般原則に従った債務不履行責任の追及
報酬の受け取り時期	仕事が完成していなければ報酬は受け取れない	仕事が完成していなくても報酬は受け取れる
報告義務	なし	あり
成果物	原則あり	原則なし

出典：「データサイエンティスト検定（リテラシーレベル）公式リファレンスブック」（技術評論社）

設問で問われている報告義務とは、受任者（仕事を委託された者）が委任者（仕事を委託した者）に進捗状況を必要に応じて報告する義務です。
データ分析プロジェクトにおいて、請負契約と準委任契約のどちらにするかの判断は、民法に則りつつも、プロジェクトの性質や会社の方針などで変化します。例えば、従来のソフトウェア開発は請負契約が主流でしたが、AI技術を利用する場合、事前の性能保証が困難なこと、探索的なアプローチが望ましいことなどから、準委任契約とするケースがあります。また、PoC（Proof of Concept：概念実証）プロジェクトを行う場合は、システム開発に近い作業でも準委任契約にするケースもあります。

以上より、選択肢**B**が正解です。

第6章

ビジネス力
—法律・倫理—

■ 個人情報保護法

■ 個人情報に関する各種用語の定義

■ GDPRの適用範囲

年度の明記がない限り、本章で問う個人情報保護法は、2017年5月施行の改正個人情報保護法を指すものとする。

□ **1. 個人情報保護法で定められている個人情報に該当しないものとして、最も適切なものを選べ。**

A. ある企業のHPに掲載されている顔写真
B. 氏名と容易に照合できる状態にある携帯電話番号
C. 2020年度末の東京都の成人男性人口
D. 生年月日と氏名が記載されたプロフィール

➡ P191

□ **2. 個人情報保護法で定められている、匿名加工情報の特徴についての記述として、最も適切でないものを選べ。**

A. 特定の個人を識別することができないように個人情報を加工し、当該個人情報を復元できないようにした情報のことである
B. 匿名加工情報は個人情報に該当しない
C. 本人の同意を得ることなくデータを事業者間で共有できる
D. 個人識別符号が含まれていない情報は匿名加工情報となる

➡ P192

□ **3. 個人情報保護法で定められている個人識別符号に該当するものとして、最も適切でないものを選べ。**

A. DNA情報
B. 運転免許証番号
C. 歩行の際の姿勢および動作から抽出した特徴情報
D. 匿名加工情報に加工された利用者アンケート情報

➡ P192

☐ **4.** 個人情報保護法第23条第2項において、オプトアウトが定められている。「オプトアウト」の説明として、最も適切なものを選べ。

A. ある一定の条件を満たした場合、本人の許可がなくても第三者に個人情報を提供できる制度を指す
B. 本人に事前に通知しているならば、個人情報を第三者に提供できる制度を指す
C. 事業者の個人情報の適切な取扱いの確保を目的として、個人情報保護法によって定められた民間団体を指す
D. データの保有件数が5,000件未満の事業者は、個人情報保護法の規制対象にならないことを規定した制度を指す

➡ P193

☐ **5.** 2020年6月に公布され、2022年4年から施行される改正個人情報保護法で導入される「仮名加工情報」についての記述として、最も適切でないものを選べ。

A. 個人情報を加工し、他の情報と照合しない限り特定の個人を識別することができないようにした情報のことである
B. 仮名加工情報の作成により、削除情報等の安全管理措置の対応義務が生じる
C. 仮名加工情報の漏洩、滅失、毀損が生じた場合には、その旨を個人情報保護委員会に報告しなければならない
D. 仮名加工情報は必ずしも個人情報として扱われるわけではない

➡ P194

☐ **6.** 2018年5月に施行された、EU域内の個人データ保護を規定する法律の名称として、最も適切なものを選べ。

A. GPDR
B. GDPR
C. CCPA
D. CPRA

➡ P194

☐ **7. 2018年5月にEUで施行されたGDPRの特徴についての記述として、最も適切なものを選べ。**

A. 日本国内の事業者には適用されない法律である
B. 制裁金については規定されていない
C. データ保護対象には、Cookieは含まれない
D. 個人が自身のデータをコントロールする権利を取り戻すことを第一の目標とした法律である

➡ P195

☐ **8. 個人情報保護法第23条5項1号で定められている個人情報取扱事業者の義務として、最も適切でないものを選べ。**

A. 事業者の保有する個人データに関して、本人からの求めがあった場合でも、その開示を行ってはならない
B. 個人データを安全に管理し、従業員や委託先も監督しなければならない
C. あらかじめ本人の同意を得ずに第三者に個人データを提供してはならない
D. 個人情報を取り扱うに当たっては、利用目的をできる限り特定し、原則として利用目的の達成に必要な範囲を超えて個人情報を取り扱ってはならない

➡ P196

第6章　ビジネス力—法律・倫理—
解　答

1.　C

➡ P188

個人情報保護法（個人情報の保護に関する法律）とは、企業や団体が個人情報を扱う際のルールを定めた法律です。2003年5月に公布、2005年4月に施行されました。その後、情報通信技術の発展や事業活動のグローバル化といった急速な環境変化などを踏まえて、2015年9月に改正法が公布され、2017年5月30日に施行されました。

個人情報保護委員会は、この2015年の個人情報保護法の改正以来、社会・経済情勢の変化を考慮して、2019年12月に示した「個人情報保護法 いわゆる3年ごと見直し制度改正大綱」に即し、3年ごとに個人情報保護法の見直しを行っています。
この原則に沿って、さらなる本法の見直しが行われ、2020年6月に改正個人情報保護法が再度、成立・公布されました。改正個人情報保護法の全面施行日は、2022年4月1日に定められています。

現行の改正個人情報保護法に規定された**個人情報**とは、生存する個人に関する情報であり、氏名や生年月日等により特定の個人を識別することができるもの、ならびに、個人識別符号が含まれるものを指します。個人識別符号の一例として、個人のDNA、声紋、マイナンバー、免許証番号などがあります。また、個人情報保護法によると、個人情報には、他の情報と容易に照合することができ、それにより特定の個人を識別することができるものも含まれると定義されています。
たとえば、個人の顔写真や、氏名と容易に照合できる状態にある携帯電話番号、プロフィールといったものは、特定の個人を識別できると考えられるため、個人情報となります（A、B、D）。
一方、会社の財務諸表や自治体の人口などは、団体情報として扱われるため個人情報には該当しません（**C**）。

2. D

➡ P188

匿名加工情報とは、特定の個人を識別することができないように個人情報を加工し、当該個人情報を復元できないようにした情報のことをいいます(A)。

匿名加工情報を作成する際には、個人情報保護法の第36条1項および、個人情報保護委員会規則の第19条で定められている基準に従って、以下のすべての措置を行わなければなりません。

(1) 特定の個人を識別することができる記述等の全部又は一部を削除すること
(2) 個人識別符号の全部を削除すること
(3) 個人情報と他の情報とを連結する符号を削除すること
(4) 特異な記述等を削除すること
(5) 上記のほか、個人情報とデータベース内の他の個人情報との差異等の性質を勘案し、適切な措置を講ずること

以上の措置が適切に施された情報は匿名加工情報となり、個人情報には該当しません(B)。そのため、本人の同意を得ることなくデータを事業者間で共有できます(C)。
個人識別符号を削除したのみでは、匿名加工情報に関わるすべての加工措置を行ったことにはなりません。
以上より、選択肢**D**が正解です。

3. D

➡ P188

個人情報保護法において**個人識別符号**は「その情報だけでも特定の個人を識別できる文字、番号、記号、符号等」と定義されています。個人識別符号は個人情報と見なされます。
たとえば、以下のものが個人識別符号に該当します。

・DNA、顔、虹彩、声紋、歩行の態様、手指の静脈などの生体情報を符号に変換したもの（A、C）
・パスポート番号、基礎年金番号、免許証番号、住民票コード、マイナンバー、各種保険証などの公的な番号（B）

匿名加工情報は、特定の個人を識別することができないように個人情報を加工し、当該個人情報を復元できないようにした情報のことであり、個人識別符号ではありません(**D**)。

4.　A

➡ P189

オプトアウトは、一定の条件を満たした場合に、本人の許可を得ていなくとも第三者に個人情報を提供できる制度です。オプトアウトは、個人情報保護法第23条第2項によって規定されています(**A**)。
ただし、オプトアウトにより個人情報を第三者に提供する場合は、必要な事項(第三者に提供される個人データの内容や、第三者への情報提供の方法など)を個人情報保護委員会に届け出る必要があります。委員会では、事業者から届け出のあった事項を公表することになっています。第三者提供が行われた個人情報の持ち主は、委員会のWebサイトを検索すれば具体的な公表内容を確認することができます。また、公表内容によっては第三者提供の停止を求めることが可能です。
このため、個人情報の持ち主に対して「個人情報を第三者に提供する」旨を事前通知するだけでは、個人情報の第三者提供を行うことはできません(B)。

選択肢Cは、**認定個人情報保護団体**の説明です。事業者の個人情報の適切な取扱いの確保を目的として、個人情報保護法によって定められた民間団体を指します。

2017年5月施行の個人情報保護法において、自社で保有する個人情報件数が5,000件未満の小規模事業者に対しても、個人情報保護法が適用されることとなりました。これにより、個人情報を保有する国内すべての事業者が、個人情報保護法における規制対象となりました(D)。

オプトアウトに対し、「事前に本人の同意を得ること」はオプトインと呼ばれます。

5. C

➡ P189

2020年6月に公布、2022年4月1日施行となる改正個人情報保護法において、仮名加工情報に関する概念が導入されました。
仮名加工情報は、他の情報と照合しない限り特定の個人を識別することができないように個人情報を加工した情報のことです(A)。
仮名加工情報の目的は、一定の安全性を確保しつつ、データとしての有用性を加工前の個人情報と同等程度に保つことです。これにより、匿名加工情報よりも詳細なデータ分析を、比較的簡便な加工方法で実施することができます。

仮名加工情報の加工要件は、匿名加工情報に比べて緩和されていると考えられます。仮名加工情報の加工要件には、以下のようなものがあります。

・他の情報と照合しない限り特定の個人を識別することができないように加工すること
・当該個人情報に含まれる個人識別符号をすべて削除すること
・対照表と照合すれば本人がわかる程度まで加工すること

仮名加工情報を扱う際、削除情報等の安全管理措置の対応義務が生じます(B)。しかし、仮名加工情報の漏洩、滅失、毀損が生じた場合にその旨を個人情報保護委員会に報告する義務は定められていません(**C**)。

また、仮名加工情報は、対照表と照合すれば本人がわかる程度まで加工された情報であるため、個人情報に該当する場合もあれば、該当しない場合もあります。したがって、必ずしも個人情報とみなされるわけではありません(D)。

6. B

➡ P189

GDPR(General Data Protection Regulation:**EU一般データ保護規則**)は、EU域内の個人データ保護を規定する法律です(**B**)。1995年から適用されていた**EUデータ保護指令**(Data Protection Directive 95)に代わり、2016年4月に制定され、2018年5月25日に施行されました。
GDPRでは、個人データやプライバシーの保護に関して、EUデータ保護指令よりも厳格に規定されています。また、EUデータ保護指令は各EU加盟国内での個別の法制化を必要としましたが、GDPRはEU加盟国に対して直接的な効力をもちます。

CCPAは、California Consumer Privacy Act of 2018(カリフォルニア州消費者プライバシー法)の略で、消費者プライバシーについて規定した米国の個人情報保護法です(C)。

CPRAは、California Privacy Rights Act of 2020(カリフォルニア州プライバシー権利法)の略で、CCPAの改正案となります。2023年1月1日に施行されますが、2022年1月1日以降に収集したデータすべてが本法の規制対象となります(D)。

GPDRは年金積立金データ管理を指す用語であり、個人情報保護法に関係する用語ではありません(A)。

7. D ➡ P190

GDPRは、EU域内の事業者だけでなくEU域外の事業者にも適用されます(A)。そのため、各組織・企業等の業務へ影響が生じた場合に備えておく必要があります。

制裁金については、GDPRの第83条"General conditions for imposing administrative fines"(制裁金を科すための一般的要件)に明文化されています(B)。

さらに、GDPRによるデータ保護対象として、前文の第30項にて、Cookie等のデジタル情報が該当する可能性について言及されています(C)。

また、第1条"Subject-matter and objectives"(対象事項及び目的)において、「本規則は、自然人の基本的な権利及び自由、並びに、特に、自然人の個人データの保護の権利を保護する」と明記されています。
以上より、選択肢**D**が正解です。

GDPRについては、個人情報保護委員会の以下のサイトに詳細が記載されています。一度目を通しておくとよいでしょう。
https://www.ppc.go.jp/enforcement/infoprovision/laws/GDPR/

8. A

➡ P190

個人情報取扱事業者については、個人情報保護法第2条第5項で「個人情報データベース等を事業の用に供している者」と定義されています。

個人情報保護法第16条第1項では、個人情報取扱事業者に対し、以下のことを義務づけています。

・個人情報を取り扱うに当たっては利用目的をできる限り特定し、原則として利用目的の達成に必要な範囲を超えて個人情報を取り扱ってはならない（D）
・個人情報を取得する場合には、利用目的を通知・公表しなければならない。なお、本人から直接書面で個人情報を取得する場合には、あらかじめ本人に利用目的を明示しなければならない
・個人データを安全に管理し、従業員や委託先も監督しなければならない（B）
・あらかじめ本人の同意を得ずに第三者に個人データを提供してはならない（C）
・事業者の保有する個人データに関し、本人からの求めがあった場合には、その開示を行わなければならない（**A**）
・事業者が保有する個人データの内容が事実でないという理由で本人から個人データの訂正や削除を求められた場合、訂正や削除に応じなければならない
・個人情報の取扱いに関する苦情を、適切かつ迅速に処理しなければならない

以上より、選択肢**A**が正解です。

「企業などが、法令や規則をよく守ること」をコンプライアンスといいます。コンプライアンスを推進するために、企業や組織では、個人情報を適切に管理するための規制を設ける必要があります。

第7章

モデルカリキュラム

- 社会で起きている変化
- 社会で活用されているデータ
- データ・AIの活用領域
- データ・AI利活用のための技術
- データ・AI利活用の現場
- データ・AI利活用の最新動向

□ **1**. 以下の記述を読み、空欄ア、イに入る語句の組み合わせとして、最も適切なものを選べ。

Society 5.0 は、（　ア　）の第5期科学技術基本計画（2016〜2020年）のキャッチフレーズである。Society 5.0 は、現実空間と（　イ　）を高度に融合させたシステムにより、経済発展と社会的課題の解決を両立させる人間中心の社会を実現するための概念である。

A.　（ア）米国　（イ）AI 技術
B.　（ア）中国　（イ）AI 技術
C.　（ア）ドイツ　（イ）仮想空間
D.　（ア）日本　（イ）仮想空間

➡ P204

□ **2**. 構造化データと非構造化データに関する記述として、最も適切でないものを選べ。

A.　Excel に代表される表計算ソフトでは、行と列の概念によってデータを管理する。このようなデータは構造化データと呼ばれる
B.　JSON や XML のような形式で記述されたデータは行や列の概念をもたないため、非構造化データである
C.　コンピュータに取り込まれた文章・画像・動画・音声のデータは、通常、非構造化データとして扱われる
D.　構造化データから情報を抽出することは、一般に、非構造化データから情報を抽出することよりも容易である

➡ P205

3. 以下の記述を読み、空欄ア、イに入る語句の組み合わせとして、最も適切なものを選べ。

高度情報通信ネットワーク社会推進戦略本部は、無償で利用可能であり、機械判読に適した、（　ア　）なデータのことをオープンデータと定義した。
（　イ　）は、日本政府の各府省が公表する統計情報の閲覧・検索・利用が可能なWebサイトであり、独立行政法人統計センターによって運営されている。（　イ　）によって提供されているデータは、高度情報通信ネットワーク社会推進戦略本部が定義するオープンデータに該当する。

A.　（ア）営利目的・非営利目的を問わず二次利用が可能
　　（イ）RESAS
B.　（ア）営利目的・非営利目的を問わず二次利用が可能
　　（イ）e-Stat
C.　（ア）非営利目的に限って二次利用が可能
　　（イ）RESAS
D.　（ア）非営利目的に限って二次利用が可能
　　（イ）e-Stat

➡ P207

4. 以下の記述を読み、空欄ア、イに入る語句の組み合わせとして、最も適切なものを選べ。

（　ア　）は、ドイツ政府によって打ち出された産業改革プロジェクトである。2016年3月に策定された（　イ　）において、（　ア　）は注力すべき目標として掲げられている。

A.　（ア）テクノロジー 4.0
　　（イ）AI国家戦略
B.　（ア）ブレイクスルー 4.0
　　（イ）AI国家戦略
C.　（ア）イノベーション 4.0
　　（イ）デジタル戦略 2025
D.　（ア）インダストリー 4.0
　　（イ）デジタル戦略 2025

➡ P209

☐ **5**. 以下の記述を読み、空欄アに入る語句として、最も適切なものを選べ。

画像データにおける写真の被写体を表すラベルやファイルの作成年月日など、データそのものを説明する付加的な情報を（　ア　）という。

A.　一次データ
B.　メタデータ
C.　構造化データ
D.　二次データ

➡ P210

☐ **6**. 一般に、「独自に収集したデータ」は一次データ、「公開／販売されているデータ」は二次データと呼ばれる。一次データ、二次データに関する記述として、最も適切でないものを選べ。

A.　Webクローリングによってインターネット上から得られたデータは、公開されている情報に基づくデータであるため、二次データである
B.　e-Stat で公開されている日本政府の各府省が収集する統計情報は、ダウンロードして利用した場合、二次データである
C.　一次データは自分たちで独自に収集するデータであるため、調査目的に即した形で収集しやすい
D.　一般に、一次データを収集する場合にかかる時間や労力は、二次データを収集する場合に比べて大きい

➡ P211

- [ ] **7. 機械学習を適用するタスク案を以下に示す。2022年時点において、最も実現性が低いものを選べ。**

A. ロボットによって人間の作業や活動を代替する
（例：倉庫内でのフォークリフトの運転を自動・無人で行う）

B. 実在しない人物の顔写真やキャラクターなどの画像データを新規に生成する
（例：実在しないアイドルの顔写真を自動生成する）

C. 人間が抱える課題を自律的に定義し、その課題を解決するための手段を提示する
（例：Web上から自律的に情報を収集し、社会的な課題の解決法を提示する）

D. 人間による計画や判断を、データに基づいて支援する
（例：Web広告の費用対効果が最大化するような各広告施策への予算配分を予測する）

➡ P213

- [ ] **8. 近年起きているITに関わる社会の変化についての記述として、最も適切でないものを選べ。**

A. ディープラーニングの登場をきっかけに、人工知能技術が社会的に広く認知されるようになったことが、第三次AIブームを後押しした

B. PCやスマートフォンといったデバイス以外にも、家電や自動車、建築物などのさまざまなモノ同士がインターネットによってつながるIoT（Internet of Things）が普及しつつある

C. インターネットに接続可能なデバイスの普及によりビッグデータが容易に収集可能となったことで、機械学習を用いたAIの開発が活発化した

D. サポートベクターマシンの登場により、人間には見つけにくいパターンをデータの中から発見できるようになったことが、第三次AIブームを後押しした

➡ P214

☐ **9**. 以下の記述を読み、空欄ア～ウに入る語句の組み合わせとして、最も適切なものを選べ。

（ ア ）は 2014年に提案された深層学習モデルである。（ ア ）では、ランダムなベクトルを入力として受け取りデータを生成する（ イ ）と、入力として受け取ったデータが真の学習データから入力された本物か、あるいは（ イ ）が作った偽物かを判別する（ ウ ）が、競い合うようにして学習が進む。

A. （ア）VAE
（イ）ディスクリミネータ
（ウ）ジェネレータ

B. （ア）VAE
（イ）ジェネレータ
（ウ）ディスクリミネータ

C. （ア）GAN
（イ）ジェネレータ
（ウ）ディスクリミネータ

D. （ア）GAN
（イ）ディスクリミネータ
（ウ）ジェネレータ

➡ P216

□ **10**. 以下の記述を読み、空欄ア～ウに入る語句の組み合わせとして、最も適切なものを選べ。

強化学習は、「行動を学習する仕組み」を作り出す手法である。強化学習では、ある環境下における（　ア　）の総和を（　イ　）するような行動が学習の対象となる。強化学習において仮定される「遷移先の状態は、直前の状態とそこでの行動にのみ依存する」という性質は（　ウ　）と呼ばれる。

A.　（ア）報酬
　　（イ）最大化
　　（ウ）マルコフ性

B.　（ア）報酬
　　（イ）最小化
　　（ウ）エルゴード性

C.　（ア）損失
　　（イ）最大化
　　（ウ）移動不変性

D.　（ア）損失
　　（イ）最小化
　　（ウ）独立性

➡ P217

□ **11**. 2014 年 5 月、欧州司法裁判所にて、過去の個人についての情報を削除してもらう権利が認められた。この権利の名称として、最も適切なものを選べ。

A.　認められる権利
B.　見られない権利
C.　忘れられる権利
D.　覚えられる権利

➡ P218

第7章　モデルカリキュラム
解　答

1.　D

➡ P198

データやAIを取り巻く近年の日本の政策動向に関する問題です。

Society 5.0は、内閣府によって策定された第5期科学技術基本計画（2016～2020年）のキャッチフレーズです。Society 5.0では、現実空間（フィジカル空間）と仮想空間（サイバー空間）※を高度に融合させたシステムにより、経済発展と社会的課題の解決を両立する人間中心の社会を目指しています（**D**）。この Society 5.0は、狩猟社会（Society 1.0）、農耕社会（Society 2.0）、工業社会（Society 3.0）、情報社会（Society 4.0）に続く概念として提唱されました。

※ ここでは、インターネットなどのコンピュータやネットワークに支えられた空間を指す。

Society 5.0において、AI技術は基盤技術の1つに位置付けられています。内閣府は、仮想空間に集積された現実空間の膨大な情報（ビッグデータ）をAIによって解析し、それを現実空間にフィードバックすることで新たな価値を生み出すことができる社会を**データ駆動型社会**と定義しています。

Society 5.0を実現するためには、現実空間と仮想空間の間で情報をやりとりする基盤としてのIoT技術が不可欠です。**IoT**（Internet of Things：モノのインターネット）は、家電や自動車、建築物、工場の生産設備といった、情報通信機器（PCやスマートフォンなど）以外の身の回りのモノがインターネットに接続されることによって、相互に情報を交換できるようになる仕組みです。IoTをコアとして現実空間と仮想空間が相互連関し、より高度な社会を実現していく仕組みを**CPS**（Cyber-Physical System）といいます。IoTによるモノのデジタル化／ネットワーク化によってCPSがさまざまな産業に適用され、付加価値を獲得したデータが現実世界を動かしていきます。

Society 5.0において、AI技術がどのように関わっているのかを確認しておきましょう。また、Society 5.0によって実現される社会がどのようなものであるかも、併せて覚えておきましょう。

2. B ➡ P198

構造化データと非構造化データの違いに関する問題です。

構造化データは、行と列などのように何らかの構造が定義されているデータのことを指します。Excelや各種RDB（関係データベース）で扱われるデータは、構造化データです（A）。
JSONやXMLといったデータフォーマットは、行と列の概念をもちませんが、データを管理する形式が定められています。したがって、データの形式を「構造化データ」と「非構造化データ」の2つに分ける場合、JSONやXMLは構造化データに分類されます（**B**）。ただし、文献によっては、行と列の概念をもったデータと区別するために、「半構造化データ」と呼ばれることもあります。
JSONとXMLの特徴を以下に示します。本試験では、これらのデータ形式の違いが問われる可能性があるので、違いを押さえておきましょう。

● JSON

JSON（JavaScript Object Notation）は、JavaScriptオブジェクトに似た構文によって構造化されたテキストフォーマットです。JavaScriptに限らず、さまざまなプログラミング言語において構造化データの記述に用いられます。JSON形式のデータは、主に、Webアプリケーションでデータを転送する際に用いられます。似た用途で用いられるデータフォーマットとして、後述するXMLがあります。JSONは、XMLと比べると、構造化されたデータをより簡潔に記述できるため、人間が記述および理解しやすいフォーマットといえます。

例 JSONの例

```
{
  "foods": {
    "food": [
      {
        "name": "イチゴ",
        "color": "赤"
      },
      {
        "name": "ミカン",
        "color": "黄"
      }
    ]
  }
}
```

● XML

XML（eXtensible Markup Language）は、文書の構造を定義するマークアップ言語によって記述されます。XMLは、JSONに比べて文書に付加できる情報量が多いため、やや表現力が高いデータフォーマットといわれています。しかし、XMLはタグで囲まれたデータフォーマットを用いるため、処理対象のデータの容量が大きくなるというデメリットがあります。

例 XMLの例

```
<?xml version="1.0" encoding="UTF-8" ?>
<foods>
  <food>
    <name>イチゴ</name>
    <color>赤</color>
  </food>

  <food>
    <name>ミカン</name>
    <color>黄</color>
  </food>
</foods>
```

非構造化データは、データ構造が定義されていないデータのことを指します。画像や音声、動画、文章などの実世界において直接得られるデータの多くは、通常、非構造化データとして扱われます(C)。非構造化データは、構造化データに比べ、情報を抽出することが難しいデータであるといえます(D)。例えば、街の風景写真の中から車の情報だけを取り出すといった作業について考えてみても、構造化されたデータから情報を抽出することに比べて遥かに困難であることがわかります。

構造化データと非構造化データの違いと、JSONとXMLの違いを覚えておきましょう。

JSONやXMLは、Web APIを用いてデータを受け渡す際のフォーマットとして広く利用されています。Web APIが利用され始めた当時は、XMLでデータの送受信を行うことが一般的でしたが、現在ではJSONが広く用いられています。

3. B

➡ P199

オープンデータの定義に関する問題です。

高度情報通信ネットワーク社会推進戦略本部は、次のいずれの項目にも該当するかたちで公開されたデータを**オープンデータ**と定義しています。

1. 営利目的、非営利目的を問わず二次利用が可能なルールが適用されたもの（A、B）
2. 機械判読に適したもの
3. 無償で利用できるもの

この定義はあくまでも1機関によるものであり、国際的に「オープンデータの定義」が厳密に取り決められているわけではありません。したがって、これらの条件を満たしているデータであっても、必ずしもオープンデータとはいえない場合があることに注意してください。

政府や地方自治体からは多数のオープンデータが公開されています。
e-Stat（イースタット、https://www.e-stat.go.jp/）は、日本政府の各府省が公表するさまざまな統計情報の閲覧・検索・利用が可能なWebサイトであり、総務省所管の独立行政法人統計センターによって運営されています（B、D）。
RESAS（リーサス、https://resas.go.jp/）は、産業構造や人口動態などに関するデータを地図上に可視化できるWebサイトで、内閣官房と経済産業省によって運営されています（A、C）。

以上より、組み合わせが適切な選択肢**B**が正解です。

なお、官公庁以外の組織によって公開されているオープンデータも多数存在します。有名なものとしては、画像認識分野のベンチマークによく用いられる手書き数字データセットMNIST（エムニスト）が挙げられます。MNISTは、アメリカ商務省配下の国立標準技術研究所（National Institute of Standards and Technology）によって作成・公開されています。このほか、青空文庫というWebサイトで提供されているテキストデータもオープンデータです。青空文庫では、著作権が消滅した文芸作品などを公開しています。

● MNIST

MNIST（Mixed National Institute of Standards and Technology database）は、最もよく知られた手書き数字画像のオープンデータセットです。画像認識を目的とした機械学習のチュートリアルでよく用いられます。MNISTには、60,000枚の訓練用データと10,000枚のテスト用データからなる計70,000枚の画像データと、それらの画像に付加された正解ラベルが含まれています。画像は28×28ピクセルからなる正方形で、各ピクセルには白（0）～黒（255）までの色情報が記録されています。

【MNISTの画像例】

※データセット配布元：The MNIST database（http://yann.lecun.com/exdb/mnist/）

● **青空文庫（https://www.aozora.gr.jp/）**
青空文庫は、著作権が消滅した作品や、自由に配布することを権利者が許可した著作物を提供しているWebサイトです。青空文庫には、夏目漱石や森鴎外、芥川龍之介、宮沢賢治といった日本国内の作家の作品のほか、エドガー・アラン・ポーやアーサー・コナン・ドイルといった海外の作家の作品も収録されています。収録作品の多くは、上に挙げたような文学作品ですが、アルベルト・アインシュタインのような、自然科学分野で活動した人物の著作も収録されています。

ここでは、高度情報通信ネットワーク社会推進戦略本部によるオープンデータの定義を紹介しましたが、オープンデータという用語の定義は組織や団体などによって異なります。この点に注意してください。

4. D

➡ P199

データやAIを取り巻く近年のドイツの政策動向に関する問題です。

インダストリー4.0（**第4次産業革命**の意）は、ドイツ連邦政府が打ち出した製造業のオートメーション化・データ化・コンピュータ化を目指す技術的コンセプトです。2016年3月に、ドイツの経済・エネルギー省は、ドイツがデジタル化を進めていくために2025年までに取り組むべき施策をまとめた**デジタル戦略2025**を発表しました。デジタル戦略2025において、インダストリー4.0は、注力すべき目標の1つとして掲げられています。インダストリー4.0の中で、AI技術は、ドイツのイノベーションを支える重要技術の1つとして位置付けられています。
以上より、組み合わせが適切な選択肢**D**が正解です。

ドイツのスポーツ用品企業アディダスの**スピードファクトリー**は、インダストリー4.0のコンセプトに基づいてつくられた工場の代表的事例です。スピードファクトリーでは、自動化と生産設備のIoT化によって、短時間で多品種の物品を生産することを目的としていました。アディダスは、2020年にこれらの工場を閉鎖しました。

選択肢中のAI国家戦略は、2018年に同じくドイツによって公表されました。AIを社会に取り込み、ドイツの国際競争力を維持することなどを目標としています。

インダストリー4.0において、AI技術がどのように関わっているのかを確認しておきましょう。

5. B ➡ P200

メタデータに関する問題です。

画像データにおける各ピクセルの色情報や、音声データにおける音声信号の情報といった「データそのもの」は、実体などと呼ばれます。これに対し、写真の被写体を表すラベルや、音声データに記録された楽曲のタイトルなど、データを説明する情報を**メタデータ**といいます(**B**)。ファイル名や作成年月日、作成者といった、データの属性(データの状態や性質を説明する付属的な情報)もメタデータです。

【実体とメタデータの関係の例】

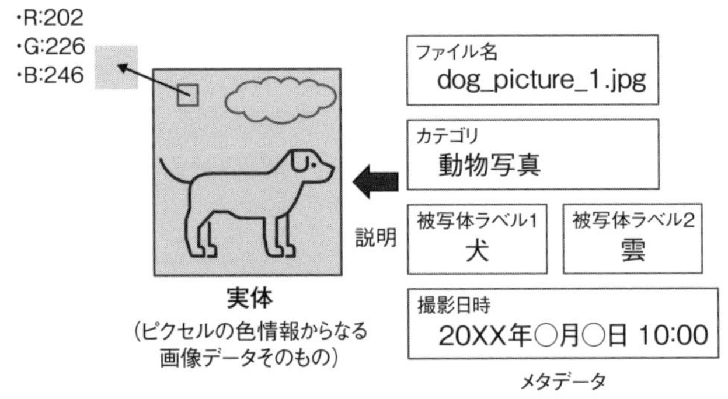

データの実体に対してさまざまな種類のメタデータを付加することには、次のような利点があります。

1. 検索性が向上する
   実体に対してメタデータを付加することで、データの検索性が向上します。例えば、メタデータが付加されていない複数の動物の写真(画像データ)があるとします。この中から犬の写真を探し出す場合、個々の画像データを目で見て確認する必要があります。しかし、この画像データに対して、被写体の情報(テキストのメタデータ)が関連づけられていれば、メタデータに対して検索をかけることで、犬が写っている写真を簡単に探し出すことができます。

2. さまざまな角度からデータの性質をとらえられる
   データに付加された更新日や利用頻度といったメタデータから、そのデータの重要度を推し量ることができます。このように、メタデータが付加されたデータからは、そのデータの実体だけでは入手できない情報や価値が得られます。

3. セキュリティを担保できる
変更履歴や更新日、変更した人物といったメタデータを付加しておくことで、そのデータに対して行われた変更の内容や、責任の所在を追跡することができます。これにより、データに対するセキュリティを向上させることができます。

選択肢Cの構造化データについては解答2、A、Dの一次データ、二次データについては解答6を参照してください。

実体にメタデータを付加する利点を説明できるようにしておきましょう。

6. A ➜ P200

データの入手方法に関する問題です。

データは、「独自に収集したデータ」と「公開／販売されているデータ」に大別されます。
独自に収集したデータを**一次データ**といいます。一次データの利用に際しては、データを必要な形で収集できるため、データの内容や形式を調査目的と一致させやすいという利点があります(C)。しかし、一次データを収集するには、アンケート調査やWebクローリング(インターネット上に公開されているテキスト・画像・動画などの情報をプログラムやツールを用いて自動で収集すること)などが必要となります。このため、一次データの収集にかかる労力は、二次データの場合に比べて大きくなる傾向があります(D)。

一次データに対し、「公開／販売されているような自ら収集したものではないデータ」を**二次データ**といいます。二次データのメリットとして、収集に時間がかからないこと、自分たちでは収集できない範囲の情報をカバーできることなどが挙げられます。しかし、二次データは他者が収集したデータであるため、自分たちの調査目的にデータが合致しているとは限りません。

e-Statで公開されているデータは、日本政府の各府省が収集したものなので、二次データに該当します(B)。e-Statで公開されているデータはオープンデータ(解答3参照)の定義にも当てはまります。この定義から、オープンデータは二次データにあたります。

インターネット上からWebクローリングによって得られたデータは、インターネット上に点在しているデータを自分たちで収集したデータといえるため、一次データです(**A**)。

【一次データと二次データの特徴】

	一次データ	二次データ
収集方法	独自に収集	他者が収集
調査の自由度	高い	低い
収集できる情報の範囲	狭い（組織規模や用意できる収集方法に依存）	広い（企業や単体の組織では収集できない範囲の情報を得られる）
競合他社	利用できない	利用できる
収集にかかる労力	大きい（独自に収集）	小さい（対価を支払えばすぐに使える）
調査目的との一致	一致する	必ずしも一致しない

一次データと二次データそれぞれを利用する際のメリットとデメリットを理解しておきましょう。また、これらの概念、ならびにオープンデータとの使い分けについても覚えておきましょう。
また、こうしたデータの入手・生成元には、アンケートなどの調査で得たデータ(調査データ)や実験によって得られたデータ(実験データ)、人の行動ログ、機械の稼働ログなどさまざまな種類があることを覚えておきましょう。

7. C

➡ P201

機械学習の活用領域に関する問題です。

2022年時点において機械学習を適用しやすい活用領域を以下に示します。
下表における「活用領域」は、DS検定の出題範囲を構成する資料の1つである「数理・データサイエンス・AI（リテラシーレベル）モデルカリキュラム」内の「1-3. データ・AIの活用領域」において定義されています。下表はそれらの「活用領域」について簡単に説明し、社会における活用例を挙げたものです。

【データ・AIの活用領域】

活用領域	内容	例
仮説検証	仮説が正しいか否かについて、事実情報に基づいた実験・観察等を通じて確かめる	過去の購買実績データを用いて「ある商品Aは30代男性によく使ってもらえるのではないか」という仮説を検証する
知識発見	データを分析することによってさまざまな知見を得る	市場や製品に関する予備知識が浅いなどの理由で仮説を立てることが困難な場合に、過去のデータの分布やデータ同士の関係性を可視化する
原因究明	「なぜそのようなデータが得られたのか？」という原因を探る	あるスーパーマーケットの購買実績データを見たところ、ビールとおむつが一緒に購入されるケースが多かったとする。このデータを分析して原因究明を行ったところ、「母親が父親におむつを買うよう頼み、来店した父親はついでに缶ビールを購入している」という知見が得られた
計画策定/判断支援	データに基づいて計画や判断を行う	広告のCPA（Cost Per Acquisition、顧客獲得単価）が最小になるような（費用対効果が最大になるような）各広告施策への予算配分を予測する（D）
活動代替	従来人間がやらなければならなかった作業を代替する	倉庫内でのフォークリフトの運転を自動・無人化し、物流の効率を上げる（A）
新規生成	実在しない人物の顔写真やキャラクターなどの画像データを新規に生成する	実在しない人物の顔写真やキャラクターなどの画像データを、機械学習を用いて新規に生成する（B）

2022年時点での機械学習技術では、人間が抱える課題を自律的に定義し、さらにその課題を解決するための手段を提示するといったことは困難です(**C**)。

現在、データやAIが世の中でどのように利用されているか、例とともに覚えておきましょう。

データやAIにはさまざまな活用方法があり、研究開発、調達、製造、物流、販売、マーケティング、サービスなど、多種多様な分野で活用されています。各分野の代表的な活用事例を知っておくことで、実際のビジネスでどのように活用されているかイメージしやすくなります。
AIの活用方法の1つとして、近年、**予測的データ分析**に期待が寄せられています。予測的データ分析とは、データから得られる知見を用いて近い将来に何が起きるかを予測することです。
予測的データ分析の例として、機械の故障予測が挙げられます。工場の製造機械にIoTデバイスを取り付け、故障の履歴や経年劣化のデータを収集します。このようにして得られたデータに対して予測的データ分析を行うことで、機械が故障する予兆を検知し機械の故障を未然に防ぐことができます。
このほかに、**シェアリングエコノミー**(インターネットを介して個人間でモノや場所、技能などを貸し借りするサービス)の利用者同士のマッチングや、**レコメンデーション**(ECサイトなどにおいて顧客の好みを反映した商品を推薦すること)などにもAIが活用されています。

8. D

➜ P201

AI、ビッグデータ、IoTを取り巻く社会の変化についての問題です。

AI、ビッグデータ、IoTなどの技術発展に伴い、社会に次のような変化が起こりました。

1. 計算資源の高性能化によるデータ処理の高速化
   近年、GPGPU(General-Purpose computing on Graphics Processing Units)などの計算資源の高性能化に伴い、膨大な量のデータ(ビッグデータ)を短時間で処理することが可能になりました。また、ディープラーニングに関する技術が発達したことにより機械学習を用いたAIの学習にかかる時間が短縮されたことも、第三次AIブームを後押ししました(A)。

2. IoTデバイスの普及による現実空間の情報の収集

IoT（Internet of Things：モノのインターネット）は、家電や自動車、建築物、工場の生産設備といった、情報通信機器（PCやスマートフォンなど）以外の身の回りのモノがインターネットに接続される仕組みのことです。こうした仕組みをもつ機器はIoTデバイスと呼ばれます。IoTデバイスの普及により、膨大な現実世界の情報を収集・蓄積することが可能になりました（B）。

3. インターネットの普及によるデータ量の増加

PCやスマートフォンなどのインターネットに接続できるデバイスが普及したことで、2000年代後半ごろから、世界中に流通するデータ量が爆発的に増加しました。こうしたデータを集積することで、巨大で複雑なデータの集合であるビッグデータが形成されるようになりました。計算機の性能向上によって、ビッグデータを使ってAIを学習させることができるようになり、AIの性能も飛躍的に向上しました（C）。

人間には見つけにくいパターンをデータの中から発見する**パターン認識**は、1960年代ごろから長年研究されてきた技術です。2000年代以降再び注目されている機械学習技術も、パターン認識に関する研究から生まれました。第三次AIブームを後押ししているのは、サポートベクターマシンではなく深層学習（ディープラーニング）です（**D**）。

AI、ビッグデータ、IoTという3つのトレンドの関係を覚えておきましょう。

AI、ビッグデータ、IoTなどとともによく登場する用語として、**ロボット**が挙げられます。AI、ロボットという用語は、しばしば混同されて用いられます。

ロボットは、自動作業を行う機械全体を指す用語です。このため、ロボットの定義の中にはロボットの身体的な要素が含まれます。一方、AIは知的な処理能力を機械にもたせる技術分野を指します。このため、AIの定義の中には身体的な要素は含まれません。

ロボットの頭脳（知的な処理を担う部分）はAIの分野で扱われます。しかし、AIではロボットの頭脳だけを扱う技術分野ではなく、機械によるその他の知的な処理能力全般を担います。

9. C

➡ P202

GANに関する問題です。

出力データの分布（出力データの生成規則）だけでなく、入力データの分布（入力データの生成規則）もモデル化したモデルを**生成モデル**といいます。生成モデルでは通常、推定された入力データの分布を用いて新しいデータを生成します。近年、生成モデルの性能は著しく向上し、本物のように自然な画像や文章を生成できるまでになりました。

深層学習を利用して構築される生成モデルは、**深層生成モデル**と呼ばれます。深層生成モデルの例として、VAEやGANが挙げられます。
VAE（Variational AutoEncoder）は、2013年に提案された生成モデルです。VAEは、オートエンコーダというネットワークを確率モデル化し、未知のデータを確率的に作成できるようにしたものです。オートエンコーダは、入力した情報を圧縮して出力するといった目的で利用されます。VAEは日本語では**変分自己符号化器**と呼ばれ、画像の生成などに利用されます。
GAN（Generative Adversarial Network）は、2014年に提案された生成モデルです。GANは、日本語では**敵対的生成ネットワーク**と呼ばれます。GANでは、ランダムなベクトルを入力として受け取りデータを生成する**ジェネレータ**（**生成器**）と、入力として受け取ったデータが本物か、あるいはジェネレータが作った偽物かを判別する**ディスクリミネータ**（**識別器**）という2つのネットワークが、競い合うようにして学習が進みます。ジェネレータとディスクリミネータの競争的な関係の中で学習が進むため、「敵対的（adversarial）」という言葉が用いられています。GANが従来の生成モデルより自然な画像を生成できるようになったのは、この仕組みによるものです。

【GANによる学習の仕組み（概念図）】

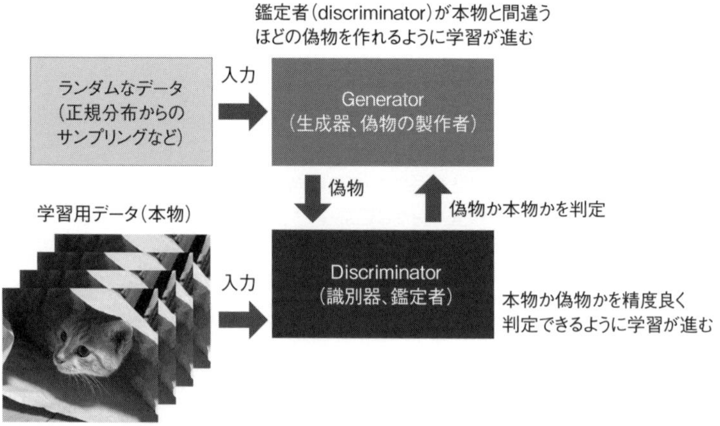

2014年にGANが発表されてから、GANを改良したさまざまなモデルが開発されました。例えば、2015年に提案されたDCGAN（Deep Convolutional GAN）では、ジェネレータとディスクリミネータに畳み込みニューラルネットワーク（CNN）を採用しており、オリジナルのGANと比べると、より自然な画像の生成に成功しています。

以上より、組み合わせが適切な選択肢**C**が正解です。

10. A

➡ P203

強化学習に関する問題です。

強化学習は、ある環境下で、報酬を最大化する方策を獲得することを目的とした手法です（空欄ア、イ）。機械が報酬を最大化するために自ら行動を変えていく（＝学習していく）点が、教師あり学習や教師なし学習といった他の機械学習手法と大きく異なる点です。ここでいう報酬とは、機械が選んだ選択肢に対する評価を指します。
強化学習はロボットの自動制御などに利用されます。

強化学習では行動の主体のことを**エージェント**と呼びます。エージェントの行動により何らかの影響を受けるものを**環境**と呼びます。エージェントが行動すると環境の状態が変化します。ある状態から別の状態に変化することを状態の**遷移**と呼びます。

強化学習では、遷移先の状態が、直前の状態とそこで行った行動にのみ依存するという性質が仮定されます。この性質を**マルコフ性**と呼びます（空欄ウ）。なお、このマルコフ性に従って状態が決定されることを、**マルコフ決定過程**（**MDP**：Markov Decision Process）と呼びます。

なお、選択肢B（ウ）のエルゴード性とは、物理学における力学系の運動の長時間平均と位相空間における平均が一致する性質のことです。また、選択肢C（ウ）の移動不変性は、CNNにおいて局所領域からフィルタを通して検出する際、物体の位置のズレに頑健になる性質のことを指します。選択肢D（ウ）の独立性はより意味が広義な語句であり、今回の設問には合致しません。

以上より、組み合わせが適切な選択肢**A**が正解です。

11. C

➜ P203

忘れられる権利(right to be forgotten)は、過去の個人についての情報を削除してもらう権利です(**C**)。この権利は、2014年に、欧州司法裁判所にて初めて認められました。

インターネットにアップロードされたデータは、アップロード後すぐに拡散されてしまいます。このため、インターネット上に存在する個人のデータを削除したいと思っても、それを個人レベルで実現することは非常に困難です。インターネット上に存在する個人のデータを完全に削除するには、事業者側の協力が不可欠です。忘れられる権利は、このような個人を救うための権利として登場しました。

2022年時点においては、**EU一般データ保護規則**(**GDPR**)の17条において、この忘れられる権利が規定されています。

なお、選択肢A、B、Dのような名称は、一般には用いられません。

EU一般データ保護規則(GDPR)の17条は、以下に掲載されています。
一度目を通しておくとよいでしょう。
https://gdpr.eu/article-17-right-to-be-forgotten/

第8章

総仕上げ問題

■ データサイエンティスト検定
リテラシーレベル

■ 試験時間：90分

■ 問題数：90問程度

☐ **1**. 以下の記述を読み、空欄ア、イに入る語句の組み合わせとして、最も適切なものを選べ。

コインを投げて、表が出たか裏が出たかを記録することにする。表が出たときは1、裏が出たときは0をとる変数Xが従う確率分布は（　ア　）で表現できる。コイン投げをN回繰り返した際の表が出る回数が従う分布は（　イ　）で表現できる。

A.　（ア）ベルヌーイ分布　（イ）二項分布
B.　（ア）正規分布　（イ）二項分布
C.　（ア）ベルヌーイ分布　（イ）正規分布
D.　（ア）二項分布　（イ）正規分布

➡ P262

☐ **2**. 箱ひげ図を描画する際に用いられる統計量として、最も適切なものを選べ。

A.　分散
B.　標準偏差
C.　中央値
D.　相関係数

➡ P263

□ **3**. 以下に示す確率密度関数のグラフのうち、標準正規分布として、最も適切なものを選べ。なお、Xは確率変数である。

A.

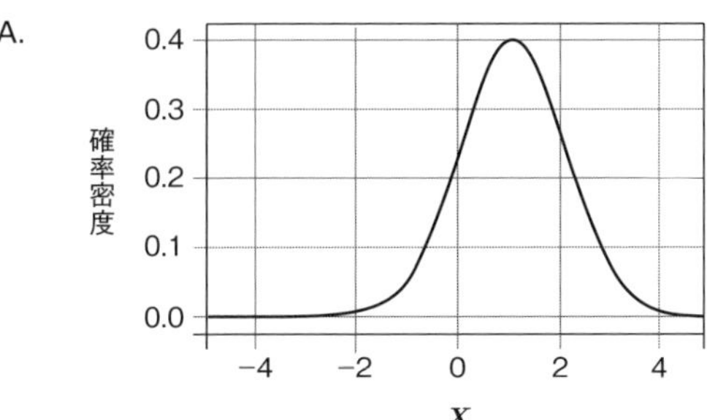

B.

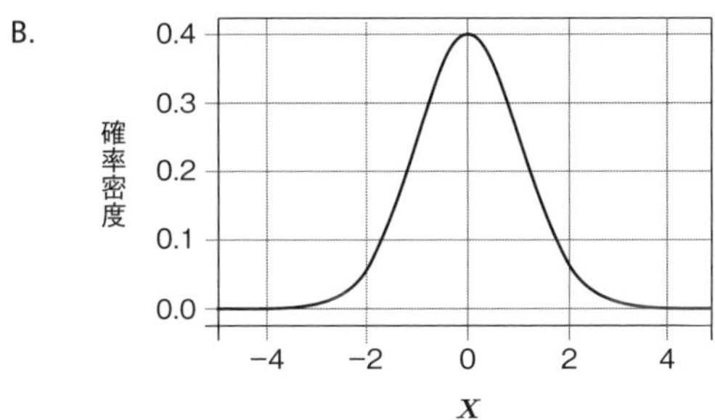

C.

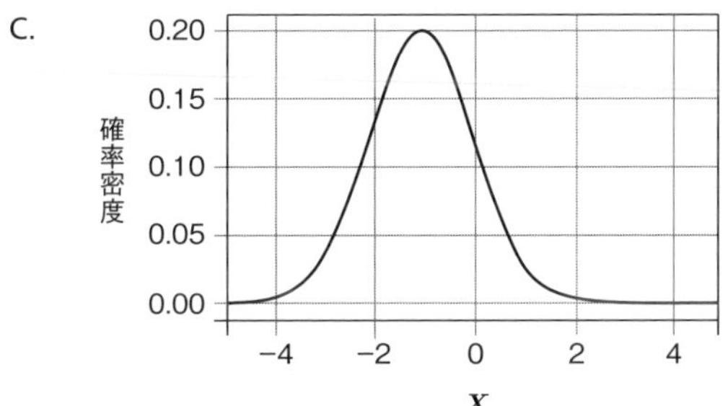

D.

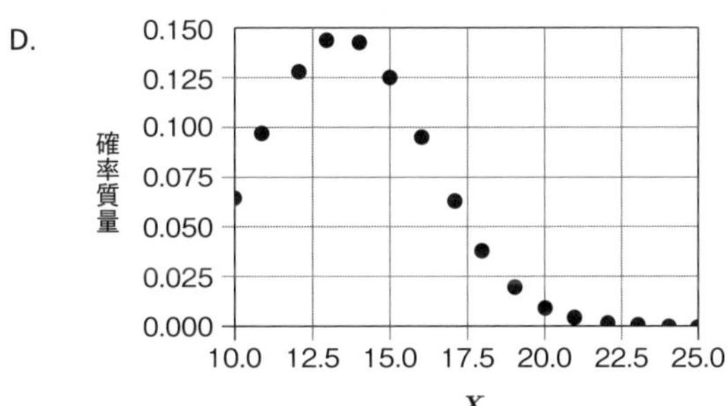

➡ P264

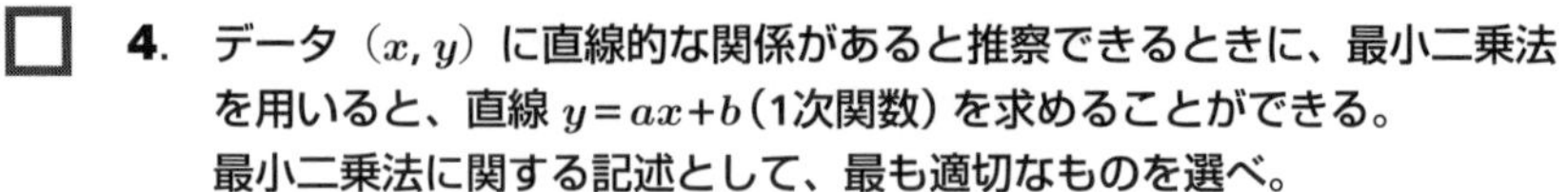

☐ **4.** データ (x, y) に直線的な関係があると推察できるときに、最小二乗法を用いると、直線 $y=ax+b$（1次関数）を求めることができる。
最小二乗法に関する記述として、最も適切なものを選べ。

A. 最小二乗法を用いると、実測値と予測値の誤差を二乗したものの総和が最も小さくなるパラメータが求められる
B. 最小二乗法を用いると、必ずすべてのデータを通過するパラメータが求められる
C. 最小二乗法では、繰り返し計算を行うことで予測精度を上げることができる
D. 同じデータに対して、最小二乗法を実行すると、毎回違うパラメータが得られる

➡ P264

☐ **5.** ベクトル $\boldsymbol{k} = (3, 4, 5, 6)$ とベクトル $\boldsymbol{l} = (1, 2, 7, 8)$ の標準内積として、最も適切なものを選べ。

A. $(3, 8, 35, 48)$
B. $(24, 28, 10, 6)$
C. 94
D. $\sqrt{94}$

➡ P265

☐ **6.** 2つの行列 $M = \begin{pmatrix} m_{11} & m_{12} \\ m_{21} & m_{22} \end{pmatrix}$　$N = \begin{pmatrix} n_{11} & n_{12} \\ n_{21} & n_{22} \end{pmatrix}$

が与えられたとき、行列積 MN を

$$MN = \begin{pmatrix} m_{11}n_{11} + m_{12}n_{21} & m_{11}n_{12} + m_{12}n_{22} \\ m_{21}n_{11} + m_{22}n_{21} & m_{21}n_{12} + m_{22}n_{22} \end{pmatrix}$$

と定義する。以下の行列 M、行列 N の行列積 MN として、最も適切なものを選べ。

$$M = \begin{pmatrix} 1 & 2 \\ 3 & 4 \end{pmatrix},\ N = \begin{pmatrix} 5 & 6 \\ 7 & 8 \end{pmatrix}$$

A. $\begin{pmatrix} 5 & 12 \\ 21 & 32 \end{pmatrix}$

B. $\begin{pmatrix} 17 & 23 \\ 39 & 49 \end{pmatrix}$

C. $\begin{pmatrix} 19 & 22 \\ 43 & 50 \end{pmatrix}$

D. $\begin{pmatrix} 23 & 34 \\ 31 & 46 \end{pmatrix}$

➡ P265

□ **7.** 関数 $F(x, y) = (x+y)^2$ を x について偏微分した結果として、最も適切なものを選べ。

A. $2x$
B. $2y$
C. $(x+y)$
D. $2(x+y)$

➡ P266

□ **8.** 以下の記述を読み、空欄ア、イに入る語句の組み合わせとして、最も適切なものを選べ。

名義尺度のデータの例としては（　ア　）が挙げられる。
比例尺度のデータの例としては（　イ　）が挙げられる。

A. （ア）郵便番号　（イ）順位
B. （ア）郵便番号　（イ）身長
C. （ア）気温　（イ）身長
D. （ア）順位　（イ）気温

➡ P267

□ **9**. 量的データ（量的多数）に関する以下の記述を読み、空欄ア、イに入る語句の組み合わせとして、最も適切なものを選べ。

間隔尺度のデータの例としては（　ア　）が挙げられる。
比例尺度のデータの例としては（　イ　）が挙げられる。

A.　（ア）気温　（イ）順位
B.　（ア）西暦　（イ）身長
C.　（ア）睡眠時間　（イ）身長
D.　（ア）郵便番号　（イ）気温

➡ P267

□ **10**. 以下の記述を読み、空欄ア～ウに入る語句の組み合わせとして、最も適切なものを選べ。

高度情報通信ネットワーク社会推進戦略本部は、次の3つの条件のいずれにも該当する公開データのことをオープンデータと定義した。

1. 営利目的か非営利目的かを問わず（　ア　）が可能
2.（　イ　）に適している
3.（　ウ　）で利用可能

A.　（ア）一次利用　（イ）機械学習　（ウ）個人
B.　（ア）一次利用　（イ）機械学習　（ウ）無償
C.　（ア）三次利用　（イ）機械学習　（ウ）無償
D.　（ア）二次利用　（イ）機械判読　（ウ）無償

➡ P268

□ **11**. 以下の記述を読み、空欄アに入る語句として、最も適切なものを選べ。

API（Application Programming Interface）は、プログラム同士をつなぐための仕組みである。（　ア　）は、API のメソッドの 1 つである。（　ア　）を用いると、指定したリソースを取得することができる。

A. DELETE
B. GET
C. POST
D. PUT

➡ P268

□ **12**. 一般に、HTTPを利用するAPIをWeb APIという。ここでは、Web APIを利用して提供されるサービスのことをAPIサービスと呼ぶことにする。APIサービスを用いることで、APIサービス提供会社が保有しているデータを取得したり、APIサービス提供会社が提供するプログラムを外部から利用することができる。
Web APIについての説明として、最も適切でないものを選べ。

A. Web APIを実現する際に用いられる設計原則の1つにREST（Representational State Transfer）がある
B. Web APIを用いて画像データを送信することができる
C. Web APIでは画像データを取得することはできない
D. Web APIのメソッドとしてPOSTやGETがある

➡ P268

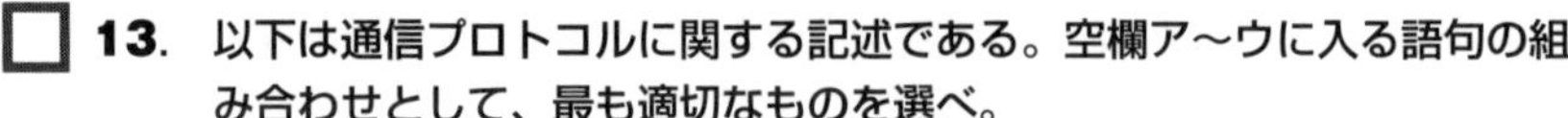

13. 以下は通信プロトコルに関する記述である。空欄ア～ウに入る語句の組み合わせとして、最も適切なものを選べ。

（　ア　）はさまざまなデータ転送技術のベースとなっているファイル転送プロトコルであり、（　ア　）の通信においては情報は暗号化されない。（　ア　）のデメリットを改善したプロトコルとして登場した（　イ　）では、（　ウ　）によって通信を暗号化することで、安全にデータのやり取りを行う。

A.　（ア）SCPS　（イ）HTTP　（ウ）SSH
B.　（ア）FTP　（イ）FTPS　（ウ）SSL/TLS
C.　（ア）SCP　（イ）HTTP　（ウ）SSH
D.　（ア）FTPS　（イ）FTP　（ウ）SSL/TLS

➡ P269

14. あるデータベースに、学生テーブルと講義テーブルを作成した。2つのテーブルの関係をER図にすると、下図のようになる。下図におけるリレーションが示す多重度として、最も適切なものを選べ。ただし、モデルの記法はIE記法を用いている。

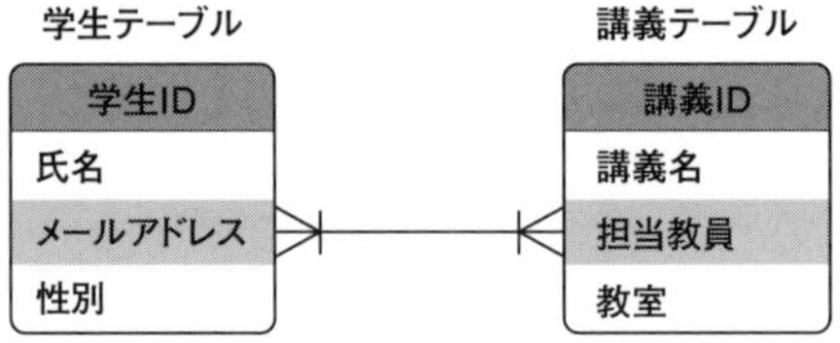

A.　1対1の関係
B.　1対多の関係
C.　多対多の関係
D.　1対0の関係

➡ P270

□ **15**. 以下の記述を読み、空欄ア、イに入る語句の組み合わせとして、最も適切なものを選べ。

複数のCPUコアまたは複数のコンピュータで処理を分担することを分散処理という。分散処理フレームワークの1つであるSparkは、（　ア　）という仕組みを用いて（　イ　）上でデータを処理する。このため、Sparkでは、代表的な分散処理フレームワークの1つであるHadoopよりも高速な処理が実現されている。

A.　（ア）RDD　（イ）SSD
B.　（ア）RDD　（イ）メモリ
C.　（ア）RDB　（イ）SSD
D.　（ア）RDB　（イ）メモリ

➡ P271

□ **16**. システムを構築する環境として、クラウドとオンプレミスがある。クラウドと比較してオンプレミスが有利な点として、最も適切でないものを選べ。

A.　サーバの管理を自社で行うため、既存の社内のシステムと連携しやすい
B.　サーバの調達や管理を自社で行うため、初期導入費用が安い
C.　サーバの管理を自社で行うため、情報漏洩のリスクが小さい
D.　サーバの管理を自社で行うため、自社が求めるセキュリティレベルを実現しやすい

➡ P271

□ **17**. BI（Business Intelligence）ツールを用いて実現できることとして、最も適切でないものを選べ。

A.　複数のCSVデータを統合することができる
B.　一般にBIツールと呼ばれているものとノーコードAIツールは同一のものである
C.　収集したデータを分析の目的に合わせて加工することができる
D.　加工されているデータを分析し任意のグラフによって可視化することができる

➡ P272

□ **18.** 以下のマルウェアに関する記述を読み、空欄ア～ウに入る語句の組み合わせとして、最も適切なものを選べ。

（　ア　）は既存のプログラムの一部を改ざんし、自己増殖を行うことで、コンピュータに損害を与えるマルウェアである。また、（　イ　）は特定の条件を満たした際にコンピュータに損害を与えるマルウェアである。さらに、（　ウ　）は一見無害な画像や文章などのファイルやアプリケーションを装って侵入することで、コンピュータに損害を与えるマルウェアである。

A.　（ア）ウイルス
　　（イ）トロイの木馬
　　（ウ）ロジックボム

B.　（ア）ワーム
　　（イ）ウイルス
　　（ウ）トロイの木馬

C.　（ア）ワーム
　　（イ）ウイルス
　　（ウ）ロジックボム

D.　（ア）ウイルス
　　（イ）ロジックボム
　　（ウ）トロイの木馬

➡ P272

□ **19.** 以下の記述を読み、空欄ア、イに入る語句の組み合わせとして、最も適切なものを選べ。

現在のAI分野において一般的に用いられる汎用AI、特化型AIという言葉は、1980年にジョン・サールによって提唱された（　ア　）、（　イ　）というAIの発達の程度を表す概念に対応する。

A.　（ア）理想AI　（イ）一般AI
B.　（ア）総合AI　（イ）特定AI
C.　（ア）強いAI　（イ）弱いAI
D.　（ア）万能AI　（イ）専用AI

➡ P273

20. 以下の記述を読み、空欄ア、イに入る語句の組み合わせとして、最も適切なものを選べ。

機械学習の手法の 1 つである（　ア　）は、（　イ　）問題に対して用いられる。

A.　（ア）線形回帰　（イ）分類
B.　（ア）重回帰　（イ）回帰
C.　（ア）主成分分析　（イ）回帰
D.　（ア）k-means法　（イ）回帰

➡ P273

21. 機械学習におけるモデルの性能評価にはさまざまな指標が用いられる。次のうち、回帰問題の性能評価指標として、最も適切なものを選べ。

A.　Accuracy
B.　Recall
C.　AUC
D.　MAE

➡ P274

22. 回帰用の誤差関数（損失関数）として、最も適切でないものを選べ。

A.　平均二乗対数誤差（MSLE）
B.　交差エントロピー誤差
C.　平均二乗誤差（MSE）
D.　平均絶対誤差（MAE）

➡ P275

☐ **23.** 以下の記述を読み、空欄ア、イに入る語句の組み合わせとして、最も適切なものを選べ。

学習済みモデルの汎化性能を推定する手法として、ホールドアウト法や交差検証法が挙げられる。
今、用意されているデータは1万件である。学習データと検証データを6：4で分割してホールドアウト法を行う場合、(　ア　) のデータに対してテストを行う。また、全データを 5 分割して交差検証法を行う場合、交差検証法全体で (　イ　) のデータに対してテストを行う。

A.　(ア) 4000件　(イ) 1万件
B.　(ア) 6000件　(イ) 2000件
C.　(ア) 1万件　(イ) 8000件
D.　(ア) 1万件　(イ) 1万件

➡ P276

☐ **24.** 以下の記述を読み、空欄アに入る語句として、最も適切なものを選べ。

データの前処理のうち、データの平均が 0、分散が 1 になるように変換する処理を (　ア　) という。

A.　白色化
B.　0-1 正規化
C.　標準化
D.　無相関化

➡ P276

☐ **25.** 以下の記述を読み、空欄ア、イに入る語句の組み合わせとして、最も適切なものを選べ。

機械学習モデルの学習や検証において、データに対する2種類の「誤差」を考慮してモデルの作り込みを行わなければならない。例えば、(　ア　) が十分小さいにもかかわらず、(　イ　) が大きい場合、モデルは学習用データに過学習しており、(　ア　) と (　イ　) がともに大きいままであれば学習モデルは適切に学習を終えたとはいえない。このような状態に陥ることを未然に防ぐには、モデルやデータセットに対する見直しが不可欠である。

A.　(ア) 汎化誤差　(イ) 訓練誤差
B.　(ア) 汎化誤差　(イ) 標準誤差
C.　(ア) 訓練誤差　(イ) 汎化誤差
D.　(ア) 訓練誤差　(イ) 標準誤差

➡ P278

□ **26**. 時間的な順序を伴いながら観測されたデータを時系列データと呼ぶ。時系列データの扱い方に関する記述として、最も適切なものを選べ。なお、ここでは観測されたデータを原系列と呼ぶことにする。

A.　原系列の細かな変動をトレンドという
B.　原系列の移動平均をノイズという
C.　原系列にノイズを加えたものをトレンドという
D.　原系列に対しフーリエ変換を行うと、原系列がもつ周波数成分を可視化することができる

➡ P278

□ **27**. 以下の記述を読み、空欄ア、イに入る語句の組み合わせとして、最も適切なものを選べ。

現在、自然言語処理では、機械翻訳やテキストマイニングなどをはじめ、さまざまなタスクが扱われている。自然言語処理における代表的な前処理として、文章を自然言語の最小単位に分割する（　ア　）と、文章の文節の関係性を割り出す（　イ　）が挙げられる。

A.　(ア) 形態素解析　(イ) 文脈解析
B.　(ア) 形態素解析　(イ) 係り受け解析
C.　(ア) 文脈解析　(イ) 形態素解析
D.　(ア) 文脈解析　(イ) 係り受け解析

➡ P279

☐ **28.** 以下の記述を読み、空欄ア、イに入る語句の組み合わせとして、最も適切なものを選べ。

一般物体認識は、画像中の物体の名称や種別をコンピュータに認識・識別させることを目的とした研究分野である。一般物体認識で扱われるタスクには、（　ア　）や物体検出が挙げられる。物体検出の分野においては、近年、（　イ　）のような深層学習の手法が多数提案されている。

A.　（ア）画像分類　（イ）YOLO（You Only Look Once）
B.　（ア）画像分類　（イ）U-net
C.　（ア）二値化　（イ）YOLO（You Only Look Once）
D.　（ア）二値化　（イ）U-net

➡ P279

☐ **29.** 画像加工処理の1つであるフィルタ処理の目的として、最も適切でないものを選べ。

A.　画像のサイズを大きくする
B.　被写体の輪郭を強調する
C.　画像をぼかす
D.　画像のノイズを除去する

➡ P280

☐ **30.** 画像データの代表的な保存形式に関する以下の記述を読み、空欄ア〜ウに入る語句の組み合わせとして、最も適切なものを選べ。

（　ア　）は、扱うことができる色数が非常に多く、色数の少ない画像から多い画像まで表現することが可能である。また、色の透過に関する情報も保存することが可能である。
（　イ　）は色数の多い情報を表現でき、ファイルサイズも比較的小さいが、色の少ない画像を表現する際には画質の劣化が発生するという特徴がある。
（　ウ　）は256色しか表現することができないが、ファイルサイズが非常に小さい。また、複数の画像をパラパラ漫画のような動画として保存することが可能である。

A.　（ア）JPG　（イ）PNG　（ウ）GIF
B.　（ア）GIF　（イ）JPG　（ウ）PNG
C.　（ア）JPG　（イ）GIF　（ウ）PNG
D.　（ア）PNG　（イ）JPG　（ウ）GIF

➡ P280

□ **31**. 音声を用いた機械学習のタスクに関する以下の記述を読み、空欄ア～ウに入る語句の組み合わせとして適切なものを選べ。

（　ア　）：人間が発話した内容から単語列を推定するタスクである
（　イ　）：ある人物による発声の発言内容を保持しつつ、別人の声に聞こえるような変換を行うタスクである
（　ウ　）：ある発話区間が誰の声によるものであるかを推定するタスクである

A.　（ア）音声認識　（イ）声質変換　（ウ）話者認識
B.　（ア）話者認識　（イ）音声合成　（ウ）音声認識
C.　（ア）音源分離　（イ）音声合成　（ウ）話者認識
D.　（ア）話者認識　（イ）声質変換　（ウ）音声認識

➡ P281

□ **32**. 以下の記述のうち、回帰問題の例として、最も適切でないものを選べ。

A.　過去の相場のデータから今後の株価を予測する
B.　広告予算の増加による商品の販売額を予測する
C.　過去の購買情報から顧客をグルーピングする
D.　とある商業施設の来場者数の推移を予測する

➡ P281

□ **33**. 教師あり学習は回帰と分類に大別される。以下に、分類に用いられる手法とタスクの組み合わせを示す。このうち、学習を行う際にシグモイド関数を用いるものを選べ。

A.　ロジスティック回帰を用いて、将来エンジニアになるか否かの判別を行う
B.　決定木を用いて、猫と犬とウサギの分類を行う
C.　ランダムフォレストを用いて、将来エンジニアになるか否かの判別を行う
D.　ランダムフォレストを用いて、猫と犬とウサギの分類を行う

➡ P282

□ **34**. 教師なし学習を適用する場面として、最も適切なものを選べ。

A. 入力された画像に写っている動物の種類を自動で判別する
B. 過去の売上実績から未来の売上を予測する
C. イベント参加者をある特徴でグループ分けする
D. 住宅ローン申込者への融資リスクの有無を判断する

➡ P282

□ **35**. 教師なし学習の1つであるクラスタリングの手法として、最も適切なものを選べ。

A. 主成分分析（PCA）
B. k-means法
C. t-SNE
D. UMAP

➡ P283

□ **36**. 塾に通う生徒の学力と、塾に通わない生徒の学力に差があるかどうかを両側検定を用いて検証することを考える。このとき設定すべき帰無仮説と対立仮説の組み合わせとして、最も適切なものを選べ。

A. 帰無仮説：塾に通う生徒の方が学力が高い
対立仮説：塾に通う生徒の方が学力が低い

B. 帰無仮説：塾に通う生徒の方が学力が低い
対立仮説：塾に通う生徒の方が学力が高い

C. 帰無仮説：塾に通う生徒の方が学力が低い
対立仮説：塾に通う生徒と通わない生徒の学力に差はない

D. 帰無仮説：塾に通う生徒と通わない生徒の学力に差はない
対立仮説：塾に通う生徒と通わない生徒の学力には差がある

➡ P283

37. データの分布を表現する際にはグラフや表を用いる。空欄ア、イに入れる図の説明の組み合わせとして、最も適切なものを選べ。

（ ア ）

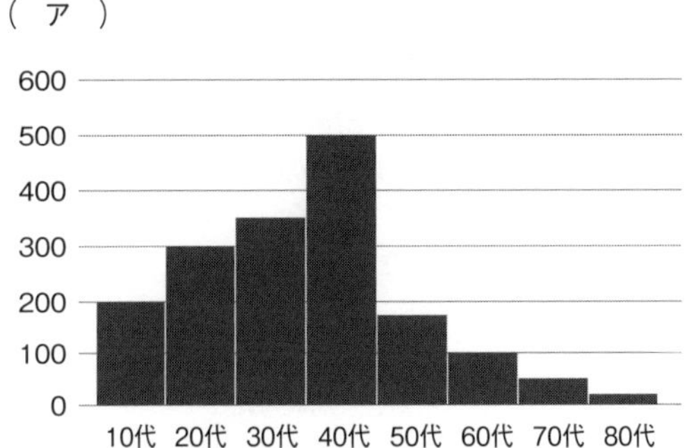

（ イ ）

	営業部	経理部	合計
男性	35	10	45
女性	9	21	30
合計	44	31	75

A. （ア）連続的なデータを複数の区間に区切り、各区間に所属するデータの個数を図示したグラフ
（イ）それぞれの階級のデータの個数（度数）を、観測値の階級ごとに分けた表

B. （ア）縦軸と横軸に2項目の量や大きさ等を対応させ、データを点でプロットしたグラフ
（イ）ある2つのカテゴリの掛け合わせを考え、その掛け合わせに所属するデータの個数を集計した表

C. （ア）縦軸と横軸に2項目の量や大きさ等を対応させ、データを点でプロットしたグラフ
（イ）それぞれの階級のデータの個数（度数）を、観測値の階級ごとに分けた表

D. （ア）連続的なデータを複数の区間に区切り、各区間に所属するデータの個数を使い、データの分布を表現したグラフ
（イ）ある2つのカテゴリの掛け合わせを考え、その掛け合わせに所属するデータの個数を集計した表

➡ P284

☐ **38**. 以下の記述を読み、空欄ア、イに入る語句の組み合わせとして、最も適切なものを選べ。

標本調査の結果として得られた推計値と真の値との差を表す指標を（　ア　）という。推計値が真の値に近いほど（　ア　）は小さくなる。調査を行う際には、実験計画法を用いて、調査の効率化を図ることがある。実験計画法においては、Fisherの3原則がよく用いられる。Fisherの3原則によると、実験計画は（　イ　）、反復、無作為化の3つの原則に則って立案すべきであるとされている。

A.　（ア）分散　（イ）Friedman検定
B.　（ア）分散　（イ）ANOVA
C.　（ア）標本誤差　（イ）post-hoc analysis
D.　（ア）標本誤差　（イ）局所管理化

➡ P284

☐ **39**. 以下の記述を読み、空欄アに入る語句として、最も適切なものを選べ。

データの欠損や重複、表記揺れなどを特定、修正することによってデータの品質を高める処理を（　ア　）という。

A.　データクレンジング
B.　クラスタリング
C.　データレイク
D.　データオーギュメンテーション

➡ P285

☐ **40**. データ分析作業に着手する前に、入手したデータに対する前処理が必要な場合がある。前処理を行う必要があるデータの例として、最も適切でないものを選べ。

A.　欠損値を含むデータ
B.　極端に小さい値を含むデータ
C.　極端に大きい値を含むデータ
D.　平均値と中央値がまったく同じであるデータ

➡ P286

☐ **41**. 外れ値の検出方法に関する以下の記述を読み、空欄ア、イに入る語句の組み合わせとして、最も適切なものを選べ。

第一四分位点、第三四分位点を用いて(　ア　)を計算し外れ値を検出、標準偏差と(　イ　)を用いて外れ値を検出する手法などが一般的である。

A.　(ア) 平均　(イ) 最頻値
B.　(ア) 最頻値　(イ) 四分位範囲
C.　(ア) 四分位範囲　(イ) 平均
D.　(ア) 四分位範囲　(イ) 最頻値

➡ P286

☐ **42**. データを可視化する際には、目的に合わせて適切なグラフを利用することが重要である。(ア) ～ (ウ) は、データの可視化手法に関する記述である。このうち適切でない記述を組み合わせたものを選べ。

(ア) 商品Aと商品Bの価格差がなるべく小さく見えるようにするために、価格を示す棒グラフの目盛り間隔が狭くなるように軸の幅を調整した
(イ) ある商品の購入者の割合が20代、30代、40代でほぼ同数だった場合に、3Dの円グラフで立体的に表現し、強調したい項目を手前側にして大きく見えるように示した
(ウ) あるクラスの生徒の数学の点数と物理の点数の相関関係を確認するため、散布図を用いて2次元平面にプロットした

A.　(ア) と (イ)
B.　(イ) と (ウ)
C.　(ア) と (ウ)
D.　(ア) と (イ) と (ウ)

➡ P287

□ **43.** 散布図に関する以下の記述を読み、空欄ア、イに入る語句の組み合わせとして、最も適切なものを選べ。
散布図は、（　ア　）を調べるための可視化表現である。ある学校に在籍している生徒の男女別の身長と体重の関係を可視化するために、（　イ　）した散布図を描いた。

A.　（ア）データの相関関係
　　（イ）縦軸を身長、横軸を体重とし、男女別にデータ点を色分け
B.　（ア）データの時間方向の推移
　　（イ）縦軸を身長、横軸を体重とし、すべてのデータ点を同色の同記号で表現
C.　（ア）データの構成比
　　（イ）縦軸を男子の身長、横軸を女子の身長に設定
D.　（ア）数値間の大小関係
　　（イ）縦軸を男子の身長、横軸を女子の体重に設定

➡ P287

□ **44.** あなたは多変量のデータを渡され、その性質を端的に表すためデータの可視化を行うことになった。このとき、用いる可視化表現として、最も適切でないものを選べ。

A.　3変数からなるデータのばらつきを見るために、3次元散布図を利用してデータを可視化した
B.　3変数からなるデータのばらつきを見るために、3色で色分けしたヒートマップを利用してデータを可視化した
C.　5変数からなるデータのばらつきを見るために、2変数を組み合わせた散布図行列を利用してデータを可視化した
D.　5変数の属性の違いを比較するために、平行座標を利用してデータを可視化した

➡ P288

□ **45.** あなたはクライアントから、10変数からなるデータを受け取った。まずは可視化のために、このデータを情報の欠落を抑えつつ2次元に落とし込みたい。このとき行うべき処理として、最も適切なものを選べ。

A.　値の大きい2変数を抽出する
B.　分散の大きい2変数を抽出する
C.　主成分分析を行って、寄与率の大きい成分を取り出す
D.　主成分分析を行って、寄与率の小さい成分を取り出す

➡ P288

□ **46.** ある模擬試験の結果を次の表に示す。このデータを元に作成したクロス集計表として、最も適切でないものを選べ。

【ある模擬試験の結果】

受験者ID	大学名	学部名	得点
20210039	A大学	経済学部	250
20210040	A大学	経済学部	260
20210041	A大学	経済学部	270
20210042	A大学	理工学部	220
20210043	A大学	理工学部	260
20210044	B大学	経済学部	210
20210045	B大学	経済学部	220
20210046	B大学	理工学部	270
20210047	B大学	理工学部	280
20210048	B大学	理工学部	260

A.

受験者数	経済学部	理工学部	合計
A大学	3	2	5
B大学	2	3	5
合計	5	5	10

B.

平均点		学部名		
		経済学部	理工学部	平均
大学名	A大学	260	240	252
	B大学	215	270	248
	平均	242	258	250

C.

受験者数		大学名		
		A大学	B大学	合計
受験者ID	～20210043	5	0	5
	20210044～	0	5	5
	合計	5	5	10

D.

受験者数		大学名		
		A大学	B大学	合計
受験者ID	～20210043	5	1	6
	20210044～	0	4	4
	合計	5	5	10

➡ P289

□ **47.** 以下の散布図は、ある期間の「アイスクリーム販売合計額」と「熱中症での救急搬送者数」の関係を示したものである。この散布図から読み取れることとして、最も適切なものを選べ。

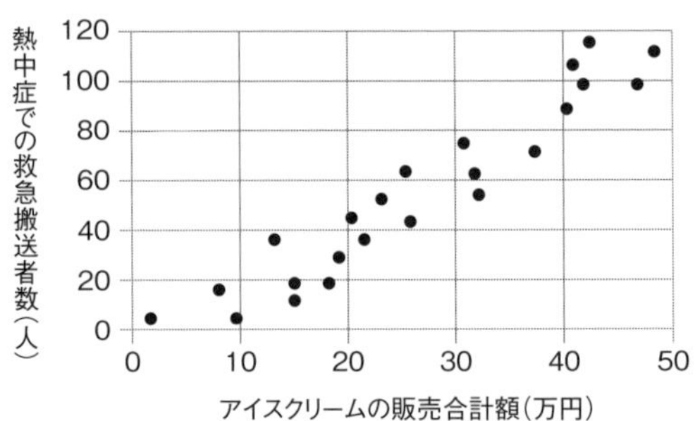

A. 相関関係はあるが、因果関係があるかどうかはわからない
B. 因果関係はあるが、相関関係はない
C. 相関関係も因果関係もある
D. 相関関係も因果関係もない

➡ P290

□ **48.** 以下の記述を読み、空欄ア～エに入る語句の組み合わせとして、最も適切なものを選べ。

以下の表は、ある店舗における購買履歴データである。商品Aと商品Bが同時に買われる確率は、(　ア　)である。これを支持度という。また、全体の中で商品Bが買われる確率は(　イ　)であり、これを期待信頼度という。さらに、商品Aが買われたレシートの中で、商品Bが買われた確率は(　ウ　)であり、これを商品Aから見た商品Bの信頼度という。(　ウ　)を(　イ　)で割ると(　エ　)となり、これを商品Aから見た商品Bのリフト値という。

【ある店舗における購買履歴データ】

レシートNo.	商品A	商品B	商品C	商品D
1	○			
2	○	○		
3	○			
4				
5	○		○	
6	○	○		
7				
8		○	○	
9				
10	○	○		○
11	○	○		
12	○			
合計	8	5	2	1

A.　（ア）0.33　（イ）0.42　（ウ）0.63　（エ）1.19
B.　（ア）0.75　（イ）0.17　（ウ）0.63　（エ）0.84
C.　（ア）0.75　（イ）0.42　（ウ）0.50　（エ）0.84
D.　（ア）0.33　（イ）0.42　（ウ）0.50　（エ）1.19

➡ P290

□ **49.** 以下の記述を読み、空欄ア、イに入る語句の組み合わせとして、最も適切なものを選べ。

MySQLにおいてテーブルを作成する際、カラムごとにデータ型を設定する必要がある。データ型には、小数点を含む数値を表す（　ア　）や、可変長の文字列を表す（　イ　）など、さまざまな種類がある。

A.　（ア）NUMERIC　（イ）CHAR
B.　（ア）NUMERIC　（イ）VARCHAR
C.　（ア）BOOLEAN　（イ）CHAR
D.　（ア）INTEGER　（イ）VARCHAR

➡ P291

☐ **50**. 以下の記述を読み、空欄アに入る語句として、最も適切なものを選べ。

データの蓄積に関する概念の1つとして、（　ア　）がある。（　ア　）は、分析しやすい形に整形されたデータを蓄積する場所としての役割をもつ。

A.　データレイク
B.　データウェアハウス
C.　データセット
D.　データマート

➡ P291

☐ **51**. データベースを操作する際に、正規表現という表現形式がよく用いられる。正規表現が用いられる場面として、最も適切なものを選べ。

A.　ある列の要素がアルファベット順（A～Z）になるようにデータを並べ替える
B.　データを日時の古い順に表示する
C.　090で始まる合計11文字の電話番号を検索する
D.　数値データを昇順に並べ替え、データを整理する

➡ P292

☐ **52**. 以下の記述を読み、空欄ア～ウに入る語句の組み合わせとして、最も適切なものを選べ。

下図は、2つのテーブルに対する結合処理と、結合処理後に得られたテーブルを示している。この結合処理の名称として最も適切なものは（　ア　）である。また、SQLのUNION処理では、複数のSELECTの結果の和をとることができる。このとき、（　イ　）では重複が削除されるが、（　ウ　）では重複も含まれる。

学籍番号	学生氏名	所属学科ID
17****1	A	1
17****2	B	2
17****3	C	4
17****4	D	4

所属学科ID	学科名
1	英文学科
2	国文学科
3	日本史科

学籍番号	学生氏名	所属学科ID	学科名
17****1	A	1	英文学科
17****2	B	2	国文学科

A.　（ア）完全外部結合
　　（イ）UNION ALL
　　（ウ）UNION

B.　（ア）内部結合
　　（イ）UNION ALL
　　（ウ）UNION

C.　（ア）交差結合
　　（イ）UNION
　　（ウ）UNION ALL

D.　（ア）内部結合
　　（イ）UNION
　　（ウ）UNION ALL

➡ P292

□ **53.** **データの質を向上させたいとき、データクレンジングを行う。データクレンジングの説明として、最も適切なものを選べ。**

A. データ集合からデータをランダムまたは一定の間隔で抽出する

B. 学習データに平行移動、拡大縮小、回転、ノイズの付与などの処理を加えながらデータ数を人為的に増やす

C. データベースなどに保存されているデータの中から表記揺れや誤記、重複などを探し、それらに対して削除や修正を行う

D. 特定の条件に該当する行を抽出する

➡ P293

□ **54.** **以下の記述を読み、空欄ア、イに入る語句の組み合わせとして、最も適切なものを選べ。**

データの移行やデータの統合を行う際に、異なる場所に存在するデータに対して、同じものを指している要素同士を関連付ける作業を（　ア　）という。また、データ集合からデータをランダムまたは一定の間隔で抽出する作業を（　イ　）という。

A. （ア）量子化
（イ）フィルタリング処理

B. （ア）フィルタリング処理
（イ）サンプリング処理

C. （ア）マッピング処理
（イ）サンプリング処理

D. （ア）グループ化
（イ）マッピング処理

➡ P293

□ **55.** **無作為抽出の具体的な利用例として、最も適切なものを選べ。**

A. ある会社の社員100名に対してアンケートを実施し、この会社の男女の働き方に関する意識調査を行った。このとき、対象となる100名の性別や年代の分布が、この会社の社員全体の分布と同じになるように標本を抽出した

B.　特定の部署の社員の中から無作為に30名を選び、会社全体の働き方改革についてアンケートを実施した

C.　ある会社が販売している商品の利用者200人に商品満足度の評価を調査するため、自社内でその商品を利用している人を見つけた。またその人の友人や知人で同じ商品を利用している人を紹介してもらい、200人を集めた

D.　あるサービスの利用者の満足度を調査するために、コンピュータによって生成された一様乱数に基づいて選んだ利用者100人を対象とし、アンケート調査を実施した

➡ P294

☐ **56.** **次の表は、ある大学の期末試験のデータである。試験結果のデータを集計するために、下のようなSQLコマンドを実行した。このコマンドの実行結果として、最も適切なものを選べ。**

exam_score

id	gender	department_id	score
0001	男	1	85
0002	女	1	75
0003	男	2	81
0004	男	2	56
0005	女	1	73
0006	男	2	91
0007	男	1	47
0008	男	2	82
0009	女	2	67
0010	男	1	89

```
SELECT COUNT(department_id) FROM exam_score WHERE department_id = '2';
```

A.　10
B.　5
C.　7
D.　82

➡ P294

□ **57**. リレーショナルデータベースの関係演算には、射影、選択、結合、差などがある。以下に、演算前のテーブルと演算後のテーブルを示す。演算前のテーブルに対して行われている関係演算の種類として、最も適切なものを選べ。

患者ID	氏名	年齢	性別
100	A	60	男
101	B	23	男
102	C	56	女
103	D	45	男
104	E	37	女
105	F	48	女
106	G	60	男
107	H	68	女
108	I	72	男
109	J	71	女

＋

患者ID	最終来院日
100	2021/06/01
101	2021/06/05
102	2021/06/01
103	2021/06/03
104	2021/06/02
105	2021/06/02
106	2021/06/05
107	2021/06/04
108	2021/06/03
109	2021/06/01

患者ID	氏名	年齢	性別	最終来院日
100	A	60	男	2021/06/01
101	B	23	男	2021/06/05
102	C	56	女	2021/06/01
103	D	45	男	2021/06/03
104	E	37	女	2021/06/02
105	F	48	女	2021/06/02
106	G	60	男	2021/06/05
107	H	68	女	2021/06/04
108	I	72	男	2021/06/03
109	j	71	女	2021/06/01

A.　選択
B.　結合（自然結合）
C.　射影
D.　差

➡ P295

□ **58**. CSVは、複数の項目をカンマで区切って記述するデータ形式であり、表形式のデータを扱う際に用いられることが多い。以下のCSVに関する記述のうち、適切な記述を組み合わせたものはどれか。

(ア) エスケープ処理を適切に行えば、CSVファイルの値の中にカンマを含めることができる
(イ) CSVファイルの値としてバイナリデータを使うことはできない
(ウ) それぞれのレコードは改行によって区切られる

A. (ア) と (イ)
B. (イ) と (ウ)
C. (ア) と (ウ)
D. (ア) と (イ) と (ウ)

➡ P295

□ **59**. データ転送プロトコルの一種であるFTP (File Transfer Protocol) を用いてファイルを共有するためのサーバをFTPサーバという。通常、FTPサーバでは、ユーザーアカウントでの認証が必要であるが、不特定多数からのアクセスを許可しファイルを共有することもできる。これを可能にするための方法として、最も適切なものを選べ。

A. 管理者が anonymous というユーザーIDを作成し、ユーザーはこのIDと適当なパスワードを入力する
B. クライアントには必ず admin というユーザーIDが設定されており、ユーザーはこのIDを入力するだけでよい
C. クライアントが username というユーザーIDを作成し、ユーザーはこのIDを入力するだけでよい
D. クライアントに事前の設定は必要なく、ユーザーは no-name というIDと適当なパスワードを入力することで、不特定多数からのアクセス専用のファイルにできる

➡ P296

□ **60.** **Jupyter Notebookは、オープンソースのアプリケーションである。Jupyter Notebook の説明として、最も適切でないものを選べ。**

A. 方程式、グラフ、テキストを含むドキュメントを作成および共有ができる
B. 対話式の開発環境として用いられる
C. コンテナ仮想化を用いて、OSに影響されずに開発・配置・実行ができる
D. データのクリーニング、数値シミュレーション、データの可視化、機械学習などに用いられる

➡ P296

□ **61.** **以下のAPIに関する記述を読み、空欄ア、イに入る語句の組み合わせとして、最も適切なものを選べ。**

Web APIによるデータ送受信のためのデータ形式には、JavaScript オブジェクトに似た構文によって構造化されたテキストである（　ア　）や、フィールドを規定するタグと呼ばれる構文規則により構成される（　イ　）などがある。

A. （ア）XML　（イ）PDF
B. （ア）JSON　（イ）XML
C. （ア）PDF　（イ）CSV
D. （ア）JSON　（イ）CSV

➡ P297

□ **62.** **あなたは、データサイエンティストとして、自社のデータベースをSQLで操作できる権限を与えられた。あなたに与えられた権限は、DML（Data Manipulation Language）の中のDELETEである。この権限によって実行できる操作として、最も適切なものを選べ。**

A. テーブルの削除
B. レコードの更新
C. レコードの削除
D. テーブルの変更

➡ P298

☐ **63**. 以下の記述を読み、空欄ア、イに入る語句の組み合わせとして、最も適切なものを選べ。

データベースは、リレーショナルデータベースとNoSQLに大別される。（　ア　）と（　イ　）は、NoSQLの代表的なデータベースシステムである。

A.　（ア）HBase　（イ）Python
B.　（ア）HBase　（イ）MongoDB
C.　（ア）Redis　（イ）Oracle
D.　（ア）MongoDB　（イ）MySQL

➡ P298

☐ **64**. ある店舗における顧客の注文情報に関してデータベースを作成した。以下のテーブルのデータ正規化レベルとして、最も適切なものを選べ。

顧客名	商品ID	注文日	商品ID	注文日
A	01_C	20XX/X/X	02_C	20YY/Y/Y
B	03_C	20VV/V/V	04_C	20ZZ/Z/Z

A.　非正規形
B.　第一正規形
C.　第二正規形
D.　第三正規形

➡ P299

☐ **65**. 以下の記述を読み、空欄ア、イに入る語句の組み合わせとして、最も適切なものを選べ。

あるデータに対して特別な処理を施すことで、そのままでは読めない特殊なデータに変換することを暗号化という。
暗号化と復号に同じ鍵を用いる暗号化方式を（　ア　）という。
暗号化と復号で異なる鍵を使う暗号化方式を（　イ　）という。

A.　（ア）電子署名　（イ）共通鍵暗号方式
B.　（ア）共通鍵暗号方式　（イ）公開鍵暗号方式
C.　（ア）公開鍵暗号方式　（イ）共通鍵暗号方式
D.　（ア）公開鍵暗号方式　（イ）電子署名

➡ P299

□ **66.** データの改ざんを検知する仕組みを構築する際に、ハッシュ関数が用いられる。ハッシュ関数の役割として、最も適切なものを選べ。

A. 入力された文字列から不要な文字を取り除く
B. 入力された文字列に基づき、その文字列に応じた長さの出力値を返す
C. 入力がほんの少しでも違えばまったく違う出力を得ることができる
D. 入力された文字列の順番をランダムに入れ替える

➡ P300

□ **67.** 以下の記述を読み、空欄ア、イに入る語句の組み合わせとして、最も適切なものを選べ。

2018年から（　ア　）で運用が開始されたGDPRは、個人データを従来より強力に保護するために定められた規則である。GDPRの効力は、（　ア　）内でサービスを展開する（　ア　）外の企業にも及ぶ。2019年、（　ア　）の委員会は、「日本は、（　ア　）域内と同等の個人情報保護水準にある国」であることを認めた。これを（　イ　）という。

A. （ア）欧州連合　（イ）十分性認定
B. （ア）米国　（イ）必要性認定
C. （ア）欧州連合　（イ）必要性認定
D. （ア）米国　（イ）十分性認定

➡ P300

□ **68.** ELSIは、新しい科学技術を社会実装する際に生じる可能性のある課題を一体的に検討するべきである、という考えに基づいた研究活動だが、このELSIに含まれる課題として、最も適切でないものを選べ。

A. 倫理的課題
B. 技術的課題
C. 法的課題
D. 社会的課題

➡ P301

□ **69.** **以下の個人情報の取り扱いに関する記述のうち、最も適切でないものを選べ。**

A. 個人情報保護法が定めるところの要配慮個人情報を取得する場合、あらかじめ本人にその旨を通知し、本人の同意を必要とする

B. 個人情報保護法が定める要配慮個人情報には、本籍地、門地、労働組合への加盟の有無などの情報が該当する

C. 「金融分野における個人情報保護のガイドライン」では、人種、犯罪歴、病歴など一部の情報が機微情報とされている。これらの情報は、同意の有無にかかわらず、取得・利用・第三者への提供が禁じられている。

D. 「金融分野における個人情報保護のガイドライン」における機微情報の取り扱い基準は、個人情報保護法が定める要配慮個人情報の取り扱い基準よりも厳格である

➡ P301

□ **70.** **自社商品の購入者データを分析することになった。購入者データの取り扱いに関する記述として、最も適切でないものを選べ。**

A. 購入者データから特定の個人を識別できる情報を取り除き、情報が復元できない状態にしたものを匿名加工情報として用いた

B. 購入者データから特定の個人を識別できる情報を取り除き、仮名加工情報として用いた。加工後のデータは、他の情報と照合することで復元可能な状態であった

C. 購入者データを匿名化し個人を特定できないようにしたものを、購入者の同意を得ずに第三者に提供した

D. 顧客の情報を仮名加工情報に加工した。この仮名加工情報を、顧客の情報を取得した際に公表していた目的以外に使用した

➡ P302

☐ **71**. **データ分析プロジェクトにおいて、業務を外部に委託する場合、一般に、受注側企業との間で業務委託に関する契約を交わす。発注側企業と受注側企業の間で交わされる契約の種類として、請負契約と準委任契約がある。請負契約と準委任契約に関する記述として、最も適切でないものを選べ。**

A. 請負契約は、受注側が仕事を完成することを約束するものである。一方、準委任契約は、受注側が業務を行うことのみを約束するものである

B. 準委任契約を取り交わしている場合、受注側企業に仕事の完成義務は発生しない

C. どちらの契約の場合でも、報酬の請求タイミングは成果物を引き渡したときである

D. 請負契約では契約不適合責任が問われるが、準委任契約では契約不適合責任は問われない

➡ P302

☐ **72**. **ある仮説に基づいてデータ分析を行った結果、仮説と異なる結果が得られた。このような場合にとるべき行動として、最も適切なものを選べ。**

A. データ分析に不備があった可能性があるため、仮説どおりの結果になるまで何度もデータ分析をやり直す

B. データそのものに不備があった可能性があるため、仮説どおりの結果になるまで何度もデータ収集をやり直す

C. 重要な知見を得られた可能性があるため、その結果を詳しく検証する

D. 重要な知見を得られた可能性はあるが、仮説とは異なるので報告書にはその結果を記載しない

➡ P303

73. データは「独自に収集したデータ」と「公開／販売されているデータ」に大別される。「独自に収集したデータ」は一次データ、「公開／販売されているデータ」は二次データと呼ばれる。次のうち、一次データを用いることが望ましい事象として、最も適切なものを選べ。

A. 水族館内の魚を画像で認識し、その種類を教えてくれるモデルの開発
B. 特定の患者のCT画像から、悪性部位を判別するモデルの開発
C. 風景画像から、犬だけを検出するモデルの開発
D. 顔の映像で目や鼻の位置を認識するモデルの開発

➡ P303

74. オプトアウトは、一定条件下における個人情報の第三者提供について規定した個人情報保護上の制度である。オプトアウトに関する記述として、最も適切なものを選べ。

A. オプトアウトによって、要配慮個人情報を第三者に提供することができる

B. 自分の個人情報がオプトアウトによって公開されていた場合、公開を差し止めるためには、公開元ではなく、個人情報保護委員会に連絡する必要がある

C. オプトアウトにより個人情報を第三者に提供する場合は、決められた事項を個人情報保護委員会に届け出る必要がある

D. オプトアウトは、一定の条件を満たした場合に、その都度本人の同意を経て個人情報を第三者に提供できる制度である

➡ P303

□ **75.** **あなたは、データサイエンティストとして、あるデータ分析プロジェクトに参加することとなった。データ分析を行う際のあなたのとるべき行動として、最も適切でないものを選べ。**

A. 実際にデータと関わりのある現場に赴き、ヒアリングなどの調査を重ねる
B. クライアントの主張が正しいのか話し合いの場を設け、よく吟味する
C. クライアントが提供したデータ以外に必要なものがあれば、適宜追加で収集する
D. クライアントから提供された生データのまま、データ分析を進める

➡ P304

□ **76.** **携帯電話の利用実態に関する調査を行うために、携帯電話の利用者に対してアンケートを実施することにした。MECEの要件を満たすアンケートの設問として、最も適切なものを選べ。**

A. 「生年月日」「年代」

B. 「20代」「30代」「40代」「50代」「60代以上」

C. 「女性」「男性」「子ども」

D. 「購入した携帯電話の機種」「購入しなかった携帯電話の機種」

➡ P304

□ **77**. データ分析を行う際には、データのねつ造や改ざんを行わないように気をつける必要がある。データのねつ造や改ざんととらえられる可能性が最も高いものを選べ。

A. ある企業から、「ある施策の効果を検証してほしい」と依頼があった。データを分析したところ、その施策の効果は見られなかったが、ある条件のデータだけに限定すると、効果が大きくなることに気がついた。そこで、この考察結果とともに分析結果を顧客に報告した

B. 顧客から受け取ったデータに欠損値が含まれていたため、欠損値を適切な値で埋めた。そのデータを用いて、機械学習のモデルを作り、顧客に提出した。顧客には、欠損値を適切な値で埋めたことは報告したが、具体的な数値は報告しなかった

C. 顧客から提供されたデータを用いて機械学習のモデルを作ったが、データの量が少なかったため学習がうまくいかなかった。そこで、データ拡張という手法を用いてデータ量を水増しし、モデルを学習し直した。すると、性能の高いモデルとなったためその結果を顧客に提出した。なお、顧客にはデータ拡張を行ったことを報告した

D. ある企業から、「ある施策の効果を検証してほしい」と依頼があった。データを分析したところ、その施策の効果は見られなかったが、効果があると次の案件の受注につながるため、効果が最も大きくなるようにデータを恣意的に選び、データ分析を行った。依頼元の企業には、データを恣意的に選んだことは伝えずに、結果だけを提出した

➡ P305

□ **78.** データ分析プロジェクトに関する以下の記述を読み、最も適切なものを選べ。

A. 新たな概念やアイデアの実現可能性を検証するPDCAでは、AIモデルの構築や性能評価を行う

B. 自社の競争優位性を探るために用いられる手法である5フォース分析では、自社がさらされている脅威を5つに分類する

C. 顧客への理解を深めるために用いられる分析手法であるクラスタ分析では、顧客のセグメンテーションが行われる

D. 事象の関連性を分析する手法であるRFM分析は、購買履歴データを分析する際によく用いられる

➡ P306

□ **79.** あなたは、データサイエンティストとして、あるデータ分析プロジェクトに関わっている。プロジェクトにおける検証を終えたため、検証結果をビジネス視点で記述した報告書を作成することとなった。今回報告書にて結論として書くべきことが決まっている中で、その根拠を正しく伝えるための手法として、最も適切なものを選べ。

A. 序論→本論→結論の一般的な構成
B. 問題解決型
C. トップダウン型
D. 起承転結型

➡ P307

□ **80.** データ分析を実施した後、分析結果を報告書にまとめた。その際に行ったこととして、最も適切でないものを選べ。

A. 分析に用いたデータに関する説明を入れた
B. 8ページで収まる内容であったが、報告書は量が重要であるため、ページ数を15ページにした
C. 課題背景、アプローチ、検討結果、意味合い、ネクストステップといった項目を立て、論理的に資料をまとめた
D. 読み手が理解しやすいように図や表を添えた

➡ P307

☐ **81**. あなたは、データサイエンティストとして取り組んだプロジェクトにおいて、検証結果の中間報告を行うこととなった。以下の記述のうち、プロジェクトの経緯を把握していない相手にわかりやすくプレゼンテーションを行う際の行為として、最も適切でないものを選べ。

A. 見栄えを良くするために、不必要な情報も一部記載することでスライド枚数を増やす

B. プロジェクトの全体像を把握できるようにスライドの枚数はできるだけ少なくし、図表を効率よく使う

C. プレゼンテーションの最初にプロジェクトにおける課題の提起やその背景を伝える

D. プレゼンテーションの最後にプロジェクトの今後の展望などネクストステップを明確化する

➡ P308

☐ **82**. あなたは、家電用品メーカーY社の商品開発部門のデータサイエンティストである。上司から「当社の製品が他社よりも環境に優しい製品であることを世間に発信したい」という依頼を受けた。早速、あなたは自社製品の機能に関するアンケートを、自社サイトの会員に対して実施した。しかし、上司からは「その調査方法では当社の製品が環境に優しいという根拠にならない」という指摘を受けた。上司がこのように述べた理由として、最も適切でないものを選べ。

A. 今回のアンケートでは自社製品についてのみヒアリングしており、他社との比較ができていないため

B. 顧客の評価ではなく、自社製品の環境性能について調査する必要があるため

C. 自社サイトの会員に偏ったアンケート結果では、世論の正しい計測ができないため

D. 環境視点についてのみ聞くのではなく、費用や使いやすさについても聞いた方が今後の役に立つため

➡ P308

□ **83**. 以下の記述を読み、空欄ア、イに入る語句の組み合わせとして、最も適切なものを選べ。

KPI（Key Performance Indicator）では、ある目的を達成するために行われた施策がもたらした効果を（　ア　）に表す必要がある。また、目的に応じたKPIの（　イ　）を設定することで、施策の達成度を評価する。

A.　（ア）直感的　（イ）施策期間
B.　（ア）定量的　（イ）達成水準
C.　（ア）定量的　（イ）施策期間
D.　（ア）直感的　（イ）達成水準

➡ P309

□ **84**. データサイエンティストであるあなたは、ある小売業を行うA社のデータ活用について依頼された。クライアントの責任者から「自社のデータを分析し、売上の向上を目指したい」と依頼を受けた。クライアントのもつデータは非常に大量であり、すべて解析するにはかなりの時間を要する。そのため、データを活用するプロジェクトの実施にあたり、限られた時間で解析を行うためにまずプロジェクトの対象範囲を決定したい。
以下の記述のうち、本プロジェクトの対象範囲の決定について最も適切でないものを選べ。

A.　Recency・Frequency・Monetaryの3つの指標に基づいて顧客をグループ分けするRFM分析を行い、クライアントの商品の主な顧客層のデータを抽出し、解析する

B.　クライアントが特に売上を伸ばしたい商品についてヒアリングを行い、競合他社の代替品や代替サービスの脅威を考慮したデータの解析を行うようにする

C.　売り手や買い手の交渉力を考慮することで、現在市場でどのようなものが求められているのか明確化し、その商品を中心に解析するようにする

D.　既存の競合だけを意識し、自社の商品の優位性や他社からの脅威が考えられるかどうかをクライアントとよく協議した上で、最も強みのある商品を中心に解析する

➡ P309

85. あなたは、食品卸企業から売上減少の原因について分析してほしいと依頼を受けた。分析データ入手の際に行うべき行動として、最も適切でないものを選べ。

A. 食品業界に関するデータをひととおりリスト化し、依頼元が保有しているデータについても確認する

B. 依頼主のシステムにあるデータの中で、今回の分析に関係するであろうデータを依頼元に選択させ、データを送付してもらうよう手配する

C. データ入手時に別途追加費用が必要なデータがないかを確認する

D. ステークホルダーへのヒアリング結果を元に売上減少の原因について仮説を立案し、必要なデータを特定する

➡ P310

86. 全国に食品スーパーを展開する小売企業A社における、ビッグデータ活用のプロジェクトを遂行することを考える。A社は、「商品販売量は来店客数に比例する」「来店客数は季節・曜日・天気・立地から予測可能」という仮説をもとに、「不良在庫廃棄に要する費用を30%削減する」ことを最終目標として掲げている。また、需要予測モデルを各店舗で利用することを検討している。仮説検証の結果を評価する際の記述として、最も適切でないものを選べ。

A. KPIとして、来店客数予測の精度と商品販売量予測の精度を算出する

B. 不良在庫廃棄に要する費用を30%削減できそうか否かを定量的に見積もる

C. 需要予測モデルを各店舗で利用するためのツール開発費と運用コストを見積もり、費用対効果を算出する

D. 仮説検証に必要なデータ量を確保する

➡ P310

☐ **87.** **データ分析プロジェクトでは、プロジェクトに関わるリソース（人材など）を適切に管理することが重要である。リソースマネジメントに関する記述として、最も適切でないものを選べ。**

A. 社内に人材がいなかったが、すぐにプロジェクトを開始したかったので、プロジェクトの大部分を外部に委託した

B. データ分析の工程を前半（データ取得〜データ可視化）と後半（機械学習モデル構築、モデルの性能評価）に分け、それぞれに担当者をつけた

C. 機械学習に詳しい人材が社内にいなかったので、機械学習モデルを構築する部分をプロジェクトから除外した

D. プロジェクトの進行が当初のスケジュールよりも大幅に遅れていたため、追加の人材を投入した

➡ P311

☐ **88.** **システム開発の進め方に関する方法論についての記述として、最も適切でないものを選べ。**

A. ウォータフォール開発では、開発対象の機能を初期に確定させた上で、開発を開始する

B. アジャイル開発では、数週間や数カ月といった短い期間で、動作するソフトウェアを作ることを重要視する

C. アジャイル開発の代表的手法として、スクラムがある。スクラムでは、スプリントという開発サイクルを繰り返す。スプリントの期間は、通常3カ月で設定される

D. ウォータフォール開発の利点は、工程ごとの専門家を教育または採用しやすいことである。一方、欠点は、仕様や計画の変更がしにくいことである

➡ P311

☐ **89**. 以下の記述を読み、空欄ア～ウに入る語句の組み合わせとして、最も適切なものを選べ。

セキュリティについて考える際は、機密性・可用性・完全性の3つの視点をもつことが重要である。誰でもアクセスできる共用PCにデータを置いてしまうことは（　ア　）が低いという。さらに、接続のアクセス履歴と改変履歴が残らないような管理は（　イ　）が低いという。メンテナンスの頻度が多いシステムや、災害発生時になかなか復旧できないようなシステムは（　ウ　）が低いという。

A.　（ア）機密性　（イ）完全性　（ウ）可用性
B.　（ア）完全性　（イ）機密性　（ウ）可用性
C.　（ア）機密性　（イ）可用性　（ウ）完全性
D.　（ア）可用性　（イ）機密性　（ウ）完全性

➡ P312

☐ **90**. あなたは、ある小売店に勤務するデータサイエンティストである。上司の依頼を受け、「サイトに頻繁にアクセスする顧客は、他の顧客よりも商品を多く購入する傾向がある」という前提の下、調査を行った。調査の結果が上司が期待するものでなかった場合、次にとるべき行動として、最も適切でないものを選べ。

A.　仮説が正しいと考えられる期間にデータを絞り、再度仮説の検証を行う
B.　頻繁にアクセスする顧客がどのページにアクセスしているのかについて、解析を行う
C.　想定外の結果であるため、なぜこのような結果になったかについて議論の場を設ける
D.　分析方法に誤りがなかったかを再度確認する

➡ P312

第8章　総仕上げ問題
解　答

1. A

➡ P220

確率変数とは、事象に対して、何らかの実数値を定める対応関係、あるいはその値のことを指します。例えば、さいころを投げた際に出る目の値は1～6のいずれかであり、それぞれの目が出る確率は1 / 6です。このため、さいころの出目の値は確率変数であるといえます。

確率分布は、確率変数がとり得る値と、その確率との対応を表した分布です。**ベルヌーイ分布**と**二項分布**はともに、変数が離散的な値(0, 1, 2, …)をとる離散型確率分布です。結果が0または1(成功／失敗)の値をとる試行に対して、1回あたりの成功／失敗の確率を表した分布がベルヌーイ分布であり、その試行をN回繰り返した際の成功回数を確率変数とした分布が二項分布です。以上より、組み合わせが適切な選択肢**A**が正解です。

また、離散型確率変数の各値に対する確率を定義する関数を確率質量関数といい、ベルヌーイ分布と二項分布の確率質量関数のグラフを示すと、以下のようになります。

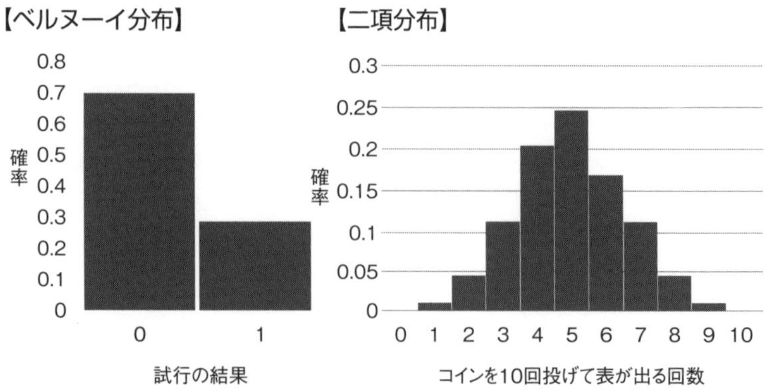

正規分布(ガウス分布)は連続型確率分布の一種であり、結果が連続値となるような場合に用いられます。この問題のような、結果が離散的な試行に対して正規分布を用いることはできません(B、C、D)。

2. C

➡ P220

箱ひげ図はデータのばらつきを示すためのグラフです。箱ひげ図を描く方法はいくつかありますが、通常、四分位数(第一四分位数・中央値・第三四分位数)、最大値、最小値、平均値を用いて描かれます。
箱ひげ図の例を以下に示します。

【箱ひげ図の例】

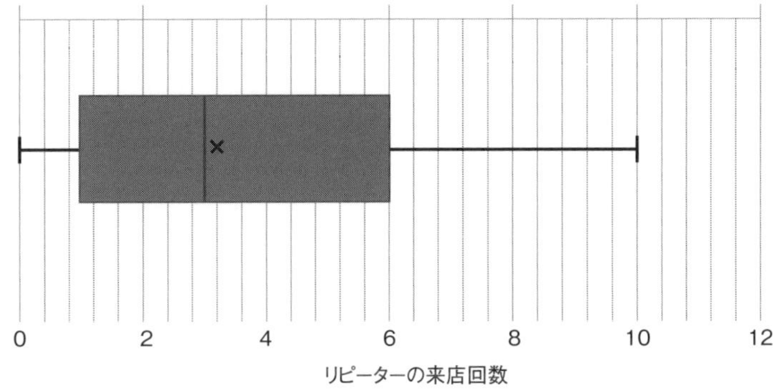

箱の左側の枠線は第一四分位数、中央の線は中央値、右側の枠線は第三四分位数を表し、箱の中の×印は平均値を表します。
以上より、選択肢**C**が正解です。

分散、標準偏差、相関係数などは、箱ひげ図を描く際に用いられません(A、B、D)。

3. B

➡ P221

正規分布(ガウス分布)の確率密度関数のパラメータは平均と分散の2つです。正規分布の確率密度関数を図に示すと、平均を中心とする釣鐘型の形が描かれます。この稜線は、分散の値が大きいほどなだらかな線を描きます。
特に、平均が0、分散が1の正規分布を**標準正規分布**と呼びます。標準正規分布の確率密度関数のグラフは以下のようになります。

【標準正規分布】

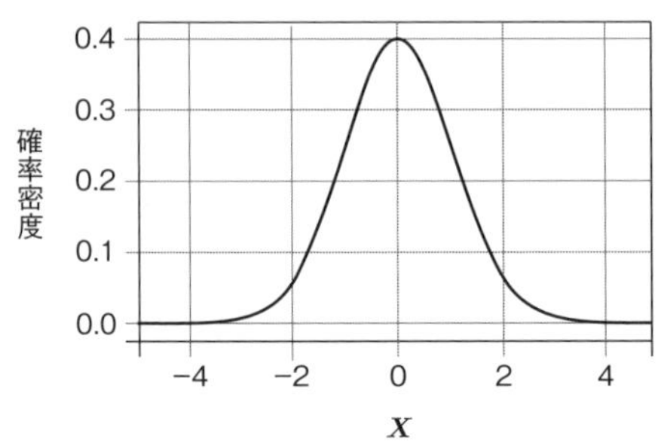

以上より、選択肢**B**が正解です。

分散が1の正規分布では、横軸の値が「平均±1」のとき、縦軸の値が0.25となります。AとCの図は平均が0ではないため、標準正規分布のグラフではありません。
Dの図は、離散型確率分布の1つである二項分布のグラフです。

4. A

➡ P222

データの組$(\boldsymbol{x}, \boldsymbol{y})$に直線的な関係があると推察できるときに、最小二乗法を用いると、近似直線$\boldsymbol{y}=\boldsymbol{ax}+\boldsymbol{b}$(一次関数)の傾き$\boldsymbol{a}$と切片$\boldsymbol{b}$を求めることができます。このとき、データと直線の距離(誤差)を二乗したものの総和は最小になります(**A**)。

最小二乗法で求められる直線$\boldsymbol{y}=\boldsymbol{ax}+\boldsymbol{b}$は、すべてのデータを通過する直線とは限りません(B)。また、最小二乗法の最適解は、繰り返し計算(更新)を使っても求めることができますが、解析的に求めることも可能です(C)。したがって、同じデータ、同じモデルに対して最小二乗法を実行すると、必ず同じパラメータが得られます(D)。

5. C

➡ P222

ベクトルの内積(標準内積)は、ベクトルの各成分の値同士を掛け、それらを足し合わせたスカラー値として定義されます。ベクトル $\boldsymbol{k}$ の成分を(k_1, k_2, k_3, k_4)、ベクトル $\boldsymbol{l}$の成分を(l_1, l_2, l_3, l_4)とおくと、$\boldsymbol{k}$ と $\boldsymbol{l}$ の内積は$k_1 l_1 + k_2 l_2 + k_3 l_3 + k_4 l_4$となります。

設問では、$\boldsymbol{k}$ と $\boldsymbol{l}$ のそれぞれの各成分の値同士を掛けると$(3, 8, 35, 48)$となり、それらを足し合わせると 94 となります(**C**)。

選択肢Bはベクトルの成分を互い違いに掛けており、AとBはベクトルの各成分を掛けたのみで足し合わせていないため不適切です。Dは、各成分の積の和を求めるまでは適切ですが、平方根をとる必要はないため不適切です。

6. C

➡ P222

行列積 $\boldsymbol{MN}$ の i 行 j 列の成分は、$\boldsymbol{M}$ の i 行目の成分と $\boldsymbol{N}$ の j 列目の成分の値同士を掛け、それらを足し合わせたものです。
設問における $\boldsymbol{MN}$ の各成分は、以下のようになります。

1行1列：1×5＋2×7 ＝ 5＋14 ＝ 19
1行2列：1×6＋2×8 ＝ 6＋16 ＝ 22
2行1列：3×5＋4×7 ＝ 15＋28 ＝ 43
2行2列：3×6＋4×8 ＝ 18＋32 ＝ 50

よって、

$$MN = \begin{pmatrix} 19 & 22 \\ 43 & 50 \end{pmatrix}$$

となり、選択肢**C**が正解です。

Aは要素ごとの積(アダマール積)であり、一般的な行列積とは異なります。
Bは計算方法が不適切です。
Dは行列積 $\boldsymbol{MN}$ ではなく行列積 $\boldsymbol{NM}$ の値です。行列積はスカラーの積と異なり、どちらを左から掛けるかで値が変化します。

7. D ➜ P223

$F(x, y) = (x+y)^2 = x^2 + 2xy + y^2$ より、

$$\frac{\partial F}{\partial x} = 2(x + y)$$

になります(**D**)。
多変数関数を特定の変数について偏微分する際は、対象の変数以外を定数とみなして微分を行います。y^2 は x を含まない項であるため、x について偏微分すると 0 となります。

以下の方法でも解くことができます。
$z = (x+y)^2$、$\mathrm{t} = x+y$ とおくと、$z = t^2$ です。
合成関数の微分の性質(連鎖律)を用いて、z の x についての偏微分 $\frac{\partial z}{\partial x}$ は、

$$\frac{\partial z}{\partial x} = \left(\frac{\partial z}{\partial t}\right) \times \left(\frac{\partial t}{\partial x}\right)$$

と表すことができます。

$\frac{\partial z}{\partial t} = 2t,\ \frac{\partial t}{\partial x} = 1$ となるため、$\frac{\partial z}{\partial x} = 2t \times 1 = 2(x + y)$ になります。

8. B

➡ P223

データはその性質によって、数値演算を行うことができない**質的データ**（質的変数）と、数値演算を行うことができる**量的データ**（量的変数）に分けられます。質的データはさらに名義尺度と順序尺度に、量的データはさらに間隔尺度と比例尺度に分けられます。

● 質的データ（質的変数）
- **名義尺度** …… 個々のデータを識別するための名称や固有番号など（例：郵便番号、氏名）
- **順序尺度** …… 大小関係や順序には意味があり、間隔や比率には意味がない数値（例：順位）

● 量的データ（量的変数）
- **間隔尺度** …… 目盛りが等間隔になっており、その間隔に意味がある数値（例：点数、気温）
- **比例尺度** …… 間隔に加えて比率にも意味がある数値（例：身長、値段）

以上より、組み合わせが適切な選択肢**B**が正解です。

9. B

➡ P224

量的データ（量的変数）に関する問題です。
量的データのうち、目盛りが等間隔になっており、その間隔に意味がある変数のことを**間隔尺度**といいます。間隔尺度の例として、気温や西暦、テストの点数などが挙げられます。気温は間隔には意味がありますがその比率には意味がないので、「気温が19℃から1℃上昇し、20℃になった」という表現は成り立ちますが、「気温が10℃から20℃に上昇し、2倍になった」という表現は成り立ちません。

これに対し、間隔だけでなく比率にも意味がある量的データを**比例尺度**といいます。比例尺度の例として、身長、速度、睡眠時間などが挙げられます。身長は、150cmから30cm伸びると180cmになります。身長は比例尺度の変数なので、この変化について「身長が1.2倍になった」と表現することができます。身長や睡眠時間の例からわかるように、比例尺度には物理的なゼロを表す原点が存在します。

以上より、組み合わせが適切な選択肢**B**が正解です。

選択肢Dの「郵便番号」は、質的データの中に含まれる名義尺度にあたります。また、選択肢Aの「順位」は、質的データの中に含まれる順序尺度にあたります。

10. D

➜ P224

オープンデータの定義に関する問題です。
高度情報通信ネットワーク社会推進戦略本部は、次の3つの条件のいずれにも該当する公開データのことを**オープンデータ**と定義しました。

1. 営利目的か非営利目的かを問わず二次利用が可能
2. 機械判読に適している
3. 無償で利用可能

上記の3つの条件を満たす公開データをオープンデータとする定義は、高度情報通信ネットワーク社会推進戦略本部によるものです。したがって、他の団体の定義もあることに注意してください。

以上より、組み合わせが適切な選択肢**D**が正解です。

現在、政府や地方自治体から多数のオープンデータが公開されています。e-Stat(イースタット、https://www.e-stat.go.jp/)は、日本政府の各府省が公表するさまざまな統計情報の閲覧・検索・利用が可能なWebサイトであり、総務省所管の独立行政法人統計センターによって運営されています。

11. B

➜ P225

API(Application Programming Interface)は、プログラム同士で通信を行うための仕様です。
Web APIを用いてデータの送受信を行う際は、次のような**HTTPメソッド**が用いられます。

・DELETE……指定されたリソースを削除する(A)
・GET ………指定されたリソースを取得した後、クライアントに返す(**B**)
・POST ……クライアントがサーバに対してデータを送信する(C)
・PUT ………指定した場所にリソースを保存する(D)

12. C

➜ P225

一般に、HTTP通信を利用するAPIを**Web API**といいます。設問では、Web APIを利用して提供されるサービスのことをAPIサービスと呼ぶことにしています。
送受信されるデータの種類はAPIサービスによって異なりますが、通常は、XMLやJSONなどの形式が用いられます。

実際にAPIサービスでデータを取得する際には、HTTP通信のメソッドの1つであるGETメソッドや、POSTメソッドが使用できます(D)。これらを用いることで、画像データや音声データの送受信を行うことが可能です(B、**C**)。
また、Web APIを実現する際に用いられる設計原則の1つを**REST**(Representational State Transfer)と呼びます(A)。
以上より、選択肢**C**が正解です。

13. B ➔ P226

ネットワークを介して通信を行う際の約束事を**通信プロトコル**といいます。通信プロトコルのうち、ファイル転送に用いられるものを**ファイル転送プロトコル**といいます。主なファイル転送プロトコルを以下に示します。

● FTP(File Transfer Protocol)
さまざまなデータ転送技術のベースとなっているファイル転送プロトコルです。FTP の通信においては、情報は暗号化されません。

● FTPS(File Transfer Protocol Secure)
FTP の拡張機能として登場したファイル転送プロトコルの1つです。SSL/TLS(Secure Socket Layer/Transport Layer Security)と呼ばれるプロトコルによってネットワーク上の通信が暗号化されます。

● HTTP(HyperText Transfer Protocol)
Web サーバとクライアント間で通信を行うためのプロトコルです。HTML で記載されたテキストなどの転送に用いられます。通信は暗号化されません。

● HTTPS(HyperText Transfer Protocol Secure)
SSL/TLSプロトコルによって暗号化されたセキュアな接続の上で行われるHTTP通信です。

● SCP(Secure Copy Protocol)
SSH の提供する機能を用いてファイル転送を行うプロトコルです。SCPでは、パスワードの認証などを含むすべてのネットワーク上の通信が暗号化されます。SCP の場合、転送が中断されても途中から再開されることはありません。

● SFTP(SSH File Transfer Protocol)
SSH によって通信が暗号化されますが、SCPとは異なり、転送が中断された場合、その中断箇所から再開されます。

以上より、組み合わせが適切な選択肢**B**が正解です。

14. C

→ P226

ER(Entity Relationship)**図**は、日本語で実体関連図と呼ばれているように、実体の関連を表現するための表現形式です。ER図は、データベースの構造を可視化するのに適しているため、データベースの設計や管理でよく用いられます。
データベースの構造をER図で表現する際は、記号や接続線を用いて、テーブル間の関連性を表現します。
データベースに特化した代表的な記法として、**IE記法**と**IDEF1X記法**があります。どちらも、エンティティ(データのまとまり)、アトリビュート(エンティティ内の各要素)、リレーション(エンティティ間のつながり)、カーディナリティ(多重度)という4つの要素でテーブル間の関係が表現されます。

設問で使用されているIE記法では、各テーブル間のリレーションを鳥の足のような3本線、縦棒(|)、白丸(○)の組み合わせで表現します。

IE記法におけるカーディナリティの記号とそれらの意味を以下に示します。

【IE記法におけるカーディナリティの記号】

記号	意味
○	0
|	1
─<	2以上

設問のER図ではリレーションの両端が3本線で記載されているので、各エンティティ間に多対多の関係があることが読み取れます(**C**)。

15. B ➡ P227

分散処理技術に関する問題です。

複数のCPUコアまたは複数のコンピュータで分担して処理を行うことを**分散処理**といいます。分散処理を行うためのフレームワークの例として、HadoopやSparkが挙げられます。

Hadoopは、分散ファイルシステムであるHDFS(Hadoop Distributed File System：Hadoop分散ファイルシステム)と、分散処理フレームワークであるHadoop MapReduceの2つから構成されます。Hadoopでは、HDDやSSDといったストレージがデータの格納場所として用いられます。
一方、**Spark**では、メモリがデータの格納場所として用いられます(イ)。メモリ上での分散処理は、**RDD**(Resilient Distribution Dataset)という仕組みによって実現されています(ア)。メモリ上にデータを格納する仕組みを採用したことで、Sparkではリアルタイム処理を行うことが可能となっています。

以上より、組み合わせが適切な選択肢**B**が正解です。

RDBは、リレーショナルデータベース(Relational DataBase)の略称です。

16. B ➡ P227

システムを構築する環境には、クラウドとオンプレミスがあります。**オンプレミス**は、自社にサーバを設置しシステムを構築する仕組みです。一方、**クラウド**は、サーバをインターネット上の仮想空間で保有する方法を指します。

クラウドには、初期費用が安い、拡張性が高い、物理的な場所の確保が不要などの利点があります。しかし、クラウドは、クラウド事業者が提供するサービスやシステムに大きく依存します。そのため、クラウドを利用した場合、他クラウド事業者のサービスやシステムへの切り替えが困難になったり、システムの保守や拡張、改修などを行う際の自社内対応が難しくなるといったことがあります。これをベンダーロックインと呼びます。

一方で、オンプレミスには、自由に環境をカスタマイズできる、社内の他のシステムと連携しやすい、情報漏洩リスクが低いなどの利点があります(A、C、D)。逆に、オンプレミスには、初期費用が高い(**B**)、災害時のリスクが大きい、物理的なスペースが必要になる、といった欠点があります。

17. B ➡ P227

BI(ビジネスインテリジェンス)とは、企業がもつ膨大なデータを、整理したり可視化したりすることで、ビジネスにおける意思決定に役立てようとする考え方です。
代表的なBIツールとして、TableauやGoogle Data Portalなどが挙げられます。
こうしたBIツールには、以下のような基本機能が備わっています。

・複数のデータの統合や収集したデータを最適な形式で蓄積する機能(A)
・加工したデータを分析する機能(C)
・データを可視化する機能(D)

こうしたツールを用いることで、グラフなどを使ったレポートの作成や、集約されたデータの管理が容易になります。
また一般に、ノーコードAIツールとは、コーディングを行うことなく機械学習を行ったり、AIを搭載したWebアプリを開発できる機能などをもったツールです。
以上より、選択肢**B**が正解です。

18. D ➡ P228

コンピュータにとって有害かつ悪意のあるソフトウェアを総称して**マルウェア**と呼びます。各マルウェアの違いを知っておくことは、セキュリティ対策を行ううえで重要です。
ウイルスは、プログラムの一部を改ざんして自己増殖を行います(ア)。
ロジックボムは、特定の条件を満たした際にコンピュータを攻撃します(イ)。
トロイの木馬は、無害なファイルを装って侵入し、コンピュータに損害を与えます(ウ)。
以上より、組み合わせが適切な選択肢**D**が正解です。

ワームは、プログラムに寄生せず、単独で存在し自己増殖をしていくマルウェアです。

これらのマルウェアによって、重要な情報の消失や漏洩、サービスの停止などの深刻な問題が引き起こされる恐れがあります。
マルウェア対策としては、ウイルス対策ソフトを利用する、OSを最新の状態にする、身に覚えのないメールや添付ファイルを開かない、所有者や内容に覚えのないUSBメモリなどを使用しない、信頼できないホームページは閲覧しない、などが効果的です。

19. C

➡ P228

ジョン・サールは、1980年に**強いAI**、**弱いAI**という概念を提唱しました。この概念はそれぞれ、現在のAI分野において一般的に用いられる汎用AI、特化型AIに対応します(**C**)。

汎用AIとは、人間のような総合的な問題解決能力があり、処理するタスクを限定しないAIを指します。あらかじめ製作者が何らかの特定のケースを想定してプログラムを作成しなくても、また、特定のデータを与えなくても、状況に応じてAI自らが判断できるのが特徴です。
これに対し、**特化型AI**は、個別の分野や領域の問題を処理することに特化したAIを指します。現在、さまざまなサービスで用いられているようなAIはこちらに該当します。

選択肢A、B、Dのような用語はありません。

20. B

➡ P229

回帰とは、ある入力データに対して適切な連続値を出力することです。また、分類とは、ある入力データに対して適切なカテゴリ(病気である／病気でないなど)を出力することです。

線形回帰は、説明変数に対する重み付け和によって連続値を出力する手法であり、回帰問題で用いられます(A)。
重回帰は、回帰分析において複数の説明変数から目的変数の値を予測する手法であり、回帰問題で用いられます(**B**)。
主成分分析は、変数を合成し新たな主成分を作ることで変数の数を減らし、データを要約するための手法であり、回帰分析の手法としては適しません(C)(解答45参照)。
k-means法は、クラスタリングに用いられる手法です。ランダムな位置にクラスタの重心(中心点)を定めた後、クラスタの平均と各データの距離を用いて、データをk個のクラスタに分類します(D)。

なお、主成分分析やクラスタリングは、教師ラベルが与えられていない「教師なし学習」に該当します。

21. D

➜ P229

機械学習モデルの性能のよさを評価する指標(関数)を、性能評価指標(評価関数)といいます。問22で言及されている損失関数と同じ関数が、モデルの性能評価指標として用いられる場合もあります。損失関数はモデルを学習させる過程で予測値と実測値の誤差を計算するために使用されます。一方、性能評価指標は学習済みモデルの性能を評価するために使用されます。
回帰、分類それぞれの性能評価指標は以下のようになります。

● 回帰における性能評価指標

- **RMSE** …… 予測と実際の差の二乗の平均の平方根
  (Root Mean Square Error：平均平方二乗誤差)
- **MAE** ……… 予測と実際の差の絶対値の平均 (**D**)
  (Mean Absolute Error：平均絶対誤差)
- **MSE** ……… 予測と実際の差の二乗の平均
  (Mean Square Error：平均二乗誤差)
- **MSLE**……… 予測の対数と実際の対数との差を二乗したものの平均
  (Mean Squared Logarithmic Error：平均二乗対数誤差)

● 分類における性能評価指標

- **Accuracy** (正解率) … 予測結果のうち、真の値と一致しているものの割合 (A)
- **Recall** (再現率) ……… 実際に陽性であるもののうち、陽性であると予測された割合 (B)
- **Precision** (適合率) … 陽性と予測されたもののうち、実際に陽性である割合

AUC(Area Under Curve)は、ROC曲線(Receiver Operating Characteristic curve)の下側の面積です。ROC曲線は、グラフ上にクラス判定のしきい値を0から1の範囲で変化させながら真陽性率と偽陽性率の組をプロットした曲線です(C)(詳細は第2章の解答6を参照)。

22. B

➡ P229

誤差関数（損失関数）は、機械学習モデルの予測値が実測値とどの程度乖離しているか（誤差がどの程度あるか）を算出するために用いられる関数です。機械学習モデルの中には、この関数によって計算された誤差を最小化（指標によっては最大化）するように学習が進むものがあります。
平均二乗対数誤差（MSLE）、平均二乗誤差（MSE）、平均絶対誤差（MAE）は、いずれも回帰用のモデルで用いられる誤差関数です（A、C、D）。それぞれ以下のような特徴があります。

- **平均二乗対数誤差（MSLE）**……正解値の分布が大きい場合でも適切に誤差を評価できる
- **平均二乗誤差（MSE）**……………大きな間違いをより重要視する
- **平均絶対誤差（MAE）**…………外れ値の影響を受けにくい

交差エントロピー誤差はクロスエントロピー誤差とも呼ばれ、分類用のモデルで用いられます（**B**）。
回帰用のモデルで用いられる誤差関数では値の誤差を直接計算しますが、交差エントロピーでは、確率分布としての誤差を計算します。このため、交差エントロピー誤差は分類問題に適しています。

23. A ➡ P230

モデルの学習において、学習に用いるデータを**学習データ**、汎化性能の推定に用いるデータを**検証データ**(**テストデータ**)と呼びます。
データ集合は、これらのデータを大きな集まりとして表現するときに用いる用語です。

学習に使えるデータの数が少ない場合、**ホールドアウト法**では、学習用データ全体を一定の割合で学習データと検証データに分けるため、検証に使えるデータの数も少なくなります。このような状況のとき、**交差検証法**では、用意したデータをk個に分割し、1回目の学習ではそのうちの1つを検証データとして評価します。2回目以降は、これまで用いた検証データとして評価します。これをk回繰り返すことで、精度の検証に使えるデータの数が実質的に多くなり、検証の確からしさ(確度)が向上します。交差検証法は、訓練集合をk個に分割する交差検証を、特にk分割交差検証(k分割cv)と呼びます。

【ホールドアウト法と交差検証法の例】

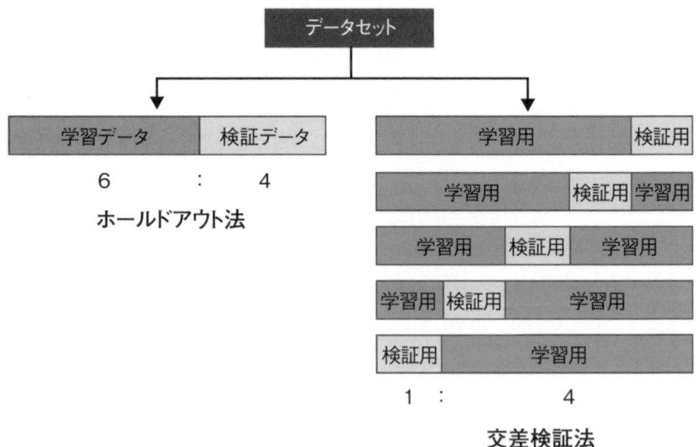

設問の例では、ホールドアウト法では6:4に分割するため、検証データは4000件となります。一方、交差検証法では2000件を5回検証するため、検証データは1万件となります。よって、選択肢**A**が正解です。

24. C ➡ P230

データの分布を調整する方法の一例として、**正規化**や**標準化**があります。前処理の段階でこれらを行うと、データ内のノイズや、スケールの違いなどによる不要な数値の偏りを抑制できる場合があるため、学習の安定化や、モデルの予測性能の向上が見込めます。

0-1正規化は、データの範囲が0～1の間に収まるように変換する処理(B)、**無相関化**は、共分散を0にすることでデータ間の相関をなくす処理(D)、**白色化**は、データ同士を無相関化したうえで、平均を0、分散を1にする処理のことです(A)。
例えば、下図に示すように0-1正規化では、身長と体重のようにスケールの異なるデータを0-1のスケールで処理することができます。標準化とは、平均値が0、分散(標準偏差)が1となるように処理することです(**C**)。

【0-1正規化と標準化の例】

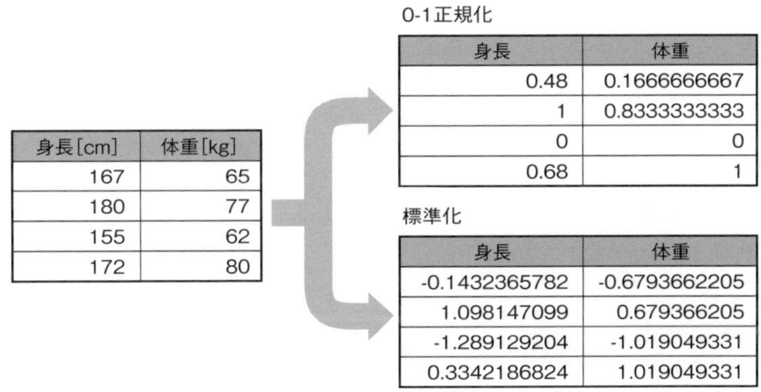

身長[cm]	体重[kg]
167	65
180	77
155	62
172	80

0-1正規化

身長	体重
0.48	0.1666666667
1	0.8333333333
0	0
0.68	1

標準化

身長	体重
-0.1432365782	-0.6793662205
1.098147099	0.679366205
-1.289129204	-1.019049331
0.3342186824	1.019049331

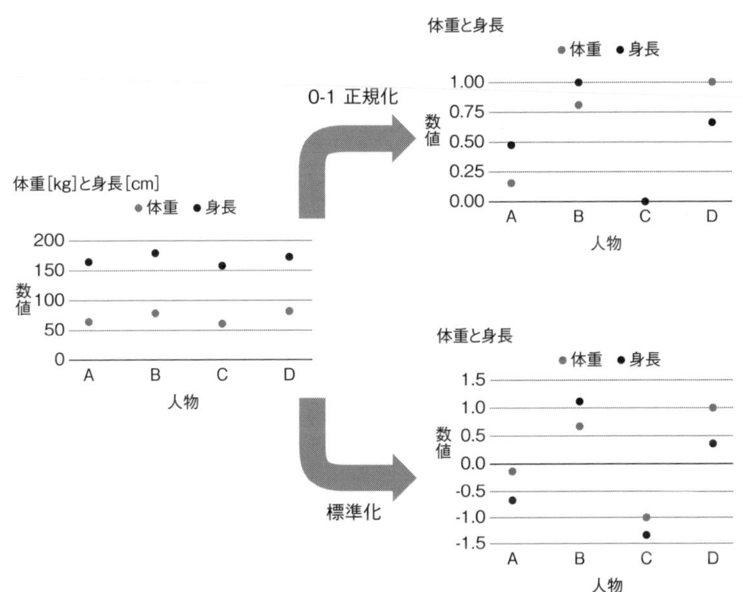

25. C

➡ P230

訓練誤差とは、学習に用いたデータに対する誤差であり、この値が小さければ、そのモデルは学習データに対しては正確な予測が行えることを示します。
汎化誤差とは、未知のデータに対する誤差の期待値であり、この値が小さければ、そのモデルは未知のデータに対して正確な予測が期待できることを示します。この汎化誤差を最小にすることが、機械学習の大きな目的です。
また、これらの2種類の誤差の大きさによっては、モデルの過学習や未学習が起こります。
よって、組み合わせが適切な選択肢**C**が正解です。

通常、モデルの検証には、学習に用いていない未知のデータを用います。しかし、データの数によっては、交差検証法などを用いて学習とテストのデータグループを入れ替えながら検証を行うこともあります。

標準誤差は、統計学における母集団の平均の標準偏差のことであり、今回の誤差とは異なります。

26. D

➡ P231

時系列データにおいて、細かな変動を除去した長期的な傾向をトレンドといいます(A、C)。
時系列データにおけるノイズとは、自己相関のない完全な雑音のようなデータのことであり、原系列の移動平均を指す言葉ではありません(B)。移動平均とは、一定間隔で連続して平均値を計算することです。局所的な変動が小さくなるため、長期的な傾向をとらえやすくなります。
また、原系列に対しフーリエ変換を行うと、原系列がもつ周波数成分を可視化することが可能です(**D**)。

27. B

➡ P231

ある文章の文法構造を構築もしくは解析する技術を**構文解析**といい、形態素解析や係り受け解析はこの中に位置付けられます。

形態素解析とは、文章を自然言語の最小単位である形態素に分割し、各品詞などを割り出すことです。この技術は主に、全文検索や機械翻訳のタスクで用いられています。この解析に関しては、MeCabやJUMAN++をはじめ、専門外の人でも扱いやすいようなSudachiといった代表的なツールが用意されています。
係り受け解析とは、形態素や、形態素を複数組み合わせた文節同士の関係性を割り出すことです。文節の関係性を把握することで、文章の重要な部分の抽出などにも応用が可能です。
よって、組み合わせが適切な選択肢**B**が正解です。

文脈解析は、複数の文章のつながりを解析する技術です。

28. A

➡ P232

画像処理の分野における代表的なタスクとして、物体や顔、文字などの認識などが挙げられます。なかでも**一般物体認識**は、画像中の物体の名称や種別をコンピュータに認識・識別させる研究分野です。一般物体認識の分野では、以下のような代表的な処理が行われています。

・**画像分類** ……画像を分類する
・**物体検出** ……画像内の物体のクラスと、その物体を囲う矩形を出力する
・**セマンティックセグメンテーション**
……画像のどの画素がどの物体のクラスに属しているか出力する

二値化は画像の画素を一定の条件下で白か黒の画素に変化することです。現在では、深層学習の発展により、**YOLO**(You Only Look Once)などの物体検出用の手法が多数提案されています。また、**U-net**は、画像内のオブジェクトを背景から切り出す深層学習を用いたセマンティックセグメンテーションの手法です。

以上より、組み合わせが適切な選択肢**A**が正解です。

29. A

➡ P232

画像データを分析する際に、画像がもつ特徴を強調するための処理を行う場合があります。**フィルタ処理**(線形フィルタリング処理)は、このような目的で行われる画像加工処理の1つです。
フィルタ処理では、処理対象の画像に対して**フィルタ**(カーネルともいう)を用いた畳み込み演算を行い、画像を加工します。
フィルタ処理の具体的な目的の例として、ノイズの除去や輪郭の強調、画像のぼかし加工などが挙げられます(B、C、D)。

画像のサイズを大きくすることはリサイズ処理にあたるため、適切ではありません(**A**)。

30. D

➡ P232

画像データの代表的な保存形式として、PNG、JPG、GIFなどがあります。

PNG形式は、約1,677万色(フルカラー)を表現することができ、色数の多い画像も色数の少ない画像も表現可能なファイル形式です(ア)。
JPG形式は、約1,677万色(フルカラー)を表現することができ、色数の多い画像を効率よく圧縮することが可能な形式です。また、非可逆圧縮(一度圧縮を行うと圧縮前の状態に戻せない)形式であるため、保存を繰り返すたびに画質が劣化しますが、PNG形式に比べてファイルサイズが小さいという特徴があります(イ)。
GIF形式は、256色しか表現することができませんが、それゆえにファイルサイズを比較的小さく抑えることができます。また、複数の画像を用いて、パラパラ漫画のような動画として保存することができます(ウ)。

以上より、組み合わせが適切な選択肢**D**が正解です。

31. A

➡ P233

音声認識は、人間が発話した内容から単語列を推定するタスクです(ア)。
声質変換は、ある人物による発声の発言内容を保持し、別人の声に聞こえるような変換を行うタスクです(イ)。
話者認識は、ある発話区間が誰の声によるものであるかを推定するタスクです(ウ)。

以上より、組み合わせが適切な選択肢**A**が正解です。

なお、音声を用いた機械学習における他の代表的なタスクとして、話者分離、対話などがあります。**話者分離**は、複数人の話者が同時に発言しているデータを用いて、発話内容を人ごとに分けるタスクです。**対話**は、人による質問に対して、その答えを音声で返すタスクです。

Speech to Textに代表される音声認識のAPIを利用することで、さまざまなソースの音声を正確に文字起こしすることができます。

32. C

➡ P233

教師ラベルが付与されたデータを用いて学習を行う手法を**教師あり学習**といいます。教師あり学習は、回帰と分類の2つに分けられます。

回帰とは、連続した数値(連続値)を予測することです。回帰に用いられる代表的な手法としては、**線形回帰**や**決定木**などが挙げられます。
株価や商品の販売額、施設の来場者数は、いずれも連続値です(A、B、D)。

一方、**分類**は、入力の属するカテゴリを予測することです。分類に用いられる代表的な手法としては、**ロジスティック回帰**や**サポートベクターマシン**などが挙げられます。

過去の購買情報から顧客をグルーピングすることは、対象をいくつかのグループに分けるタスクの一例であり、回帰でも分類でもありません(**C**)。このタスクは、教師なし学習に位置付けられます。

33. A

➡ P233

シグモイド関数は、入力が大きくなるにつれて出力が0から1までなめらかに変化する関数であり、予測結果を0～1の確率という形で表すことができます。設問で示された選択肢のうち、シグモイド関数が用いられるのは、ロジスティック回帰のみです(**A**)。ただし、ロジスティック回帰において3クラス以上の分類を行う場合は、ソフトマックス関数を用います。この点に注意しましょう。

決定木は、回帰と分類の両方に用いられる手法です。決定木の分類においては、あるノードに含まれる過去のデータの割合によって、最終的な結果が示されます(B)。
ランダムフォレストは、複数の決定木の予測結果を用いて多数決をとり、最終出力を決定する手法です(C、D)。

34. C

➡ P234

予測した結果が正しいか否かを判断する必要がある場面では、通常、教師あり学習が用いられます。
選択肢Aでは動物の種類が、Bでは過去の売上の実績値が、Dでは過去の融資記録が、それぞれ教師データとして利用されます。したがって、選択肢A、B、Dは教師あり学習を適用する場面の例といえます。
イベント参加者をある特徴だけでグループ分けするような場合には、データに基づいたグループを生成するため、通常、教師なし学習が用いられます(**C**)。
教師なし学習では、学習時に教師データが用いられません。

35. B

➡ P234

教師なし学習のクラスタリングには、階層型クラスタリングと非階層型クラスタリングという2つの方法があります。k-means法は非階層型クラスタリングの代表的な手法の1つです(**B**)。**k-means法**では、分析者が k の値を設定し、k 個のクラスタの中心点をランダムに配置します。その後、各データと中心点との距離を計算し、各データを最も近いクラスタに所属させ、重心を求めます。この重心を新たな中心点として距離の計算を繰り返すことでクラスタリングを行います。

主成分分析(PCA)、t-SNE、UMAPでは、いずれも次元削減や特徴量抽出を行うことで多次元のデータを可視化することができます(A、C、D)(主成分分析については解答45を参照)。

UMAP(Uniform Manifold Approximation and Projection)は、2018年に新たに提案された次元削減手法です。t-SNEと同様に可視化に用いることができるほか、非線形次元削減にも用いることができます。t-SNEよりも高速に動作し、埋め込み次元数が増えても一定時間で動作するという特徴があります。

36. D

➡ P234

統計的仮説検定において、検定を行うために立てる仮説のことを**帰無仮説**といいます。また、帰無仮説に相対する仮説のことを**対立仮説**といいます。通常、本来証明したい事柄を対立仮説に設定します。

帰無仮説が正しいと仮定したときに、観測した事象よりも稀なことが起こることを確認するための指標を**検定統計量**といいます。この統計量をもとにP値を計算します。**P値**は、帰無仮説が正しいと仮定したとき、観測した事象よりも極端なことが起こる確率のことです。

設問では、塾に通う生徒と通わない生徒の間に学力差があることを示すために検定を行いました。そのため、帰無仮説は両者の学力に差がないことを仮定しています。
以上より、選択肢**D**が正解です。

37. D ➡ P235

(ア)の図は、ヒストグラムです。**ヒストグラム**は、連続的なデータを複数の区間に区切り、各区間に所属するデータの個数(度数)を図示することで、データの分布を表現したグラフです。ヒストグラムを用いることで、1つの連続したデータのばらつきを可視化することができます。
(イ)の図は、クロス集計表です。**クロス集計表**は、ある2つのカテゴリの掛け合わせを考え、その掛け合わせに所属するデータの個数を集計した表です。クロス集計表を用いることで、カテゴリ間の相互作用を確認することができます。
よって、組み合わせが適切な選択肢**D**が正解です。

「縦軸と横軸に2項目の量や大きさ等を対応させ、データを点でプロットしたグラフ」は散布図の説明です。**散布図**を用いると、縦軸と横軸のそれぞれのデータの間に相関関係があるかどうかを一目で把握できます(B、C)。
「それぞれの階級のデータの個数(度数)を、観測値の階級ごとに分けた表」は**度数分布表**の説明です(A、C)。ヒストグラムはこの表をもとに作成されます。

38. D ➡ P236

標本調査とは、調査の対象全体を調べるのではなく、対象全体から抽出された一部(サンプル)に対して実施される調査のことです。標本調査では、抽出された標本から得られる標本値と全体(母集団)から得られる母集団値とが必ずしも一致しないため、両者から得られる統計量や各種の指標の間には誤差が生じます。この誤差のことを**標本誤差**といいます。
同一の調査、同一の項目においては、サンプル数が多いほど標本誤差は小さくなります(大数の法則)。逆に、サンプル数が少ないほど標本誤差は大きくなります。サンプル数を多くすると調査の手間や経費などが増加します。そのため、サンプル数は、通常、標本誤差の大きさと調査にかかるコストなどの兼ね合いで決定されます。

実験計画法は、効率のよい実験方法を設計し、結果を適切に解析することを目的とした統計学の手法です。変数が多い調査を行う場合、すべての組み合わせで調査を行うと非常に時間がかかります。実験計画法を用いると、検証事柄に関する情報をできるだけ少ない実験回数で取得できます。
例えば、「地域」「肥料の種類」「育てる時期」という3つの変数を組み合わせて、「効率よく野菜を育てるにはどうすればよいか」を判断するために実験をするとします。組み合わせの総数は、地域(A, B)×肥料の種類(a, b)×育てる時期

(1, 2)の8パターン(2×2×2)であるとします。すべてのパターンを試せば結論は出ますが、パターン数が多い場合はすべてのパターンを試すのは効率的ではありません。このとき、実験計画法を用いると、実験回数を効果的に減らすことができます。

実験計画法では、**Fisherの3原則**という考え方がよく用いられます。Fisherの3原則は、**局所管理化**(local control)、**反復**(repetition、replication)、**無作為化**(randomization)からなります。これは、処理を実験単位に無作為に割り当て、実験を繰り返すことで処理間の比較を十分に正確にすることを保証しながら、実験全体を複数のブロックに分割し、系統誤差を取り除くという原則に則っています。
以上より、組み合わせが適切な選択肢**D**が正解です。

Friedman検定やANOVA、post-hoc analysis は、いずれも実験計画法で定められている統計学的解析のことです(A、B、C)。

実験計画法の基本的な3原則(局所管理化、反復、無作為化)について説明できるようにしておきましょう。

39. A

➡ P236

データの欠損や重複、表記揺れなどを特定、修正することによってデータの品質を高める処理を**データクレンジング**といいます。機械学習においてデータを扱うときにもデータクレンジングは行われ、データクレンジングを行うことで、性能のよいモデルを作りやすくなります(**A**)。

クラスタリングは教師なし学習の手法の1つであり、データ間の距離に基づいてデータをグループ化する手法です(B)。
データレイクは、データ蓄積に関する概念であり、データをそのままの形で蓄積できる場所です(C)。
データオーギュメンテーションは、機械学習において学習データを水増しする手法です(D)。

40. D

➡ P236

他のデータから見て極端に大きい／小さい値のことを**外れ値**といいます。何らかの理由により記録されなかった値を**欠損値**といいます。外れ値や欠損値がデータに含まれていると、その値が集計処理や分析の結果に悪影響を与えてしまう場合があります(A、B、C)。

また、平均値と中央値が同じ値であることは前処理を行う明確な理由にはなりません。ただし、前処理を行わなくてもよいといった意味ではないため注意しましょう。
以上より、選択肢**D**が正解です。

41. C

➡ P237

外れ値を検出する代表的な手法に、第一四分位数または第三四分位数といった、四分位範囲を用いるものがあります(ア)。
四分位範囲の定数倍を第一四分位点から引いて、それよりも小さいデータを外れ値と判断します。同様に、四分位範囲の定数倍(1.5倍とすることが多い)を第三四分位点に足して、それよりも大きなデータは外れ値と判断します。

また、平均と標準偏差を用いて外れ値を検出する手法も一般的です(イ)。
この手法では、平均との差が標準偏差の定数倍以上となる点を外れ値と判断します。

以上より、組み合わせが適切な選択肢**C**が正解です。

42. A

➡ P237

棒グラフはデータの値の大小を比較するのに適していますが、データの理解に関して誤認を招くような、軸幅の操作などは行うべきではありません。
円グラフは、データ全体を円で表し、割合に応じた扇形で円を区切るため、データの割合を可視化することに適したグラフです。なお、2次元で表現できる円グラフを3Dで表示すると、遠近法によって手前にある扇型のほうが大きく見えるなど、誤解を生む可能性が高いため、避けたほうが無難です。
2変数に対する散布図は、データを2次元平面の1点としてプロットしたグラフであり、変数間の相関関係を見るのに適しています。

以上より、選択肢**A**が正解です。

グラフに表示される情報を理解するために不要な視覚要素や、この情報から視聴者の注意をそらすような視覚要素をチャートジャンクといいます。グラフ作成時には、このようなチャートジャンクをなるべくグラフから排除するように意識しましょう。

43. A

➡ P238

散布図は、2項目の量や大きさを対応させ、データを点でプロットする可視化表現です(ア)。散布図は、縦軸と横軸それぞれのデータの間にある相関関係について調べるために用いられます。設問のように、ある学校に在籍している生徒の男女別の身長と体重の関係を可視化したい場合、散布図を用いることができます。

データを可視化する際には、可視化したい対象を適切に表現できるようにグラフの軸を設定したり、データをグループ分けしたりする必要があります。散布図の縦軸と横軸には、1対1で対応する項目を設定する必要があります。設問の例の場合、1つのデータ点は、ある個人の身長と体重の組を示していなければなりません。したがって、選択肢C・Dの(イ)の記述は不適切です。

データを何らかの切り口によってグループ分けした情報を散布図に付加したい場合には、通常、異なる色や記号を用いて各グループのデータ点をプロットします。設問の例の場合、男女別にデータ点を色分けすることで、男女別の身長と体重の分布を把握することができます。

以上より、選択肢**A**が正解です。

44. B → P238

3次元散布図は、3つの変量を座標軸とした散布図です。3次元のデータを可視化するために用いられます(A)。

散布図行列は、多変量データのヒストグラムと散布図を1回で列挙する可視化手法です。各行/各列が変数に対応しており、行番号に対応する変数と列番号に対応する変数の散布図が、行と列の要素として並びます。対角成分は各変数のヒストグラムになります(C)。

平行座標は、4次元以上のデータを可視化する手法の一種です。例えば「楽器の品番」と「大きさ・重さ・値段」がセットになったデータの場合、「楽器の品番」ごとに色分けし、横軸に「大きさ・重さ・値段」を並べ、縦軸に値の大きさをとって可視化を行います(D)。

ヒートマップは、任意の位置(マス)における変数の値の大小を色で表現した図です。以下の図に表すように、通常、ヒートマップにおいて色で表現することができるのは1つの変数の値のみです。3つの変数をそれぞれ別の色で表現する場合は、1つのマスを複数の色で塗る必要があり、効果的な可視化を行うことができません(**B**)。

【ヒートマップの例】

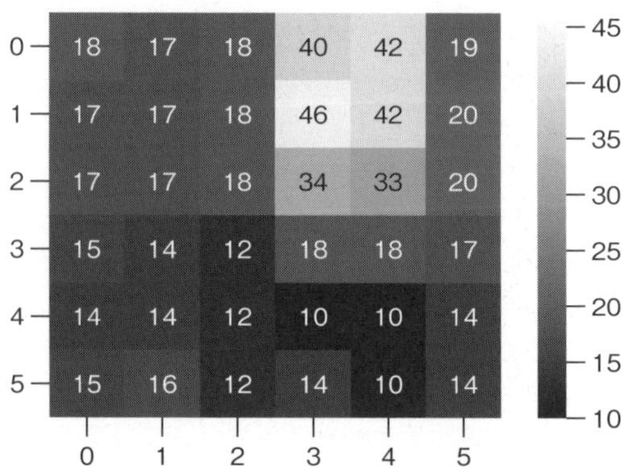

45. C → P238

主成分分析(Principal Component Analysis, PCA)は、情報の損失を最小限にしつつ、データの次元数(説明変数の数)を減らす場合に用いられる手法です。主成分分析を行うと、高次元のデータをより少ない次元のデータに要約することができます。具体的な方法としては、各主成分の固有値をその総和で割ることで算出した寄与率を用いることで優位性を判断します。
選択肢A、B、Dのように、データから一部の変数を抽出する方法では、多くの場合、データの性質を表す重要な情報が欠落してしまいます。
以上より、選択肢**C**が正解です。

主成分分析の他にも、**特異値分解**(Single Value Decomposition, SVD)、**多次元尺度構成法**(Multi-Dimensional Scaling, MDS)、**t-SNE**(t-distributed Stochastic Neighbor Embedding)などの次元削減手法があります。特にt-SNEはデータの可視化の際によく用いられます。

46. D

➡ P239

クロス集計は、2つの変数を軸として頻度などを集計することです。クロス集計の結果を表で表したものを**クロス集計表**といいます。例えば、アンケート調査で得られたデータについて、年代とアンケートの回答(良い・悪い)を軸として頻度を算出する際に用いられます。

【クロス集計表の例】

		全回答数	良い	悪い
全年齢		300	156	144
年齢	20代	80	42	38
	30代	120	61	59
	40代	100	53	47

クロス集計表の行名と列名の書き方にはさまざまな方法があります。例えば、選択肢Aのように合計のマスを設ける場合や、Bのように平均のマスを設けたり、変数名を表すマスを設けたりする場合があります。集計目的に合わせて見やすく作成することが重要です。

またクロス集計表の作成にあたっては、適切な軸を選ぶことも重要です。例えば、選択肢Aのように、元の表から人数を算出する方法があります。CやDの表では受験者IDごとに集計を行っていますが、Dの表は集計結果が正しくありません。
以上より、選択肢**D**が正解です。

47.　A

➡ P240

片方の値が変化すれば、もう片方も同じように変化する場合、それら2つの変数の間には**相関関係**が見られるといいます。また、2つの変数があり、それら2つの変数が原因と結果の関係にあるときは、**因果関係**が見られるといいます。

設問の「アイスクリームの販売合計額」と「熱中症での救急搬送者数」の散布図の場合、正の相関が見られます。しかし、この散布図だけでは、「アイスクリームの販売合計額」と「熱中症での救急搬送者数」に因果関係があるかどうかを判断することはできません。

以上より、選択肢**A**が正解です。

なお、設問の「アイスクリームの販売合計額」と「熱中症での救急搬送者数」の散布図の場合、気温という別の因子によって相関関係が引き起こされていると考えるのが自然です。このように、2つの変数以外の因子によって相関関係が引き起こされることを**擬似相関**といいます。

48.　D

➡ P240

商品Aと商品Bが同時に買われる確率は、4÷12＝0.33です。そのような同時に起こる確率のことを**支持度**といいます。
全体の中で商品Bが買われる確率は、5÷12＝0.42です。これを**期待信頼度**といいます。
商品Aが買われたレシートの中で商品Bが買われた確率は、4÷8＝0.50です。これを、商品Aから見た商品Bの**信頼度**といいます。
商品Aから見た商品Bの信頼度を商品Bの期待信頼度で割ると、0.50÷0.42＝1.19となります。これを、商品Aから見た商品Bの**リフト値**といいます。
商品Aから見た商品Bのリフト値は、商品Aと一緒に商品Bも購入した人の割合（信頼度）が、すべてのデータの中で商品Bを購入した人の割合（期待信頼度）よりどれだけ多いかを倍率で示したものです。商品Aから見た商品Bのリフト値が大きいほど、「商品Aを買った人はついでに商品Bも買う傾向にある」といえます。
以上より、選択肢**D**が正解です。

49. B

➡ P241

MySQLにおいてテーブルを作成する際、カラムごとにデータ型を設定する必要があります。
データ型は、数値、文字列、日付、論理値のカテゴリに大別され、以下のようなデータ型があります。

- ・数値 ………INTEGER（整数値）、NUMERIC（小数点を含む数値）など
- ・文字列 ……CHAR（固定長の文字列）、VARCHAR（可変長の文字列）など
- ・日付 ………DATE（日付）、TIMESTAMP（日付と時間）など
- ・論理値 ……BOOLEAN（真偽値）など

以上より、組み合わせが適切な選択肢**B**が正解です。

50. B

➡ P242

データ蓄積に関する概念には、データレイク、データウェアハウス、データマートがあります。

- ・データレイク ……………収集されたデータをそのままの状態で蓄積する場所（A）
- ・データウェアハウス ……分析しやすい形に整形されたデータを蓄積する場所（**B**）
- ・データセット ……………機械学習などで用いられるデータの集合（C）。他の3つの概念とは直接の関係をもたない用語
- ・データマート ……………特定の利用目的のために抽出されたデータを蓄積する場所（D）

51. C ➡ P242

データベースを操作する際に、**正規表現**と呼ばれる表現形式がよく用いられます。正規表現では、検索したいパターンを特有の記号の組み合わせで表現します。
例えば、「10,000円」と「¥10,000」のように、データベースの中で混在している文字列を「¥10,000」に統一したり、最後が句点(。)で終わる文字列を含むデータを検索したりする場合に正規表現が用いられます。

正規表現を用いると、特定の条件に当てはまる数値や文字列を検索できるため、その結果に対して、数値や文字列の置換を実行することもできます。
よって、選択肢**C**が正解です。

ある列の要素がアルファベット順(A-Z)になるようにデータを並べ替える(A)、データを日時の古い順または新しい順に並べ替える(B)、数値データを昇順に並べ替え、データを整理する(D)ことは、いずれもソートの説明です。正規表現は用いられません。
ソートとは、複数のデータからなる列を、何らかの順序性に基づいて順番どおりになるよう並べ替えることを指します。数値列を大きい順または小さい順に並べたり、文字列をアルファベット順や五十音順に並べ替えたりすることがソートに該当します。

52. D ➡ P242

完全外部結合とは、2つのテーブルに存在するすべてのデータを結合する処理のことです。
内部結合とは、2つのテーブルでそれぞれ結合の対象となるカラムを指定し、それぞれのカラムに同じ値が格納されているデータをカラムの値をもとに結合する処理のことです。
交差結合とは、2つのテーブルのデータのすべての組み合わせを抽出する処理のことです。

設問のテーブルでは、結合後にCさんとDさんのデータが消えていることに注目します。これは、所属学科IDと学科名を対応させるテーブル内に「4」というIDの学科が存在しないため、結合の際に抽出されなかったと考えられます。よって、結合後のテーブルには結合前の両方のテーブルに存在しているデータのみが抽出されていることから、内部結合が行われていると結論づけられます。

また、SQLの**UNION句**では、複数のSELECT句の実行結果の和をとることができます。このとき、UNIONでは重複が削除されますが、UNION ALLでは重複が削除されません。

以上より、組み合わせが適切な選択肢**D**が正解です。

53. C ➡ P244

データクレンジングとは、データベースなどに保存されているデータの中から表記揺れや誤記、重複などを探し、それらに対して削除や修正を行う作業のことです(**C**)。データクレンジングを行うことで、データの質を向上させることができます。外れ値や異常値、欠損値といった、データの状況を正しく把握する妨げになるサンプルも、クレンジングの対象です。

その他の選択肢については、以下のとおりとなります。

A サンプリング処理の説明です。
B 画像データに対して行われるデータオーギュメンテーションの説明です。
D フィルタリング処理の説明です。

54. C ➡ P244

データの移行やデータの統合を行う際に、異なる2つのデータを関連付けたい場合には、異なる場所に存在するデータに対して、同じものを指している要素同士を関連付ける**マッピング処理**を行います(ア)。
例えば、「東京都文京区本駒込2」という住所と「緯度 35.728287834526、経度 139.74869610784」という地理座標は異なるデータのように見えますが、同じ場所を指しています。マッピング処理では、このように同じものを示している別種のデータを互いに関連付けます。

また、データ集合からデータをランダムまたは一定の間隔で抽出することを**サンプリング処理**といいます(イ)。統計において母集団全体を対象とすることが困難な場合に、集団を代表する少数の標本を抽出して対象とすることで、統計的に母集団の性質を推計することができます。

よって、組み合わせが適切な選択肢**C**が正解です。

量子化は、サンプリングされたアナログ値を離散化する変換です。サンプリングと量子化は、アナログ信号をコンピュータ上で処理する際の一般的な前処理です。
フィルタリング処理は、特定の条件に該当する行を抽出する処理のことです。グループ化は、データを特定のカテゴリごとに分類し、まとめる処理のことです。

55. D ➡ P244

無作為抽出では、母集団のすべての要素を対象としてランダムにサンプルを抽出します。
一様乱数に基づいて、あるサービスの利用者の中から100人を抽出すると、すべてのサービス利用者が等確率でアンケート回答者になり得ます。よって、この方法は無作為抽出として適切です（**D**）。

母集団を性別や年代などの何らかの属性によってあらかじめ層（グループ）化しておいたうえで、各層から標本を抽出することを層化抽出といいます。特に、各層から抽出する標本の割合を母集団内の各層の割合と一致するように抽出を行う手法のことを、比例配分法と呼ぶ場合があります。選択肢Aは**層化抽出**の例であり、無作為抽出としては不適切です。

会社全体に影響する働き方改革に関するアンケートを特定の部署の社員を対象に実施すると、取り上げられる意見に偏りが生じる可能性があります。よって、選択肢Bの方法は無作為抽出としては不適切です。

同じ商品を利用している人を紹介してもらうという抽出方法は、アンケート回答者に偏りが生じ、母集団全体の傾向を正確に表すことができない可能性が高くなります。よって、選択肢Cの方法は無作為抽出としては不適切です。

56. B ➡ P245

SELECT文は、テーブルからデータを取得するための構文です。**FROM句**で、指定されたテーブルからデータを取り出します。
WHERE句を用いることで、抽出条件を設定できます。設問のコマンドでは、department_id が「2」であるデータが抽出されています。
COUNT関数では、抽出されたレコードの件数を返します。
したがって、設問のコマンドは、exam_score テーブルから、department_id が「2」であるデータを抽出し、その件数を取得する処理を実行するので、「5」が返されます（**B**）。

また、

```
SELECT COUNT(gender) FROM exam_score WHERE gender = '男';
```

とすることで、genderが「男」であるデータを抽出してその件数を返すなど、さまざまな情報を抽出できます。

57. B

➡ P246

設問では、患者ID、氏名、年齢、性別からなるテーブルと、患者ID、最終来院日からなるテーブルがあります。この2つのテーブルはそれぞれ患者IDのデータをもち、患者IDに基づいて2つのテーブルが結合されています。
結合は、複数のテーブルを一定の条件に沿って1つのテーブルにまとめる演算のことです。したがって、行われた演算は結合です(**B**)。

選択は、テーブルの中から条件に合った行のみを抽出する演算のことです(A)。
射影は、テーブルの中から特定の列を抽出する演算のことです(C)。
差は、あるテーブルから別のテーブルに含まれている行を取り除く演算のことです(D)。

58. C

➡ P247

CSV(Comma-Separated Values)は、複数の値をカンマで区切るデータ形式です。値をカンマで区切ったものが1つのレコードとなり、それぞれのレコードは改行によって区切られます(ウ)。
CSVはテキストデータの記法の1つです。CSVファイルの値としてバイナリデータを使うことは可能です(イ)。

CSVと類似のデータ形式として、タブ文字で値を区切る**TSV**(Tab-Separated Values)、空白で値を区切る**SSV**(Space-Separated Values)があります。
CSVファイルやTSVファイルでは、カンマやタブのような区切り文字と同一の記号をそのまま値の中に含めてしまうと、その値が区切り文字として解釈されてしまいます。値の中にこうした記号を含めたい場合には、値に対してエスケープと呼ばれる処理を行う必要があります(ア)。

以上より、選択肢**C**が正解です。

59. A

➡ P247

FTPサーバでは通常、あらかじめ登録したユーザーIDとパスワードによって認証を行います。
しかし、不特定多数のユーザーに対してファイルを共有する場合、全員にユーザーアカウントを発行することは現実的ではありません。そのような場合は、**anonymous**というユーザーIDを作成します。これによって、ユーザーは、anonymousというユーザーIDと任意のパスワードでログインできるようになります（**A**）。通常はこの際に、パスワードとしてクライアント側のメールアドレスを入力するようになっています。

adminというユーザーIDはadministratorの略称であり、一般にサーバ管理者のためのIDです（B）。
選択肢C、Dのような認証方法はありません。

60. C

➡ P248

Jupyter Notebookは、ブラウザ上で動作する開発環境です。Jupyter Notebookでは、セルと呼ばれるブロック単位でプログラムを記述し、実行します。対話式でコードを記述し実行できる仕様になっているため、データ分析や機械学習の開発によく利用されます（B、D）。また、Jupyter Notebookを用いることで、方程式、グラフ、テキストを含むドキュメントの作成および共有が可能です（A）。
Jupyter Notebookが対象とする言語としては、Pythonをはじめ、RやRubyなどがあります。これらの言語はオブジェクト指向言語と呼ばれ、スーパークラス（親クラス）のプロパティやメソッドを適切に活用することで、コーディングの効率を上げることが可能です。
さらに、Pythonにおいては、数値計算に関する外部ライブラリの使用も有効です。
外部ライブラリが提供する引数の戻り値を適切に把握し、活用することでコーディングにかかる工数を削減することができます。

また、Jupyter Notebookは、通常、「開発環境」に位置付けられますが、「厳密には開発環境ではない」と説明される場合もあります。発言者によって位置付けが変わることに注意が必要です。

選択肢**C**は、Dockerに代表されるコンテナ型の仮想化プラットフォームに関する説明です。

Pythonをはじめ、RやRubyなど多くのプログラミング言語では、ループ処理の機能が備わっています。
しかし、入れ子の繰り返し処理(二重ループ)などは計算負荷が高いロジックのため、処理に要する時間が長くなってしまいます。
よって、できるだけ二重ループ処理は避けるようにすることが、望ましいコーディング方法といえます。

ソフトウェアの実行状況や利用状況を記録したものをログといいます。開発したソフトウェアにログを出力する機構を組み込んでおくことで、ソフトウェアの実行記録を残したり、不具合を早期に検知したりできます。トラブルを早期に察知するためにも、このような仕組みを作っておくことは重要です。Pythonでは、loggingというモジュールを用いることで、比較的簡単にログ出力を行うことができます。

近年では、Jupyter Notebook環境をクラウド上で構築する場合も増えてきました。この場合、分析環境を提供するクラウド上のマネージドサービス(Amazon SageMaker、Azure Machine Learning、Google Cloud AI Platform、IBM Watson Studioなど)が利用されます。こうしたサービスを用いて機械学習モデルの開発が出来ることも覚えておくとよいでしょう。なお、Google Cloud AI Platformは2021年にGoogle Cloud AutoMLと統合され、Google Cloud Vertex AIになりました。

61. B ➡ P248

解答12で述べたように、通常、HTTP通信を利用するAPI をWeb APIといいます。

JSONはデータフォーマットの1つで、JavaScript オブジェクトに似た構文によって構造化されたテキストです。
XMLはデータフォーマットの1つで、タグやスラッシュを用いて文書の構造を定義するマークアップ言語によって記述されます。
PDFは、Adobeによって開発された電子文書ファイルの形式であり、ハードウェアに依存せず、文書を表示することができます。
CSV は、カンマによって区切られたテキストです(解答58参照)。

以上より、組み合わせが適切な選択肢**B**が正解です。

62. C ➡ P248

SQLのコマンドは、大きく次の3つに分類できます。

● DDL(Data Definition Language)
データを定義する言語です。DDLのコマンドの例として、テーブルを作成するCREATEや、テーブルを削除するDROPなどが挙げられます（A、D)。

● DML(Data Manipulation Language)
データを操作する言語です。DMLのコマンドの例として、レコードを取得するSELECTや、レコードを削除するDELETEなどが挙げられます（B、**C**)。

● DCL(Data Control Language)
データを制御する言語です。DCLのコマンドの例として、ユーザーに対して権限を付与するGRANTや、ユーザーの権限を取り消すREVOKEなどが挙げられます。

63. B ➡ P249

リレーショナルデータベース(RDB)は、行と列をもつテーブルの集合で構成されます。RDBの代表的なシステムには、オープンソースデータベースであるMySQLやPostgreSQL、Oracle社が開発した商用のデータベースであるOracle Databaseなどが挙げられます。

NoSQLは、RDB以外のデータベースすべてを指します。NoSQLの代表的なシステムとしては、HBase、MongoDB、Redisなどが挙げられます。NoSQLでは、分散処理によって高速にデータを読み込むことができます。

Pythonは、統計解析やデータ分析をはじめ、さまざまな用途で用いられる汎用プログラミング言語です。

以上より、組み合わせが適切な選択肢**B**が正解です。

64. A

➡ P249

リレーショナルデータベース(RDB)において、テーブルから冗長性や不整合を取り除くことをテーブルの正規化といいます。
テーブルの正規化を行うと、データの追加や更新などに伴うデータの不整合が起こりにくくなります。データベースの正規化は、次のように段階的に考えます。

データに冗長性や不整合がある状態を非正規形といい、これらが解消された状態を**第一正規形**といいます。
そして、第一正規形を満たし、非キーが主キーの一部に従属するものを別テーブルに分離した後の状態を**第二正規形**といいます。
さらに、第二正規形を満たし、主キー以外の項目同士が従属関係をもつものを別のテーブルに分離した後の状態を**第三正規形**といいます。

設問で示されているテーブルには、商品IDと注文日の列が複数存在しています。したがって、このテーブルは冗長性が解消されておらず、正規化されていないテーブルであるといえます。

以上より、選択肢**A**が正解です。

65. B

➡ P249

公開鍵暗号方式では、暗号化には公開鍵を用い、復号には秘密鍵を用います。公開鍵暗号方式は、共通鍵暗号方式に比べて安全性が高い反面、暗号化・復号の処理に時間がかかるという欠点があります。

共通鍵暗号方式は、暗号化と復号に同じ鍵を使う暗号方式であり、この共通する鍵を共通鍵と呼びます。共通鍵暗号方式を用いる場合、あらかじめ共通鍵を送信側から受信側に渡しておく必要があり、受信側では、共通鍵を第三者に利用されないように管理する必要があります。共通鍵暗号方式には、暗号化・復号の処理が公開鍵暗号方式よりも速いという特徴があります。

電子署名とは、本人が送ったデータか、また、データが改ざんされていないかどうかを確認できるものです。暗号化されたデータが、偽造されたものや、第三者がなりすまして送ったものでないことを証明するために、電子署名と公開鍵認証基盤が用いられます。

以上より、組み合わせが適切な選択肢**B**が正解です。

66. C

➡ P250

入力された値に対して一定の手順で計算を行い、あらかじめ決められた固定長の出力値を返す関数を一般にハッシュ関数といいます。

ハッシュ関数は、入力値の長さにかかわらず、固定長の値を返します（B、**C**）。よって、入力された文字列から不要な文字列を取り除いたり、文字列をランダムに並べ替えたりする関数ではありません（A、D）。また、ハッシュ関数は同じ入力には必ず同じ出力を返します。
ハッシュ関数の主な用途の1つにデータ改ざんの検知があります。「正しいデータ」をハッシュ関数に通したものを事前に用意しておき、受け取ったデータをハッシュ関数に通してそれと比較することで、受け取ったデータが「正しいデータ」と同じものであるかを確かめることができます。

67. A

➡ P250

2018年から欧州連合（EU）で運用されている**EU一般データ保護規則**（**GDPR**：General Data Protection Regulation）は、個人データを保護するための規則です。GDPRは、EU域外に本拠を置いていてもEU内でサービスを展開する企業にも適応されるということで、日本でも大きな話題となりました。

GDPRでは、EUと同等の個人情報保護水準を有さない地域への個人データの持ち出しを禁ずる**越境移転規制**が定められていますが、欧州委員会によって「EU域内と同等の個人情報保護水準にある国」であることが認められれば、データを持ち出すことが許されます。これを十分性認定といいます。
以上より、組み合わせが適切な選択肢**A**が正解です。

GDPRでは他にも、個人データの処理・移転に関する原則や、本人が自身の個人データに関して有する権利、個人データの管理者や処理者に課せられる義務などさまざまな規定が詳細に定められています。

68. B

➡ P250

ELSIは、新しい科学技術を社会実装する際に生じる可能性のある、倫理的、法的、社会的課題など、技術的課題以外のあらゆる課題を一体的に検討するべきであるという考え方です。「Ethical, Legal and Social Issues」(倫理的・法的・社会的課題)の頭文字をとった言葉であり、米国政府が資金提供する、ヒトのゲノムの全塩基配列を解析するプロジェクトである**ヒトゲノム計画**(**HGP**:Human Genome Project)においてはじめて用いられました。

ELSIの考え方は、コンピュータサイエンスの分野にも拡大し、データの管理者や処理者には、個人データの保護などさまざまな問題に対して崇高な倫理観をもつことが求められています。

以上より、選択肢**B**が正解です。

69. B

➡ P251

個人情報保護法によって定められる**要配慮個人情報**を取得する場合は、あらかじめ本人の同意を得る必要があります(A)。
要配慮個人情報には人種、信条、社会的身分などが該当します。また、本籍地、門地、労働組合への加盟の有無といった項目は、「金融分野における個人情報保護のガイドライン」における**機微情報**に含まれます(**B**、C)。

個人情報に関しては、法律とは別に各関係省庁などによって、特定分野におけるガイドラインが設けられています。その1つに個人情報保護委員会と金融庁が作成した「金融分野における個人情報保護のガイドライン」があります。同ガイドラインでは、機微情報(人種、犯罪歴、病歴など)について、同意の有無を問わず、取得、利用、第三者への提供のすべてを禁じています。この基準は、個人情報保護法における要配慮個人情報の取り扱い基準よりも厳格なものです(D)。

70. C ➡ P251

匿名加工情報とは、個人情報から特定の個人を識別できる情報を取り除き、それを復元できないようにしたものです。匿名加工情報は、本人の同意を得ることなく、事業者間におけるデータ取引やデータ連携で利用することができます(A)。

仮名加工情報とは、個人情報から特定の個人を、他の情報と照合しない限りは識別できないようにしたもののことです。よって、個人情報を容易に復元できる状態にあるデータは仮名加工情報ではありません(B)。ただし、個人を特定するために仮名加工情報を復元する行為は禁止されています。
ある目的で取得した個人情報を仮名加工情報に加工した場合、この仮名加工情報は、個人情報取得時に公表していた目的以外に使用してもよいとされています(D)。

匿名化を行ったデータは、たとえその内容から個人を特定できない場合でも、本人の同意なしに第三者提供をすることはできません(**C**)。

なお、個人情報保護法23条5項1号より、一定の条件を満たせば、委託先や共同利用先は、第三者ではなく、個人情報取扱事業者とみなされます。そのため、一定の条件を満たしている委託先や共同利用者には、匿名化を行わなくてもデータを提供することが許されています。

71. C ➡ P252

請負契約は、受注側が仕事を完成することを約束する契約です。請負契約では、受注側に完成義務が発生し、成果物を引き渡したときに報酬を請求できます(A)。

一方、**準委任契約**は、仕事の完成ではなく、業務を行うことを約束する契約です。準委任契約では、完成義務は発生せず、業務が完了した段階で報酬を請求できます(B、**C**)。

契約不適合責任とは、契約に基づいて発注側へ引き渡された成果物が、その種類や品質、数や量について「契約内容に適合していない」と判断された場合、受注側が発注側に対して負う責任のことです。契約不適合責任は、請負契約の場合に発生します。

準委任契約の場合、契約不適合責任は発生しませんが、**善管注意義務**が課せられます(D)。善管注意義務とは、受注側の職業や専門家としての能力、社会的地位などから考えて通常期待される注意義務のことです。

72. C

➡ P252

分析結果として仮説と異なるものが得られた場合、それは重大な知見になる可能性があります。よって、その結果を不採用にするのではなく、その結果をより詳しく検証するというアプローチが適切です(**C**)。
この検証から新しい仮説を立て、必要に応じて再度データ収集・分析を行うことで、より質の高い分析結果を得ることができます。
そのため、望んだ結果が出るまでデータ収集や分析をひたすら繰り返す行為や、分析結果が望ましい結果ではない場合に分析結果を隠蔽するなどの行為は適切であるとはいえません(A、B、D)。

73. B

➡ P253

「自分で集めたデータ」のことを**一次データ**といいます。一次データは自分で集めるものであるため、データ収集にかかる労力は大きくなりますが、目的に特化した解析が可能です。一次データに対し、「公開／販売されているデータ」は**二次データ**と呼ばれます。二次データは汎用的なものが多く、自分が必要とするデータと必ずしも合致するとは限りませんが、データ収集にかかる労力は小さくなります。

特定疾患に関わる病理画像は、個人情報保護の観点などから入手が困難であることが予想されるため、一次データを用いることが望ましいと考えられます(**B**)。
選択肢A、C、Dは、二次データでもモデルの開発が可能と考えられます。

74. C

➡ P253

オプトアウトは、個人情報を本人の同意を得ずに第三者に提供できるようにする制度です。これは、個人情報保護法によって規定されています。また、一定の条件を満たした場合に、その都度本人の同意を経て個人情報を第三者に提供できる制度は**オプトイン**と呼ばれます(D)。
オプトアウトにより個人情報を公開する事業者は、内閣府の外局である個人情報保護委員会に必要な事項を届け出る義務を負います(**C**)。
オプトアウトにより個人情報を公開する事業者は、公開している個人情報の本人から要求があれば、公開を差し止めなければなりません(B)。
要配慮個人情報をオプトアウトによって提供することはできません(A)。

オプトアウトで個人情報を公開する際は、公開元は、その個人情報の所持者本人に対して、第三者への提供を利用目的とすること、提供される個人情報の項目、提供の方法、本人の求めに応じて個人情報の提供を停止すること、本人の求めを受け付ける方法をあらかじめ通達するか、本人が公開状況を容易に知ることができる状態にする必要があります。

75. D ➡ P254

プロジェクトに着手する際、データサイエンティストとしては、「解決すべき課題の把握」や「問題の明確化」を行うことが非常に重要です。取り組むべき問題の明確化を実施することで、解決に向かうための適切な仮説立案を行うことができます。

問題の状況によっては、データに直接アプローチするだけでなく、データが収集される現場に赴いて一次情報に接することが重要です（A）。現場で何が起きているかを直接見聞きすることで、課題に対して誤った解決方法をとるリスクを減らすことができます。

単に依頼どおりにタスクをこなすのではなく、プロジェクトを進めるうえで正しく仮説立案や検証が行われているかどうかを逐次確認し、適宜、軌道修正する必要があります（B、C）。特にデータ分析に関しては、生データのままでは分析に適さない場合があるため、一定のデータ加工を念頭に置き、プロジェクトを進行する必要があります（**D**）。

76. D ➡ P254

MECEは、ビジネス課題を解決する際に、漏れと重複がないように課題点を洗い出すための思考法です。MECEは、Mutually（互いに）、Exclusive（重複せず）、Collectively（全体に）、Exhaustive（漏れがない）の頭文字をとった用語です。

「購入した携帯電話の機種」「購入しなかった携帯電話の機種」は、携帯電話の機種に着目した設問です。携帯電話の機種は、ある人が「購入した」機種か「購入しなかった」機種に分類できます。よって、この設問は、MECEであるといえます（**D**）。

「性別」「生年月日」「年代」は、携帯電話を購入する顧客に着目した設問です。このうち、「生年月日」「年代」の情報は、年齢に関しての質問が重複しています。よって、この設問はMECEでないといえます（A）。

「20代」「30代」「40代」「50代」「60代以上」という分類は、20歳未満の年代に関する質問が漏れています。よって、この設問はMECEでないといえます（B）。
「女性」「男性」「子ども」という分類は、「子ども」という項目が、男性もしくは女性と重複する可能性が高いです。よって、この設問はMECEでないといえます（C）。

77. D

➡ P255

データ分析を行う際には、データのねつ造や改ざんを行わないように気をつける必要があります。
文部科学省では、研究活動に関する「ねつ造」と「改ざん」をそれぞれ以下のように定義しています。

・ねつ造 …… 存在しないデータ、研究結果等を作成すること
・改ざん …… 研究資料・機器・過程を変更する操作を行い、データ、研究活動によって得られた結果等を真正でないものに加工すること

データ分析における「ねつ造」と「改ざん」についても、これら定義がおおむね当てはまります。

「効果があると次の案件の受注につながるため、効果が最も大きくなるようにデータを恣意的に選び、データ分析を行った」という行為は、故意にデータ分析の過程を操作するものであり、結果を真正でないものに加工しています。そのため、顧客には、「分析結果を改ざんされた」ととらえられる可能性が高いといえます(**D**)。

「ある条件のデータだけに限定すると、効果が大きくなることに気がついた。そこで、この考察結果とともに分析結果を顧客に報告した」という行為は、データ分析の結果を顧客に報告しているだけで、結果を加工しているわけではありません。よって、データのねつ造や改ざんには該当しません(A)。

「顧客から受け取ったデータに欠損値が含まれていたため、欠損値を適切な値で埋めた」という行為は、データの前処理を適切に行っただけにすぎません。よって、データのねつ造や改ざんには該当しません(B)。

「データ拡張という手法を用いて、データ量を水増しし、モデルを学習し直した」という行為は、結果の真正を保ちながらデータ全体を増やしているだけにすぎません。データを恣意的に選んで水増ししているわけではありません。よって、データのねつ造や改ざんには該当しません(C)。

78. B

➡ P256

プロジェクトの運営には、ビジネスや業務全体を俯瞰して現状を把握することが非常に重要です。以下のような事業環境や顧客を分析するフレームワークを用いることがあります。

- **5フォース分析**……………自社の競争優位性を探るために用いられる手法。自社がさらされている脅威を5つに分類する（解答84参照）
- **PDCA**……………Plan（計画）→ Do（実行）→ Check（評価）→ Act（改善）の4段階を繰り返し行うことで、長期的、継続的なプロジェクトの運営、改善を行う方法
- **PoC**（Proof of Concept）……日本語では概念検証と呼ばれる。AI開発におけるPoCでは、AIモデルの構築、構築したAIモデルの性能評価、AIモデルを本運用する場合の採算性確認などを行う
- **クラスタ分析** ……………データをグルーピングして分析を行う手法の総称
- **RFM分析** ……………顧客への理解を深めるために用いられる分析手法。顧客を属性ごとに分析するセグメンテーションが行われる
- **アソシエーション分析** ……事象の関連性を分析する手法。購買履歴データを分析する際によく用いられる

以上より、選択肢**B**が正解です。

AIOps（Artificial Intelligence for IT Operations, Algorithmic IT Operations）は、「IT運用のための人工知能」という意味をもちます。
この概念を提唱したガートナー社は、AIOpsを「ビッグデータと機械学習を組み合わせ、イベントの相関関係、異常検知、因果関係の判定などのIT運用プロセスを自動化するもの」と定義しています。もう少し分かりやすく言えば、「IT運用の自動化をAIを活用しながら実現すること」とも表現できます。
現在、さまざまな企業がAIOpsによるAIプロジェクトの高度化・自動化の実現に取り組んでいるため、AIOpsの概念を把握しておくとよいでしょう。

79. C

➡ P256

報告書を作成する際は、読み手が理解しやすい構成になるように心がけることが重要です。報告書に入れるべき事柄として、「課題の定義」「仮説」「検証結果」「考察結果」「施策の提案」の5つが挙げられます。

一般的な報告書は、「序論→アプローチ→検討結果→考察」の流れで構成されます(A)。これは時系列どおりに報告する際に非常に効果的な方法といえます。

さらに、問題解決型と呼ばれる、問題提起→解決策の提案を行う方法があります。これは、まずどのような問題があるかを明確化すべき場合に効果的な方法といえます(B)。

また、トップダウン型と呼ばれる、自身が主張したいことをまず述べ、その後細かい根拠などを列挙するという方法も存在します。今回の問題においては、主張したいことが明確であるため、この構成が効果的であるといえます(**C**)。

起承転結型と呼ばれる構成は、時系列で文章を書きます。この構成を用いることで、事象のつながりをわかりやすく伝えることができます(D)。

プロジェクトの検証の状況やクライアントの要望に従い、わかりやすい報告書を作成するために、以上のような構成を適宜使い分ける必要があります。

80. B

➡ P256

データサイエンティストには、適切なドキュメント(報告書)を作成する能力が求められます。ドキュメントは、データ分析の内容に応じて、適切に構成されるべきです。よって、「8ページで収まる内容であったが、報告書は量が重要であるため、ページ数を15ページにした」という行動は適切なものではありません(**B**)。

ドキュメントを作成する際は、課題背景、アプローチ、検討結果、意味合い、ネクストステップといった項目を立てると、内容がまとまりやすくなります(C)。
分析に用いたデータのサンプル数や行・列の数、出所、収集方法といったデータの概要に関する説明を報告書に入れることで、そのデータから導かれた分析結果の信頼性を示すことができます(A)。
また、図や表を適宜挿入することで、視覚的にもわかりやすくすることができます(D)。

81. A

➡ P257

データサイエンティストにとって、高い専門性は非常に重要です。しかし、専門知識のないクライアントに報告する際、分析結果をそのまま報告しても十分に伝わらない場合があります。
そのため、データ分析をわかりやすく説明するドキュメンテーションやプレゼンテーションスキルが求められます。

分析依頼者にデータ分析結果を理解してもらうためには、データやグラフの説明だけを充実させるのではなく、課題の提起、アプローチ、検証結果、意味合い、ネクストステップを正しく伝えることが大切です。そのため、見栄えを良くするために不必要な情報も一部記載しスライド枚数を増やす、といった行為は、最も伝えたいことは何なのか見失ってしまう可能性があるため、必ずしも正しいとはいえません。

以上より、選択肢**A**が正解です。

82. D

➡ P257

データサイエンティストには、結果や考察をわかりやすく伝える説明能力が求められます。行った検証やその結果を、飛躍のない明快なストーリーによってまとめ、論理的な報告を行わなければなりません。論理が破綻しているような主張がないか、特に注意して説明を行わなければなりません。

今回行ったアンケートの実施方法には以下のような問題点があります。

・自社製品についてのみヒアリングしており、他社との比較ができていない（A）
・顧客の評価ではなく、自社製品の環境性能について調査する必要がある（B）
・自社サイトの会員に偏ったアンケート結果では、世論の正しい調査ができない（C）

また、環境視点についてのみ聞くのではなく、費用や使いやすさについても聞くという行為は、今回の「環境に優しい製品であることを世間に発信したい」という目的に関連のない行為です。

以上より、選択肢**D**が正解です。

83. B

➡ P258

KPI(Key Performance Indicator)は、ある目的を達成するためのプロセスの効果を評価する指標です。目的を達成するために行われた施策がもたらした効果を、定量的に測るために設定されます。

事業目標を達成するためには、具体的な指標を設定し、進捗を管理していくことが大切です。KPIを用いることで、事業目標に到達するまでの段階的な目標の達成度を評価できます。
KPIは、数値として直接的に測定できる指標である必要があり、具体例としては、売上高やECサイトへの訪問回数などが挙げられます。達成水準は、「KPIが2カ月以内に20%の増加」などのように、KPIから計算される定量的な評価指標である必要があります。

以上より、組み合わせが適切な選択肢**B**が正解です。

84. D

➡ P258

データ分析プロジェクトでは、データ分析作業に着手する前に、プロジェクトの目標と対象範囲(スコープ)を明確に設定しておく必要があります。対象範囲を決める際には、現状、抱える課題、プロジェクトの予算、プロジェクトの期間を踏まえ、確実に実行できる現実的な対象範囲を検討します。

特に、RFM分析や5フォース分析などを行うことで、データの重要な部分の抽出を試みます。

RFM分析は、顧客への理解を深めるために用いられる分析手法であり、顧客のセグメンテーションが行われます。

5フォース分析は、以下の5つの脅威について考えます。

・新規参入者の脅威
・売り手の交渉力
・買い手の交渉力
・代替品や代替サービスの脅威
・既存企業同士の競争

よって、選択肢A、B、Cは適切な記述です。
設問の場合は、自社と競合他社の比較だけでなく、競合他社同士や新規参入の企業など業界全体の考慮が必要となります(**D**)。

85. B ➡ P259

プロジェクトを行う際、仮説や既知の問題が与えられた中で、必要なデータにあたりをつけ、そのデータへのアクセスを確保できることはデータの入手において重要となります（A）。特にデータから必要なもののみ抽出することは、分析の時間の節約以外にプライバシーの保護に役立ちます。
また、分析に必要となるデータをあらかじめ想定し、自ら準備できるデータは前もって準備しておきましょう。また、データ入手時に別途追加費用が必要なデータがないかを確認したり、売上減少の原因について仮説を立案し、必要なデータを特定することは円滑なプロジェクト推進に欠かせません（C、D）。
依頼主のシステムにあるデータの中で、今回の分析に関係するであろうデータを依頼元に選択させてしまうと、大切な内容を含むデータが欠落してしまう可能性もあるため、必ずしも正しい行為であるとはいえません。

以上より、選択肢**B**が正解です。

データを分析する際には、交絡の存在に注意しましょう。交絡とは、要因と結果の両方に影響を及ぼすもので、その結果、一見関係のない要因と結果に因果関係があるように見えてしまうような変数を指す言葉です。

86. D ➡ P259

仮説検証の結果を評価する際は、KPI（Key Performance Indicator）をしっかりとモニタリングすることが重要です。明確なKPIを立ててモニタリングすることは、プロジェクトの最終目標の達成につながります。特に、来店客数の正確な予測が実現すれば、適切な数の商品を発注できるようになり、不良在庫廃棄を減らすことにつながります（A）。
また、仮説検証の結果を評価する際は、プロジェクトの最終目標を達成しているかどうかを確認することも重要です。達成していない場合は、仮説を見直さなければなりません。

また、そもそも目標が達成できそうな内容であるかを知るために、実現可能か否かを定量的に見積もるといった行為は分析の前段階では有効な手段です（B）。さらに、施策を実行した場合の費用対効果を算出し、コストの見直しを検討することも重要です（C）。

仮説検証に必要なデータの確保は、仮説検証の結果を評価するときではなく、仮説検証時に行います（**D**）。

87. C

➡ P260

データ分析プロジェクトでは、プロジェクトに関わるリソース（人材など）を適切に管理することが重要です。

データ分析プロジェクトは、社内のリソースだけで進行する必要はありません。社内に人材がいない場合は、外部に委託することも検討します（A）。データ分析の工程を区分けし、それぞれに担当者をつけ業務の細分化を行うといった方法も、業務効率を上げる方法として有効と考えられます（B）。機械学習に詳しい人材が社内にいない場合は、機械学習モデルを構築する部分を外部に委託することもできます（**C**）。

プロジェクトの進行が当初のスケジュールよりも遅れている場合は、追加の人材を投入するなどの改善策を検討します。追加の人材を投入する予算がない場合は、追加の予算の交渉や、スケジュールの再調整を行います（D）。

88. C

➡ P260

ウォータフォール開発とアジャイル開発は、どちらもシステム開発の進め方に関する方法論です。

ウォータフォール開発では、その名のとおり、上流工程から下流工程へ滝が流れ落ちるように開発を進めていきます。ウォータフォール開発では、最終ゴールや要件を明確にしてから開発に着手します（A）。後述するアジャイル開発と比較して、完成品の品質を担保しやすい、スケジューリングや見積もりがしやすい、工程ごとの専門家を教育・採用しやすい、という利点があります（D）。逆に、アジャイル開発と比較して、開発期間が長期化しやすい、仕様や計画の変更がしにくいという欠点があります。

アジャイル開発では、数週間や数カ月といった短い期間で、動作するソフトウェアを作ることを重要視します（B）。開発対象の機能は、イテレーションごとに決定します。ウォータフォール開発と比較して、クライアントやユーザーのフィードバックを柔軟に反映できる、速いスピードでプロダクトや新機能を提供できる、開発途中での仕様・要求の変化に対応しやすい、という利点があります。逆に、ウォータフォール開発と比較して、方針を明確にしておかないと開発の方向性がぶれやすいという欠点があります。

アジャイル開発の代表的手法にスクラムがあります。**スクラム**では、開発対象の機能をいくつかの段階に分け、優先度の高い順に反復して開発します。この反復の単位をスプリントといいます。スプリントの期間は、通常、1カ月以内で設定されます（**C**）。この期間中に、仕様の確定から詳細設計、開発、テストまで、システム開発に必要なほぼすべての業務が行われます。

スキルチェックリスト ver.4の範囲外ですが、システム開発の代表的手法について押さえておきましょう。

89. A

➡ P261

情報セキュリティに関する3つの要素を以下にまとめます。

・機密性（Confidentiality）……情報が外部に流失しない状態
・完全性（Integrity）…………改ざんや過不足のない正確な情報が保持されている状態
・可用性（Availability）………いつでもリソースを利用可能である状態

以上より、選択肢**A**が正解です。

90. A

➡ P261

設問のようなケースでは、頻繁にアクセスする顧客がどのページにアクセスしているのか解析を行うなど、分析の方針を変更したり、分析方法に誤りがなかったかを再度確認するなどの方法が次の行動として考えられます（B、D）。また、このような結果となってしまった原因について議論の場を設けることも有効です（C）。

ただし、仮説が正しいと考えられる期間にデータを絞る行為は、データの改ざんに近い行為のため、行わないほうがよいと考えられます（**A**）。

特定の要素を変更したAパターン、Bパターンを作成し、ランダムにユーザーに表示し、それぞれの成果（クリック数など）を比較することで、より高い成果を得られるパターンを見つける方法をA/Bテストといいます。

索引

数字

A～E

F～J

K～O

P～T

U～Z

あ行

か行

さ行

た行

な行

は行

ま行

や行

ら行

わ行

■参考文献

【書籍】

- 菅由紀子ほか.『最短突破 データサイエンティスト検定（リテラシーレベル）公式リファレンスブック』. 技術評論社, 2021

【Webサイト】

- 一般社団法人データサイエンティスト協会.“データサイエンティスト スキルチェックリスト ver.4”. 2021-11. https://www.datascientist.or.jp/common/docs/skillcheck_ver4.00_simple.xlsx ,（参照 2022-3-25）
- 数理・データサイエンス教育強化拠点コンソーシアム.“数理・データサイエンス・AI（リテラシーレベル）モデルカリキュラム ～データ思考の涵養～”. 2020-4. http://www.mi.u-tokyo.ac.jp/consortium/pdf/model_literacy.pdf ,（参照 2022-3-25）

■著者

小縣 信也（おがた・しんや）

● スキルアップAI講師。兵庫県出身。大阪市立大学工学部卒業後、建材メーカー、設備設計事務所に勤務。2010年、OpenFOAM勉強会for beginner（現オープンCAE勉強会@関東）を立ち上げ3年間幹事を務める。建築環境に関する数値シミュレーション、電力量や温湿度などのセンサーデータに関する分析が専門。1級建築士、エネルギー管理士。2013年、国土交通省国土技術政策総合研究所 優秀技術者賞受賞。2021年度データサイエンティスト協会DS検定（リテラシーレベル）第1回合格者。著書『徹底攻略ディープラーニングE資格エンジニア問題集』（インプレス）。

斉藤 翔汰（さいとう・しょうた）

● スキルアップAI講師。横浜国立大学大学院 環境情報学府 情報メディア環境学専攻（現:情報環境専攻）修了。修士（情報学）。高専時代に画像認識に対して興味を持ったことがきっかけで、現在はDeep Learningや機械学習、進化計算などの人工知能分野におけるアルゴリズムの研究開発やコンサルティングに従事。2021年度データサイエンティスト協会DS検定（リテラシーレベル）第1回合格者。著書『徹底攻略ディープラーニングE資格エンジニア問題集』（インプレス）。

山田 弦太朗（やまだ・げんたろう）

● スキルアップAI講師。東海大学大学院 工学研究科 建築土木工学専攻 修了。修士（工学）。修士課程では、コンピューテーションによる建築設計自動化技術を応用し、中世イスラーム建築の天井装飾のデザイン原理について研究。スキルアップAIでは講師としてPyTorch入門講座を担当するほか、教材作成・執筆等の業務に従事。2021年度データサイエンティスト協会DS検定（リテラシーレベル）第1回合格者。

STAFF

編集	水橋 明美（株式会社ソキウス・ジャパン）
	畑中 二四
制作	森川 直子
表紙デザイン	馬見塚意匠室
	阿部 修（G-Co. Inc.）
編集長	玉巻 秀雄

■商品に関する問い合わせ先
このたびは弊社商品をご購入いただきありがとうございます。本書の内容などに関するお問い合わせは、下記のURLまたはQRコードにある問い合わせフォームからお送りください。

https://book.impress.co.jp/info/

上記フォームがご利用頂けない場合のメールでの問い合わせ先
info@impress.co.jp

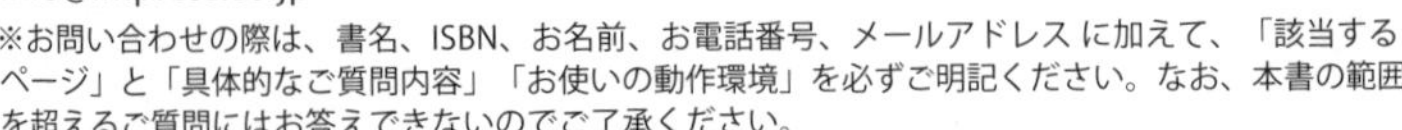

※お問い合わせの際は、書名、ISBN、お名前、お電話番号、メールアドレス に加えて、「該当するページ」と「具体的なご質問内容」「お使いの動作環境」を必ずご明記ください。なお、本書の範囲を超えるご質問にはお答えできないのでご了承ください。

- 電話やFAX でのご質問には対応しておりません。また、封書でのお問い合わせは回答までに日数をいただく場合があります。あらかじめご了承ください。
- インプレスブックスの本書情報ページ https://book.impress.co.jp/books/1121101053 では、本書のサポート情報や正誤表・訂正情報などを提供しています。あわせてご確認ください。
- 本書の奥付に記載されている初版発行日から3 年が経過した場合、もしくは本書で紹介している製品やサービスについて提供会社によるサポートが終了した場合はご質問にお答えできない場合があります。

■落丁・乱丁本などの問い合わせ先
FAX　03-6837-5023
service@impress.co.jp
※古書店で購入された商品はお取り替えできません。

徹底攻略データサイエンティスト検定問題集［リテラシーレベル］対応

2022年4月21日 初版発行
2022年6月21日 第1版第2刷発行

著　者　スキルアップAI株式会社 小縣 信也／斉藤 翔汰／山田 弦太朗
監　修　一般社団法人データサイエンティスト協会
編　者　株式会社ソキウス・ジャパン
発行人　小川 亨
編集人　高橋 隆志
発行所　株式会社インプレス
〒101-0051　東京都千代田区神田神保町一丁目105番地
ホームページ　https://book.impress.co.jp/

印刷所　日経印刷株式会社

ISBN978-4-295-01381-5 C3055

Printed in Japan